Food Material Science

식품 재료학

김은미 · 박문옥 · 안선정
유혜경 · 이영옥 · 이정실 공 저

Food Material Science

인간에게 음식이란 단순한 '먹을거리'일 뿐 아니라 문화의 직접 수단으로 자연환경과 사회환경 요소를 포함하고 있다. 음식문화는 빠르게 변화하는 사회, 경제적 성장과 다양한 정보에 따라 끊임없이 재창조된다. 식품 재료의 재배와 교배 기술의 발달, 저장과 가공 기술의 발달, 교통수단과 물류의 발달, 국내외 여행 기회의 증가 등은 더욱 더 다양한 먹을거리를 접하게 한다.

光文閣
www.kwangmoonkag.co.kr

Preface

인간에게 음식이란 단순한 '먹을거리'일 뿐 아니라 문화의 직접 수단으로 자연환경과 사회환경 요소를 포함하고 있다. 음식문화는 빠르게 변화하는 사회, 경제적 성장과 다양한 정보에 따라 끊임없이 재창조된다. 식품 재료의 재배와 교배 기술의 발달, 저장과 가공 기술의 발달, 교통수단과 물류의 발달, 국내외 여행 기회의 증가 등은 더욱더 다양한 먹을거리를 접하게 한다. 또한, 새로운 음식 맛에 대한 추구, 새로운 먹을거리의 재발견과 다양한 조리 기구의 개발은 과거에 접하지 못했던 음식뿐만 아니라 생소한 식재료를 만나게 한다. 한편, 소비자들의 건강을 고려하려는 욕구가 커지면서 음식에 들어간 식재료 정보에 대한 관심도 증폭되고 있다. 새로운 음식을 접할 때 그 식재료의 유래와 특성, 영양가 등에 대한 관심이 깊어지는 건 자연스런 일이다. 이에 따라 식품 재료에 대한 연구의 필요성이 부각되고 있으며 조리를 하는 사람들도 소비자의 이러한 욕구를 충족시키고자 노력해야 한다.

이렇듯 다양한 시대적 변화에 맞추어 이 책에서는 우리가 흔히 접하는 식품 재료뿐 아니라 눈에 보이지 않는 보조 재료로 쓰이는 식품의 재료를 곡류, 두류, 서류, 종실류, 과일류, 채소류, 버섯류, 육류, 어패류, 해조류, 달걀 및 난류, 우유 및 유제품, 향신료, 조미료로 나누어 정리했다. 소비자가 직접 접하지 못한 재료라도 가능한 모든 재료의 사진을 첨부해 이해를 돕고자 했으며, 식재료의 원산지와 기원, 성수기, 성분과 효능, 선별 기준, 조리 및 가공의 순으로 작성했다.

이 책의 내용이 조리를 공부하는 학생과 조리 종사자 모두에게 적절한 식재료를 선별하고 활용하는 데 도움이 됐으면 한다. 끝으로 좋은 교재가 나올 수 있도록 도와주신 광문각 박정태 사장님과 편집부 여러분들의 노고에 깊이 감사드린다.

2011년 2월

저자 일동

제5장 채소류(Vegetables) / 103

제13장 유지류(Oils and fats) / 371

제14장 조미료(Seasoning) / 385

제15장 향신료(Spices and herbs) / 401

제 1 장

곡류(Cereals)

제1장 곡류(Cereals)

곡류란 식물학상 화본과(禾本科)에 속하는 식물의 열매를 말하며, 그 용도와 특성에 따라 표 1-1과 같이 미곡류(米穀類), 맥류(麥類), 잡곡류(雜穀類)로 분류한다. 이들 곡류는 전분질이 주성분이고, 수분이 적어 1년 내내 저장할 수가 있으며, 맛이 담백하여 늘 먹는 음식으로 적합하기 때문에 널리 이용되고 있다. 또한, 곡립이 작고 운반과 취급이 용이하다. 식용 부분은 주로 종실의 배유부이며, 배아는 도정이나 제분할 때 제거되는 경우가 대부분이다.

【표 1-1】 곡류의 분류

분 류	종 류
미곡류	쌀, 현미, 흑미, 찹쌀
맥류	보리, 밀, 호밀, 귀리
잡곡류	수수, 조, 기장, 율무, 메밀, 옥수수, 피

1 미곡

1) 쌀 (멥쌀, rice)

【그림 1-1】 백미, 현미, 흑미

■ 분류 및 특징

쌀은 우리의 생명을 지켜주고 과거 농업국이던 우리나라의 사회·문화와 경제적으로 중요한 역할을 하여 왔다. 지금도 농경지 중 논이 차지하는 비중이 제일 많으며, 토지 자원을 활용하는 의미에서 그 중요성이 크다고 할 수 있다. 그동안 만성적인 식량 부족 때문에 쌀의 증산에 많은 연구와 노력을 기울인 결과 자급 달성이 이루어졌고, 오늘날에는 오히려 소비량이 감소하여 쌀의 생산을 줄이고, 쌀의 소비 촉진을 위해 노력하고 있다.

벼는 화본과 벼속식물로 원산지는 중국의 운남성에서 인도의 앗삼지방 등에 걸치는 열대나 아열대의 고원 지역이다. 우리나라는 경기도 여주, 김포, 고양, 수원, 강화, 충남 부여, 전북 부안, 전북 고창, 경북 경산, 경남 김해와 고성 등에서 볍씨나 벼 겉곡식의 흔적 등이 출토되어 B.C. 2400년 이전부터 이용되었다고 볼 수 있으며, 전국에서 재배된다.

(1) 생육기에 따른 분류

수량이 높고 품질이 좋은 쌀을 생산하기 위해서는 적기에 수확하는 것이 매우 중요하다. 그러나 최근에는 농촌 노동력의 부족으로 수확 시기가 늦어져 미질을 저하시키는 경우가 많다. 생육기의 이르고 늦음에 따른 분류를 보면 극조생종은 7월 하순~8월 상순, 조생종은 8월 상순, 중생종은 8월 중순, 만생종은 8월 하순에 출수하고, 출수 후 40~55일경에 수확한다. 이 시기는 한 이삭의 벼알이 90% 이상 황색으로 변했을 때이다. 출수 후 일수보다 빠르거나 늦을 경우 완전미 비율이 떨어지고, 너무 일찍 베어서 알갱이가 완숙되지 않으면 청미가 많고 도정 수율이 낮으며 저장 중에 곤충의 피해도 받기 쉽다. 그렇다고 너무 늦게 수확하면 기형립이나 피해립이 증가하여 도정할 때 부서지기 쉽고 역시 품질이 좋지 않다.

- 출수(出穗) : 벼·보리 따위의 이삭이 팸
- 완전미 : 품종 고유의 특성을 갖춘 전체가 고르고 반투명하며 표면에 광택을 지닌 쌀
- 청미(青米) : 현미(玄米)에 섞인 덜 익어 푸른 쌀알
- 피해립 : 쌀의 전부나 일부가 손상을 받아 오용되거나 기형이 된 쌀

(2) 지리 생태적 분류

쌀의 지리 생태적 분류에 따라 표 1-2와 같이 자포니카(japanica type), 자바니카(java type), 인디카형(indica type)이 있다. 우리나라는 자포니카형의 쌀을 이용하며, 쌀알이 비교적 둥글고 밥을 지었을 때 끈기가 있어서 식미가 좋다. 주로 중국의 양자강 하류, 한국, 일본 등지의 온대지방에서 재배된다. 한편, 인디카형은 쌀 알갱이가 길고 밥을 지으면 점성이 적어서 푸슬푸슬하여 우리나라에서는 맛이 없다고 하지만, 동남아시아 지역에서는 오히려 이 쌀을 선호한다.

【표 1-2】 지리 생태적 분류

품종군	분포 중심지	주요 형질의 특성				
		키	벼알 모양	탈립 정도	분열 정도	내냉성
자포니카 (japonica)	한국, 일본, 중국동북부	작다	짧고 둥글다	안됨	중간	강
자바니카 (java type)	인도네시아 자바섬	크다	크다	안됨	적음	중
인디카 (indica)	인도, 동남아시아	크다	가늘고 길다	쉽다	많음	약

(3) 도정에 따른 분류

현미와 백미의 차이는 그림 1-2와 같이 현미는 탈곡한 벼의 쌀겨층을 제거한 것이고, 백미는 과피, 종피, 호분층, 배아가 제거된 것이다. 백미로 만드는 과정에서는 영양이 풍부한 배아가 떨어져 나가므로 영양 성분상으로는 손실이 따르지만, 쓴맛을 내는 쌀겨가 떨어져 나가므로 맛은 좋아진다. 도정에 따른 쌀겨층의 박리 정도는 표 1-3과 같다.

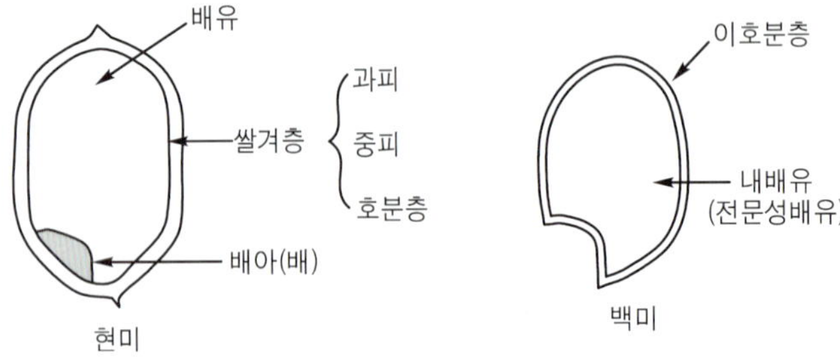

【그림 1-2】 백미와 현미

【표 1-3】 쌀의 도정도에 따른 분류

도정도	현미	3분도미	5분도미	7분도미	9분도미	백미
정백 비율		 30%	 50%	 70%	 90%	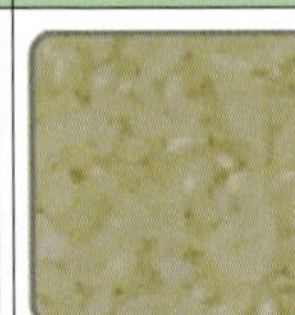 92%

(4) 기타

쌀은 재배 조건별로 50cm 이하의 물 깊이에서 재배되는 논벼와 산간 고원지의 밭 상태에서 재배되는 밭벼가 있다.

배유 형태별로 메벼와 찰벼가 있다. 메벼는 배유가 반투명하고 녹말이 약 15~35%의 아밀로스 와 나머지의 아밀로펙틴으로 구성되어 있으며 주로 밥쌀용이나 가공용으로 사용된다. 찰벼는 배유가 불투명하고 녹말이 아밀로펙틴으로만 구성되어 있으며 주로 떡쌀용으로 사용된다.

키의 길고 짧음에 따라 단간종, 중간종, 장간종으로 구분되고, 벼알의 크기에 따라 소립종, 중립종, 대립종으로 구분되며, 특이한 특성에 따라 유색미, 향미, 양조미, 유백미 등이 있다.

■ 성분 및 효능

쌀의 성분은 표 1-4와 같이 주성분이 탄수화물이고, 단백질은 6.4~8.9%가 들어 있다. 이 단백질 중에는 필수아미노산인 리신(lysine)이 적게 들어 있어 품질이 좋지 못하다. 이를 보충하기 위해서 콩이나 육류 단백질로 쌀 단백질의 제한 아미노산인 리신을 보충하는 것이 바람직하다. 지질은 쌀겨나 배아에 많이 들어 있지만 백미에는 0.5%가 들어 있다. 그러나 이 지질이 쌀을 저장하는 동안에 산화되어 식미를 떨어트리는 원인이 된다. 무기질도 쌀겨나 배아에 많고 쌀에는 0.4% 가량 들어 있다. 인과 칼륨의 함량은 많고 칼슘과 철의 함량은 적으며, 식이섬유는 1.61%에 불과하다. 특히 인이 많이 들어 있어 쌀은 산성식품으로 분류되기도 한다. 배아에는 단백질, 지질, 비타민 등이 풍부하게 들어 있어서 현미를 직접 이용하거나 배아가 제거되지 않게 도정한 배아미로 이용하기도 한다.

쌀에는 식이섬유, 피틴산(phytic acid), 폴리페놀(polyphenol), 비타민, 감마 오리자놀(γ-oryzanol) 등 기능성 성분들이 함유되어 있으며, 이러한 생리 활성 성분들은 체내에서 항산화 기능을 나타내는 것으로 밝혀지고 있다.

쌀에 존재하는 피틴산은 쌀의 대표적 저분자 항산화 물질로 주로 칼슘, 마그네슘, 철과 결합한 염의 형태로 존재하며, 프로옥시단트(pro-oxidant)로 작용하는 금속 이온과 결합함으로써 유리 라디칼 형성을 억제하는 역할을 한다. 이로 인해 체내 면역력을 증가시키고 대장암을 예방에 효과적이다. 백미와 특수미에 함유된 피틴산의 함량은 흑미가 현미, 백미나 적색미보다 함량이 더 많다.

폴리페놀 화합물은 분자 내 활성수소를 가지고 있어 체내 유리 라디칼 제거에 효과적인 것으로 잘 알려져 있다. 비타민 E는 세포막 내 불포화지방산의 산화를 방지하고 혈중 콜레스테롤을 저하시켜 심혈관 및 동맥경화 등 만성질환의 예방에 효과적인 것으로 밝혀지고 있다. 또한, 흑자색의 유색미의 주요 색소 성분인 안토시안계 화합물은 강한 항산화 효과를 가지고 있으며, 노화 억제, 망막장애의 치료 및 시력 개선 효과 등 다양한 생리활성을 갖는 것으로 보고됨에 따라 인체에 무해한 천연색소 및 기능성 소재로 각광받고 있다.

【표 1-4】 백미와 특수미의 영양 성분 함량

종 류	탄수화물	단백질	지질	회분	식이섬유	칼슘	인	철	나트륨	칼륨	아연	비타민 B_1	비타민 B_2	비타민 B_6	나이아신	엽산	비타민 E
	g/100g					mg/100g										μg/100g	mg/100g
백미	81.9	6.4	0.5	0.4	1.61	4.0	140.0	0.4	66.0	163.0	1.50	0.11	0.04	0.12	1.5	24.5	0.2
7분 도미	79.1	6.9	1.1	0.6	0.9	24.0	179.0	0.9	2.0	170.0	1.50	0.19	0.05	0.13	2.7	24.5	0.5
현미	77.1	7.6	2.1	1.6	3.3	6.0	279.0	0.7	79.0	326.0	1.80	0.23	0.08	0.45	3.6	24.4	3.6
발아 현미	79.4	7.0	0.0	1.0	4.22	8.0	233.0	3.3	3.0	128.0	–	0.25	0.06	–	1.2	24.4	–
향미	79.9	7.0	0.6	0.5	–	5.0	72.0	1.0	4.0	113.0	1.50	0.34	0.04	0.13	2.3	24.5	0.5
흑미	74.9	8.8	3.1	1.7	3.9	15.0	370.0	1.7	5.0	393.0	1.50	0.49	0.13	0.13	2.7	24.5	0.5
고아미	76.4	8.9	2.7	1.1	5.09	4.0	210.0	3.0	21.0	236.0	1.50	0.19	0.06	0.13	1.9	24.5	0.5

특수미

- 현미 : 벼의 왕겨를 제거한 쌀로 백미보다 식이섬유가 많고, 양질의 식물성 단백질을 비롯한 지질, 칼슘, 인, 철분, 나트륨, 칼륨, 아연 등의 무기질, 비타민 B_1, B_2, B_6, E, 니아신 등의 비타민류가 많이 함유되어 있어 건강에 관심이 많은 현대인들에게 기호성이 높다.
- 발아 현미 : 현미를 싹 틔운 것으로 식이섬유, 칼슘, 철, 비타민 등의 영양소를 보강할 수 있고, 현미의 배아 부분이 싹트기 시작하면 단백질의 가수분해효소로 부분적으로 분해되어 유리아미노산이 증가하고, GABA(γ-aminobutyric acid)가 생성된다. GABA는 중추신경계의 주된 억제성 신경전달물질로 알려진 비단백태 아미노산으로 혈압 강하, 통증 완화, 뇌신경의 흥분 억제, 뇌의 혈류를 원활하게 하여 뇌에 산소 운반을 증가시켜 뇌세포의 대사를 촉진하고 뇌기능을 활발하게 한다.
- 배아미 : 특수한 방법으로 도정하여 배유와 배아를 남긴 배아미는 영양가가 우수하며 배아에는 비타민 B_1, B_2, C, E가 함유되어 있다.
- 향미 : 생쌀 그 자체에도 약간의 향이 있으며, 밥을 지으면 향이 더욱 강해지는 식미 개선용 쌀로 향미(香子), 서미(鼠米) 등으로 불리며, 누룽지 향을 가미한 쌀도 있다. 향미의 주요 성분은 아세틸피롤린(2-acetyl-1-pyrroline)이고, 팝콘 향이나 쥐오줌 냄새 같다는 사람도 있다.
- 단미벼 : 단맛을 내는 당분 함량이 일반 벼보다 6배 이상 높고, 장에 유익한 비피더스균 증식에 유리한 식이섬유소인 라피노스(raffinose) 함량이 5배나 높아 가공용 식품 소재로 적합한 품종이다.
- 흑미 : 흑진주벼, 적진주벼, 흑남미 등의 흑미는 현미의 종피색만 착색된 것으로 도정하여 먹는 밥쌀용이다. 적자색은 안토시아닌계 색소로 항산화력을 가지고 있다.
- 고아미 : 다른 쌀보다 아밀로스 함량이 높은(고아미 아밀로스 함량 26.7%, 추청쌀 19.7%) 고아밀로스이어서 고아미로 명명된 품종으로 식이섬유 함량이 높고 소화율이 낮아 당뇨 개선이나 다이어트에 효과가 있는 것으로 알려져 있다.

■ 선별 기준 및 보관

쌀을 고를 때는 쌀알이 부서지지 않고 입자가 고른 것, 쌀알이 투명하고 청결한 것, 쌀알에 골이 없으며, 가루가 많지 않은 것, 깨물었을 때 색이 얼룩 없이 일정한 것, 곰팡이에 의한 적색이나 흑색의 쌀알이 섞이지 않은 것을 선택한다.

수입쌀이 많이 소비되고 있는 요즈음 국내산과 수입쌀의 비교는 중요하다. 그림 1-3과 같이 국내산 쌀의 크기는 미국산 수입쌀이나 태국산 수입쌀의 크기보다 작아 외관적으로 구별이 가능하나, 중국산 수입쌀의 크기는 국내 쌀과 같은 단립종의 특성을 나타내어 혼입되었을 경우 구별하기 힘들어 국내 쌀 유통체계를 교란시킬 가능성이 높기 때문에 이에 대한 대책이 필요하다.

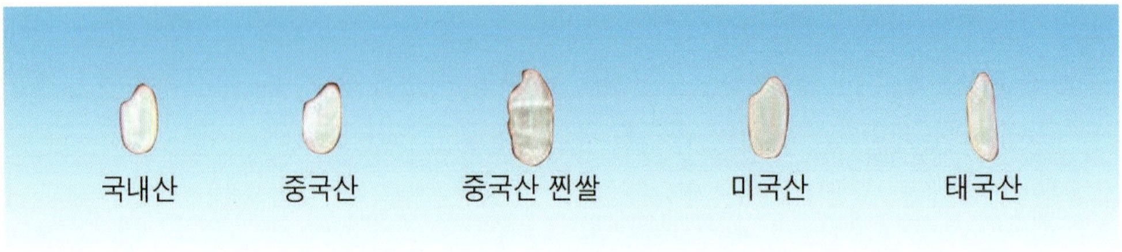

【그림 1-3】 국내산과 외국산 쌀알의 비교
[자료 : 한국작물학회지 53(4) : 347~352(2008)]

적당한 시기에 벼 베기를 하고 탈곡하여 수분을 15% 이하로 하여 저장한다. 일반적으로 벼의 형태로 저장하는 것이 곤충이나 미생물의 피해를 줄일 수 있어 가장 안전한 방법이지만, 저장 창고의 이용 면에서는 왕겨를 벗겨낸 현미의 형태로 하면 부피가 절반으로 줄어들고 저장성도 유지되어 좋은 방법이 될 수 있다. 그러나 현미를 만드는 공정이 별도로 필요하기 때문에 반드시 최상의 방법이라고 할 수만은 없다. 미곡 저장은 대부분 벼 상태로 건조·저장·도정을 한 곳에서 할 수 있는 미곡 종합처리장(Rice Processing Complex : RPC)에서 사이로나 톤백에 저장한다(그림 1-4 참고).

시중에 유통되는 브랜드 쌀의 포장재는 그림 1-5와 같이 PE포장, 크레프트 페이퍼(craft paper), 필름포장(LDPE film bag) 등이 많이 이용되고 있다.

백미는 품온이 15℃ 이상일 때 건물 중량의 손실이 발생할뿐더러 호흡 및 대사작용에 의한 성분 분해로 상품성과 식품으로써의 가치를 잃게 되며, 해충의 생육이 활발해지므로 쌀 품질과 식미를 유지하려면 15℃ 이하의 저온에 보관하는 것이 바람직하다. 따라서 쌀 냉장고나 김치냉장고에 저장하면서 소비하는 가정이 증가하고 있으며, LDPE film bag에 의한 저온 저장으로 지방산도의 증가, 식미치와 백도의 감소 등에 의한 품질 저하를 억제하여 고품질을 유지할 수 있으므로 저온 저장은 쌀의 품질 유지에 필수적이라 할 수 있다.

【그림 1-4】 사이로(왼쪽)와 톤백(오른쪽)

■ 쌀을 냉장고에 보관하는 이유

정미한 쌀을 상온에 두면 1개월 후부터 전분을 분해하는 아밀라제의 활성이 급격히 저하되어 단맛이 잘 나지 않고 맛과 품질이 떨어진다. 냉장고에 보관해 두면 아밀라제가 급격하게 감소하지 않으므로 쌀을 구입하면 신속하게 밀폐 용기에 넣어 냉장고에 보관하는 것이 좋다. 쌀의 보관 기간은 상온에서 1개월, 냉장고는 3개월 기준으로 하면 좋다.

■ 햅쌀이 묵은쌀보다 맛이 좋은 이유?

밥의 맛은 pH 7~8 정도일 때 맛과 외관이 좋다고 한다. 쌀을 오래 저장하면 산성 물질이 생겨서 pH가 낮아지기 때문에 햅쌀이 더 맛있다.

햅쌀은 포도당과 가용성 유미 물질이 많으나 오래된 쌀은 이들 물질이 감소되기 때문이다.

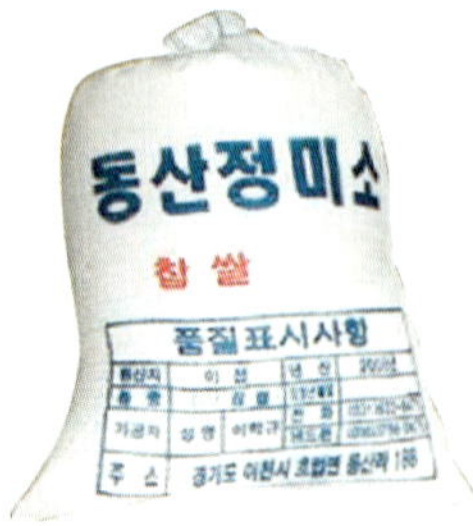

PE포장

Craft paper

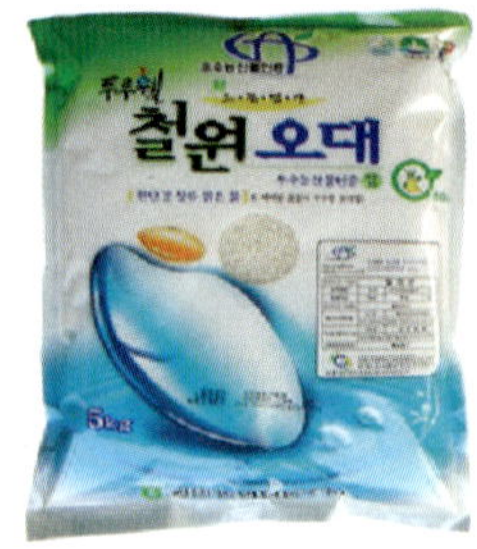

LDPE film bag

【그림 1-5】 쌀의 포장

4) 조리 및 가공

쌀은 옛날부터 밥, 죽, 주식 외의 가공식품으로는 명절이나 제사, 그리고 잔치 음식으로 오랫동안 이용해온 떡류와 한과류가 있다. 또한, 당화시켜 만든 식혜나 엿, 발효시켜 빚은 술 등이 있다. 최근에는 제과, 제빵 등에 쌀이 이용되고 있고, 현미를 원료로

【표 1-5】 국내의 쌀 가공 제품의 종류

구분	제품	구분	제품
떡면류	즉석 떡면류	조미식품	엿류
	떡면류		장류
	전통 떡류		식초
쌀과자	쌀과자	기타	죽류
	한과류		식혜
	쌀튀밥		스넥 부재료
	누룽지		꼬치류
쌀가루	생미분		선식류
	알파미분		쌀음료
	습식미분		쌀빵
주류	탁약주		가공쌀밥
	소주		쌀라면
	맥주		
	청주		

자료 : 한국쌀 가공식품협회 http://www.krfa.or.kr/05data04_process01.html

만든 건강 식품류도 판매되고 있다. 이와 같이 용도가 다양하여 우리나라 모든 식품 재료 중 가장 중요한 위치를 차지하고 있으며, 다양한 쌀가공 제품은 표 1-5와 같다. 또한, 도정에서 생성되는 쌀겨에는 지질 함량이 많아 미강유를 만든다.

■ '고시히까리' 가 맛있는 이유?

밥맛은 적당한 찰기와 단맛으로 결정된다. 밥의 찰기는 쌀의 전분을 구성하는 아밀로스와 아밀로펙틴의 비율에 따라 변한다. 즉 아밀로스 함량이 낮고 아밀로펙틴 함량이 많은 쌀은 찰기가 있고 식미가 좋다. 식미가 좋다는 '고시히까리'는 아밀로스 함량이 적어 15~17% 정도이다.

2) 찹쌀[나미(糯米), 점미(黏米), glutinous rice]

보통 밥을 짓는 멥쌀은 배유가 반투명한데, 찹쌀은 유백색으로 불투명하므로 구별할 수 있다. 찰벼 배유가 불투명한 유백색으로 보이는 것은 조직학적으로 볼 때 찰벼의 전분립이 멥쌀에서와 같이 복합 전분립을 이루고 복부를 제외하고 밀집 정렬되어 있기 때문이다.

쌀에는 전분의 성질이 다른 찹쌀과 멥쌀이 있다. 즉 찹쌀은 아밀로펙틴이 많고 아밀로스가 적어서 점성이 강하여 소화 흡수 속도가 양호하나 소화율에는 큰 차이가 없다. 멥쌀 전분의 경우 7~33%의 아밀로스를 함유하고 찹쌀 전분의 경우도 0.8~1.3% 범위의 아밀로스를 함유하고 있다. 특히 찹쌀에서 아밀로스는 전분립 중심부에 위치하는 것으로 보고되어 있다. 찹쌀은 멥쌀보다 단백질, 지질이 약간 많고 오곡밥, 부각, 유과, 떡 등에 이용한다.

2 맥류

1) 보리(大麥, barley)

보리　　　　압맥　　　　할맥

【그림 1-6】 보리, 압맥, 할맥

▪ 분류 및 특징

동아시아 지역으로 보리의 전파는 지금도 야생형이 분포하고 있는 근동 지역에서 인도의 인더스 강 유역을 거쳐 중국의 산간 지역으로 전파되었다. 우리나라는 중국에서 들어왔고, 다시 일본으로 전파된 것으로 추정하고 있으며, 재배는 6조종을 중심으로 오래전에 시작된 것으로 믿어진다. 현재 2조종 보리는 아프가니스탄 서쪽, 유럽, 북아프리카, 러시아 지역에 국한하여 분포하고 있는 반면, 6조종은 세계적으로 분포하고 있다.

보리는 이삭의 알갱이 배열에 따라 그림 1-7과 같이 여섯 줄로 구성된 6조종(六條種) 보리와 2조종(二條種) 보리가 있다. 또한, 껍질이 알맹이에서 분리되지 않는 겉보리(皮麥, covered barley)와 성숙 후에 잘 분리되는 쌀보리(裸麥, 麥, naked barley)가 있으며, 가을에 뿌려 겨울을 지나고 여름에 수확하는 가을보리와 봄에 뿌려 여름에 수확하는 봄보리가 있다. 또한, 쌀과 마찬가지로 전분질의 아밀로스 함량이 적고 아밀로펙틴이 대부분을 차지하는 찰보리와 그렇지 않은 일반 보리가 있다.

보리는 알갱이 가운데에 골이져 있고, 가을 또는 봄에 파종하여 여름에 수확한다.

그 외에 압맥은 보리쌀을 고열 증기로 쪼여서 부드럽게 한 다음 롤러로 눌러서 만든 것으로 조직이 파괴되어 통보리쌀보다 소화율과 조리성이 향상되어 가공식품을 만드는데 사용한다. 할맥은 보리 원맥을 도정한 뒤 낱알을 세로로 쪼개어 잘 다듬고 수증기로 쪄서 건조한 다음 2차 도정을 하여 가공된 제품으로 압맥보다 식이섬유의 함량이 작고, 삶거나 불릴 필요 없이 바로 밥을 지을 수 있다.

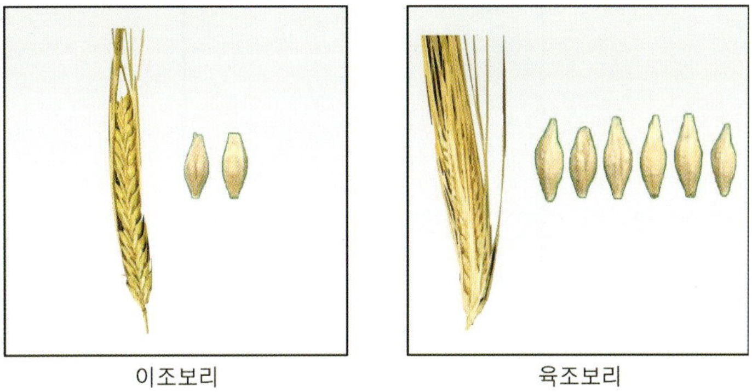

【그림 1-7】 이조보리와 육조보리

■ 성분 및 효능

보리는 쌀보다 식이섬유가 많아 소화흡수량이 떨어진다. 보리밥을 먹으면 빨리 시장기가 오므로 소화가 잘되는 것으로 생각되나 식이섬유가 많아 통변이 잘되기 때문이다. 또한, 아미노산 중 리신(lysine)이 제한 아미노산이다.

■ 선별 기준

보리는 손으로 만져보아 부드럽게 느껴지고, 담황색의 광택이 나며, 보리쌀 알이 고르고 둥그스름하며 통통한 것, 껍질이 얇게 도정된 것, 향미가 우수하고 이물질이 포함되지 않은 것을 고른다.

■ 조리 및 가공

쌀보리밥, 분식 제품, 물엿, 감주, 보리차, 미숫가루를 만든다. 종피가 쉽게 부서지기 때문에 가루를 낼 경우 가려내기가 어렵고, 글루텐 성분이 안 들어 있어서 빵을 만들 수가 없다. 이조보리는 맥주용으로 주로 이용된다.

■ 보리길금(大麥蘖)

길금은 땅에 묻지 않고 싹을 낸 것으로 단맛이 난다. 보리를 물에 담갔다가 싹을 낸 다음에 급히 햇볕에 말려서 사용한다. 엿이나 식혜를 만드는 데 사용한다.

【표 1-6】 겉보리와 쌀보리 영양 성분(100g당)

종류	열량 kcal	수분 (g)	단백질 (g)	지질 (g)	탄수화물 (g)	탄수화물 (g)	회분 (g)	칼슘 (mg)	인 (mg)	철 (mg)	나트륨 (mg)	비타민 B_1 (mg)	비타민 B_2 (mg)	나이아신
겉보리	3344.0	11.8	9.4	1.2	76.7	11.2	0.9	30.0	190.0	1.9	3.0	0.20	0.06	3.7
쌀보리	345.0	11.1	9.9	0.6	77.7	9.2	0.7	19.0	72.0	1.4	5.0	0.41	0.04	0.9
입맥	345.0	11.0	9.1	0.6	78.6	9.6	0.7	10.0	140.0	3.0	6.0	0.16	0.04	1.3
할맥	349.0	10.5	9.8	1.2	77.4	8.7	1.1	–	–	–	6.0	0.22	0.09	0.0

자료 : 《식품영양소 함량 자료집 2009》 2009

2) 밀(小麥, wheat)

▪ 분류 및 특징

2000년 이전부터 재배된 작물로써 빵이나 국수의 제조 원료로 적합하여 세계적으로 가장 널리 사용되고 있다. 한랭기후에서는 초자질, 고온다습한 곳에서는 분상질의 밀이 생산된다. 빵밀의 원산지는 소아시아이고, 마카로니밀(듀럼밀)은 이집트로 본다. 밀이 중국에 들어온 것은 한나라 때로 보며, 우리나라는 초기 철기시대에 밀의 유물이 나타나기 시작하며, 경남지방이 최대의 생산지이다.

겨울밀과 봄밀이 있으며, 종피의 카로티노이드 함량에 따라 적소맥(赤小麥)과 백소맥(白小麥), 알갱이의 조직에 따라 글루텐 함량이 낮고 전분이 함량이 많은 연질소백과 글루텐 함량이 높고 전분의 함량이 낮은 경질소맥으로 구분한다. 밀은 대부분 가루내어 이용하는데 글루텐 함량에 따라 강력분, 중력분, 박력분으로 구분되며, 이들은 각각 용도는 표 1-7과 같이 다르다. 듀럼밀은 주로 마카로니와 스파게티를 만드는데 사용한다. 밀의 구조는 그림 1-7과 같이 배유, 배아, 겨층으로 구분된다. 밀가루는 밀기울의 혼입에 따라 1등급에서 3등급까지 구별되며, 밀기울이 적게 함유된 것일수록 상등급이고 회분 함량과 제분율이 낮은 것이다. 밀가루의 회분량이 0.5% 이하이면 밀기울이 거의 함유되지 않은 1등급 밀가루이고 그 이상이면 2등급, 3등급 밀가루이다.

【표 1-7】 강력분, 중력분, 박력분

종류	단백질 (%)	회분 (%)	특징	용도
강력분	13.8	0.4	경질의 밀로 만듬 초자질의 밀을 제분한 것 단백질이 많고 글루텐이 강한 탄력성과 점성을 가짐	식빵 제빵용
중력분	13.0-13.3	0.3-0.4	다목적 밀가루 경질 또는 연질의 밀로 만듬	제면용
박력분	12.8	0.2	연질의 밀로 만듬 입도가 매우 곱다. 글루텐의 탄력성과 점성이 약함	카스테라 비스킷 케이크 튀김용

자료 : 《식품영양소 함량 자료집》 2009

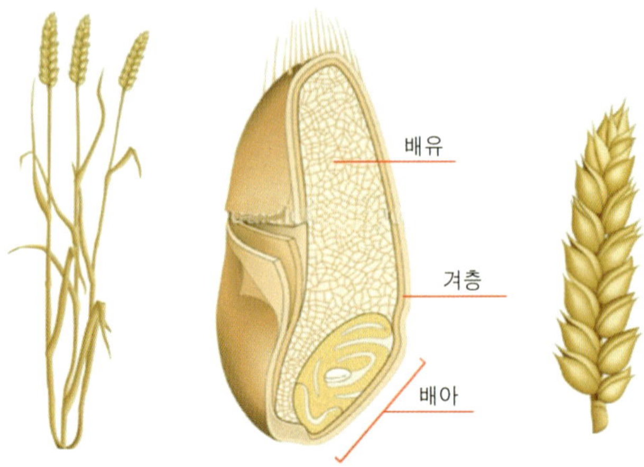

【그림 1-8】 밀의 구조

■ 성분 및 효능

밀은 탄수화물이 74.6%, 단백질이 13.2%로 함량이 높은 것이 특징이다. 탄수화물은 주로 90% 이상이 전분이고 그밖에 덱스트린(dextrin), 펜토산(pentosan) 및 당으로 이루어져 있다.

밀의 회분은 배유부에는 적고 껍질 부분에는 많으므로 제분율에 따라 밀가루의 회분 함량이 달라진다. 보통 밀가루의 회분 함량은 0.2~0.4%이다. 1% 이상이면 나쁜 밀가루라고 할 수 있다.

통밀은 식이섬유가 10.48%로 많이 함유되어 있어 변비, 치질, 게실증, 결장암 등의 예방 효과가 있다.

■ 선별 기준

통밀을 고를 때는 단단하고 입자가 고른 것, 다른 곡식의 낱알이 섞여 있지 않은 것, 부서진 밀알이 섞여 있지 않은 것을 선택한다.

밀가루를 고를 때는 순백색에서 크림색을 띠는 것, 광택이 있고 독특한 향기가 있는 것, 입자가 가늘고 치밀하며, 덩어리가 없는 것, 손으로 만졌을 때 촉감이 좋고 감미가 있는 것, 봉지가 개봉이 안 된 것을 선택한다.

■ 조리 및 가공

밀은 주로 제분하여 밀가루로 사용된다. 제빵, 제과, 제면에 이용하며, 전립 밀가루(whole wheat flour), 제빵용 밀가루(cake flour), 영양 강화 밀가루(enriched flour) 등으로 특성을 조정하여 시판하고 있다. 글루텐 함량이 적은 것은 국수용으로 쓰인다.

3) 호밀(胡麥, 黑麥, rye)

■ 분류 및 특징

밀과 마찬가지로 재배 역사가 길다. 원산지는 남서아시아이며 폴란드, 러시아 등의 북부유럽에서 많이 재배된다. 우리나라는 중남과 경남지방에서 주로 재배한다.

파종 시기에 따라 봄형 및 가을형으로 나뉠 수 있다. 맥류 중에서 내한성이 매우 커서 25℃에서도 생존이 가능하며, 전국에서 주로 가을에 파종하여 다음해 4월 말이나 5월 초에 수확을 하고, 종실은 6월 말경에 수확한다.

■ 성분 및 효능

호밀은 당질이 주성분이고, 밀보다 식이섬유의 함량이 많으며, 비타민 B군과 니코틴산이 풍부하다. 아미노산 조성은 리신(lysine), 트립토판(tryptophan)이 적고 히스티딘(histidine)과 시스틴(cystine)이 많다.

■ 조리 및 가공

사워도우(sourdough)를 이용한 호밀빵을 만드는데 이용되지만, 글루텐을 형성하지 않아 빵이 덜 부풀고 색도 검어서 품질이 떨어진다. 호밀 플레이크, 시리얼, 냉면, 알코올, 위스키 제조, 장류용으로 이용하고 대부분은 사료로 이용된다.

4) 귀리(燕麥, Oat)

■ 분류 및 특징

귀리의 원산지는 지중해 연안과 아르메니아를 중심으로 한 중앙아시아로서 유럽으로 전파되었으며, 주 생산지는 유럽, 미국, 캐나다, 호주 등지이다. 여름철의 서늘한 기후에 적합하여 우리나라에서는 고원 화전지대에서 많이 재배하였으며, 재배 조건은 호밀과 비슷하다. 맥류 중 내한성이 가장 약하여 가을에 파종할 경우 제주, 경남 및 전남 일부 지역만 가능하다.

껍질 유무에 따라 쌀귀리와 겉귀리 2종류가 있다. 색의 종류는 백색, 황색, 회색 및 흑색 4종류가 있다. 봄에 파종하는 춘파와 여름에 파종하는 하파가 주종을 이루고 있다

■ 성분 및 효능

귀리쌀의 주성분은 전분이지만 단백질과 지질이 풍부하여 독특한 맛이 있고 소화율도 높다. 단백질은 리신 등 필수아미노산이 높고, 글로블린(globulin)이 70~80% 정도 차지하며, 프롤라민(prolamin) 함량은 낮은 편이다.

지질은 3.7~6.2%로 다른 화곡류보다 높으며 팔미틴산(palmitic acid), 올레산(oleic acid), 리놀레산(linoleic acid) 등이 약 95% 정도 차지하며 75~80%가 블포화지방산이다.

식이섬유는 베타글루칸(β-glucan) 등으로 콜레스테롤치를 저하한다. 연구에 의하면 심장병과 당뇨병 환자에게 3주간 140g의 귀리빵을 공급한 결과 콜레스테롤이 11% 감소하였다고 한다.

■ 선별 기준

저장 중에 수분 함량을 13% 이하로 하여 저장 기간을 연장할 수 있다.

■ 조리 및 가공

오트밀로 인스턴트 화하여 이용하거나 그대로 죽을 쑤어 먹거나 고열 증기로 가열하여 플레이크(flakes)를 만들어 먹는다. 또한, 제과 및 제빵의 원료로 사용되며, 기타 세정제(비누, 로션, 삼푸) 및 자외선 차단제로써로 이용된다. 최근 귀리의 영양학적 가치가 부각되면서 식용으로의 이용이 점차 늘고 있는 실정이다.

3 잡곡

1) 수수(蜀黍, 高粱, sorghum, great millet, indian millet)

▪ 분류 및 특징

수수의 원산지는 아프리카로 에티오피아와 동부아프리카에서 유전적으로 다양한 야생 수수들이 많이 발견되고 있으며, 우리나라에서는 충북과 전남 지방에서 많이 재배되고 있다.

수수는 고온, 햇볕을 좋아하고 내건성(耐乾性)이 강하여 열대와 그에 준하는 건조지대에서 가장 많이 재배된다. 수수는 단단하고 광택이 있는 껍질에 싸여 있으며, 알맹이의 일부가 노출되어 있고, 원형이나 편원형이다. 종피는 갈색, 황색, 백색이며, 단간종, 중간종, 장간종으로 나눌 수 있다. 입질에 따라 찰수수와 메수수가 있다. 찰수수는 붉고 탄닌 함량이 많으며 충북 단양, 강원 영월의 산간지역에서 주로 재배된다. 메수수는 탄닌 함량이 낮다.

▪ 성분 및 효능

주성분은 탄수화물 74.1%, 단백질 9.5%이다. 아미노산 중 트립토판과 시스틴이 결핍되고, 단백질의 소화율은 60%로 좋지 않으며, HCN(hydrogen cyanide) 성분이 들어 있어서 도정하여 제거해야 한다. 찰수수는 메수수보다 단백질과 지질이 많은 편이다.

▪ 선별 기준

낱알이 둥글고 고르며, 반투명한 낱알이 거의 없는 것을 고르고, 낱알에 붉은 속껍질이 약간 남아 있는 것을 선택한다.

▪ 조리 및 가공

찰수수는 팥과 섞어서 오곡밥이나 떡을 만들어 식용으로 이용하고, 메수수는 식용으로 알맞지 않아 가축의 사료나 공업용 원료, 맥주나 음료수의 원료로도 이용되고 있다.

고려시대에는 차수수 전병과 떡이 유명하였고, 정월 대보름의 약식에는 찰수수가 필수 곡물이였다. 중국에서는 고량(高粱)이라고 하며, 고량주(高粱酒)는 수수로 만든 유명한 술이고, 한국에서는 문배주의 원료로 수수와 조가 사용된다.

2) 조(粟, Italian millet, foxtail millet)

【그림 1-9】 메조(왼쪽)와 차조(오른쪽)

■ 분류 및 특징

조는 벼과 식물로 인도, 아프리카, 중국, 러시아의 건조지대에서 재배되고, 고대 중세기에 알려져 중요한 식량이 되어 왔다. 단위면적당 파종량이 적게 소요되고 구황작물로도 재배되고 있지만 수확량이 적다. 주로 중국, 한국, 소련, 일본에서 많이 재배되고 있다. 미국에서는 중서 북부 지방에서 일부 재배되고, 아프리카에서는 사하라 동남부 지역에서 재배되고 있다. 우리나라의 경우 강원, 경북, 충북 산간지에서는 봄조가 주로 재배되고 있고, 남부 평야지에서는 그루조(하조, 夏粟)가 재배되고 있다. 파종하는 시기에 따라 봄조와 그루조, 입질에 따라 차조와 메조가 있다. 줄기, 잎과 이삭이 황변하면 수확하는데, 수확기는 봄조는 9월 상중순, 그루조는 10월 상중순이 된다.

■ 성분 및 효능

배유에 비하여 배아가 차지하는 비율이 높고, 배아의 단백질 함량이 많다. 일반 성분은 단백질이 9.3~9.9%, 지질 3.0~4.2%, 식이섬유 1.83~16.0%, 비타민 B_1과 B_2가 다른 곡류보다 많고, 소화흡수율이 우수한 편이므로 이유식의 식품 재료로 널리 사용된다.

아밀로스 함량은 메조 전분이 28.0%, 차조 전분이 8.0%를 함유하고 있다. 수분과 식이섬유 함량은 메조와 차조에서 유사하게 함유되어 있어서 입안에서의 촉감이나 맛은 우수한 편은 아니지만 배변을 쉽게 하여 변비와 대장암을 예방하는 효과가 있다.

■ 선별 기준

차조는 색이 녹색에 가깝고 낱알이 작고 고른 것, 낱알이 약간 납작한 것, 무게가 가볍고 요오드 시약으로 처리하면 자주색으로 변하는 것을 선택한다. 메조는 색이 노란색에 가깝고 반짝거리지 않는 것, 낱알이 작고 고른 것, 낱알이 약간 납작하고 눈의 색이 갈색인 것, 씨눈이 손상되지 않은 것을 선택한다.

조는 수분 조절의 기능이 높아 저장성이 우수하여 장기 보존으로 맛이 변하지 않는다.

▪ 조리 및 가공

오곡밥과 같은 혼식으로 이용하는 이외에 좁쌀떡, 꿀, 엿, 죽, 오메기술, 오메기떡, 고소리술, 제주 좁쌀 약주, 조껍데기술, 소주 원료 등으로 이용된다. 또한, 가축사료로도 이용되고, 특히 탈곡하지 않고 이삭째로 새나 병아리의 사료로 많이 이용된다.

3) 기장(黍米, Chinese millet)

▪ 분류 및 특징

기장의 원산지는 동부아시아와 중앙아시아에 가까운 지역까지 포함한 중국 대륙성 기후의 온대지역에서 재배되었을 것이라는 견해가 유력시되고 있다. 유럽에서도 신석기시대와 청동기시대의 기장 유물이 발견되어 조보다 먼저 유럽에 전파된 것으로 추정하고 있다. 현재에는 소련, 중국, 인도, 발칸반도 국가들, 서부유럽 등지에서 재배되고 있으며, 우리나라는 충북 단양군과 전북 부안군 등지에서 생산되고 있다.

기장은 따뜻한 기후 조건에서 신속히 잘 자란다. 서리에는 민감하지만 조, 수수, 옥수수에 비하여 훨씬 강한 내냉성 작물이다. 건조한 척박지에도 잘 견디고 조보다 생육 기간이 짧은 이점이 있다.

▪ 성분 및 효능

기장 분말을 흰쥐에게 먹였을 때 간의 중성지질을 감소시키는 효과가 보고되었다.

■ 선별 기준

50% 이상의 이삭이 익으면 수확해야 하고 후숙시키면서 건조한 다음에 탈곡하는 것이 좋다. 종실의 수분 함량이 12% 내외가 되도록 한다. 건조기를 이용하여 건조할 때는 건조기 내 온도가 40℃ 이상이 되지 않도록 조절해 주어야 한다.

■ 조리 및 가공

찰기장은 팥과 섞어 밥을 짓거나 떡을 만들면 별미가 있고 소화율도 높으며, 술을 만들 수 있다. 차지지 않은 것을 기장이라고 하는데 밥을 지어서 먹는다. 이삭으로는 빗자루를 맬 수 있어 산간지방에서 다소 재배되고 있다.

■ 조와 기장

조

기장

[그림 1-10] 조와 기장

조 '속(粟)' 자는 서녘 '서(西)' 자와 쌀 '미(米)'자를 따서 만든 것으로 '서쪽 지방에서 나는 쌀'이라는 뜻이다. 조의 껍질을 벗겨서 만든 쌀인 좁쌀은 기장쌀(粱米)보다 잘다. 그러므로 알이 작은 것은 조이고, 큰 것은 기장이다.

4) 율무(薏苡, adlay, soft-shelled Job's tears)

■ 분류 및 특징

율무는 포아풀과에 속하는 1년초로 열대·아열대 온대 남부에서 재배되며, 재배가 시작된 곳은 베트남 북부이다. 경기도 연천군에서 많은 양이 생산되고 있다.

■ 성분 및 효능

율무는 다른 곡류에 비하여 고단백, 고지방의 곡류이고, 전분의 대부분이 아밀로펙틴으로 되어 있으며, 식이섬유뿐만 아니라 칼슘, 철, 비타민 B_1, B_2 등이 풍부하게 함유되어 있다.

오래전부터 우리나라를 비롯한 동양 각국에서 약용으로 이뇨, 위장 보호, 진통, 소염제 및 폐결핵, 관절통, 동맥경화증에 효력이 있다고 한다. 근래에 밝혀진 율무의 약리 및 기능성으로는 혈당 강하작용, 혈장 콜레스테롤과 중성지방의 저하와 HDL-콜레스테롤 증가, 혈전 용해작용, 소염작용, 항산화 및 돌연변이 억제작용, 면역세포 활성작용 및 티로시나제(tyrosinase) 저해작용 등이 보고되어 있다. 그 외 항종양 및 염증 완화작용, 체중 증가 억제 효과 등이 알려져 있다.

■ 선별 기준

율무는 깨물어 보아 이에 붙는 것이 좋은 것이다. 율무를 고를 때는 골의 폭이 좁고, 연한 갈색을 나타내는 것, 씨눈이 붙어 있는 것이 적으며 윤기가 나는 것을 선택한다.

■ 조리 및 가공

생산량의 대부분은 율무쌀로 이용되고 있으며, 율무는 밥을 짓거나 죽을 쑤고 술, 약으로 이용되고 있으며, 볶아서 차로도 마신다.

5) 메밀(蕎麥, buckwheat)

■ 분류 및 특징

메밀은 마디풀과에 속하며, 중앙아시아나 동북아시아가 원산지이다. 주 생산국은 러시아와 폴란드이며, 그 밖에 캐나다, 일본, 프랑스, 미국 등지에서도 생산된다. 현재 우리나라의 메밀은 경북, 강원도의 산지에서 대량 생산되고 있다.

메밀 식물체는 생육 기간이 60~80일로 짧고 서늘한 기후에 알맞으며, 거름 먹는 힘(흡비력)이 강하고 병충해도 적은 무공해 작물이므로 많은 양의 화학비료와 농약을 사용할 필요가 없다.

잡곡류 중에서는 옥수수 다음으로 재배 면적이 많으며, 전국적으로 비교적 고르게 분포, 재배되고 있다. 알갱이는 삼각형을 이루고, 배유에는 S자형으로 접혀진 아엽이 있으며 과피는 단단하고 벗겨지기 쉽다.

■ 성분 및 효능

주성분은 전분이며, 메밀가루는 단백질이 13.4% 들어 있다. 또한, 메밀은 다른 곡류에 비해 수용성 섬유소의 비율이 높은 것으로 보고되고 있다. 메밀가루에는 아밀라제(amylase), 리파제(lipase), 프로테아제(protease) 등이 있어 소화율이 좋다. 한방에서는 장과 위를 강화하고 기력을 높이며, 설사를 그치게 하고 통증을 완화시키는 것으로 알려져 있다

건강식품으로 각광을 받고 있는 메밀은 혈관의 투과성을 감소시킴으로써 고혈압 및 동맥경화를 억제하는 효과가 있고, 플라보노이드의 일종인 루틴(rutin)과 퀘설틴(quercetin)을 많이 함유하고 있다. 루틴은 모세혈관을 강화시켜 고혈압과 동맥경화 예방과 치료에 적합하다. 퀘설틴은 항암작용, 혈압강하, 항당뇨작용, 동맥경화 방지 등의 작용을 한다.

■ 선별 기준

메밀을 고를 때는 삼각형의 모서리가 뾰족하고, 삼각뿔의 각을 이루는 부분이 오목할 것, 작은 꽃자루가 붙어 있는 것이 많은 것, 진한 검정색이며 낱알이 고른 것을 선택한다.

■ 조리 및 가공

메밀은 주로 냉면, 막국수, 메밀묵, 총떡, 빙떡, 메밀부침, 메밀칼싹두기, 메밀수제비, 메밀전병 등이 있고, 요즘에 와서는 메밀라면, 메밀종자의 싹을 틔워 콩나물처럼 기른 메밀싹기름, 메밀채소, 메밀차, 메밀음료, 메밀막걸리로도 이용되고 있다. 그 외에 빵, 꿀, 음료수나 술 등을 만드는 데도 사용된다.

6) 옥수수(玉蜀黍, maize. corn)

■ 분류 및 특징

현재 종류와 품종이 다양하게 발전한 옥수수는 중앙아메리카, 북쪽으로는 캐나다, 남쪽으로는 아르헨티나까지 전파되어 오늘날 전 세계에 널리 재배되고 있다. 멕시코나 온두라스가 원산지이고, 콜럼버스에 의해 세계에 전파되었

으며 벼, 밀과 함께 세계 3대 화곡류(禾穀類) 중의 하나이다. 우리나라에서 '강냉이', '강내미', '옥시기'라 예부터 불려오고 있으며, 강원도의 산간지대에서 재배되고 있다.

종실의 100립중은 단옥수수 12~20g, 초당옥수수 8~15g, 찰옥수수 15~30g 오목씨(마치종)나 굳음씨(경립종), 일반 옥수수는 25~45g 범위에 있다. 옥수수 종실의 색깔은 백색, 황색, 적색, 자주색, 갈색, 오렌지색 및 주황색 등 다양한 색을 보유하고 있다. 이런 색깔의 차이는 외피, 호분층, 씨눈, 씨젖의 유전적인 차이 때문에 발생한다.

옥수수는 입질이나 형태에 따라 다음 표 1-8과 같이 분류한다.

【표 1-8】 옥수수의 분류

종 류	특 징	용 도
오목씨 (馬齒種, Dent corn; Zea mays indendata) 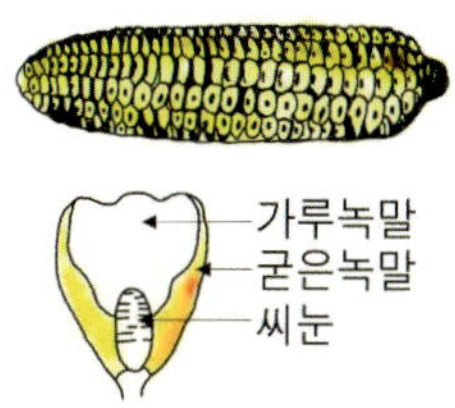	- 수량성이 우수 - 우리나라에서 가장 많이 재배 - 과피가 두꺼워 식용으로 부적당	공업 및 사료용
굳음씨 (硬粒種, Flint corn; Zea mays indurata) 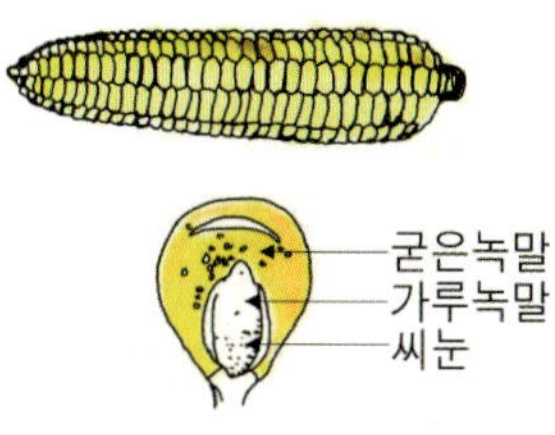	- 오목씨 다음으로 알이 굵고 알껍질이 다소 얇음 - 위도가 높은 고랭지대에까지 재배할 수 있는 장점 - 외부가 단단한 초자질 전분으로 둘러싸여서 충해를 받지 않고 저장이 용이	식용 사료용 및 공업원료
단옥수수 (甘味種, Sweet corn; Zea mays saccarata) 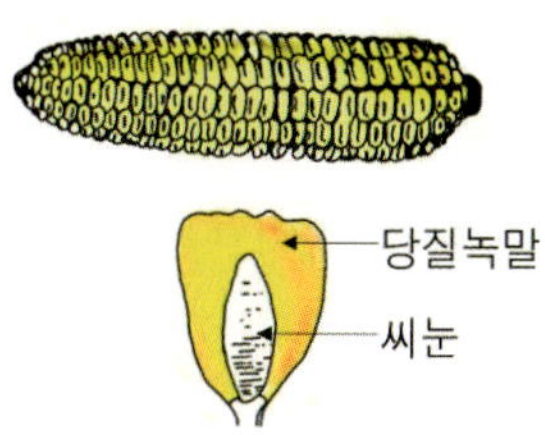	- 옥수수알이 성숙하여 건조되면 쭈글쭈글해지고 알껍질이 얇음 - 알의 중앙에 있는 씨눈(胚)을 제외하고는 거의 전부가 당질전분으로 조성 - 당분함량이 높으나 섬유질이 적음	간식용으로 삶아 먹거나 생식 또는 가공용, 통조림
초당옥수수 (强甘味種, Super sweet corn) 	- 당분이 높고 수분을 많이 함유 - 건조되면 단옥수수보다 모양이 더 많이 쭈글쭈글하게 변형되어 알이 작고 납작해짐	

<table>
<tr>
<td>찰옥수수
(糯種, 蠟質種,
Waxy corn ; Zea
mays ceratina)</td>
<td>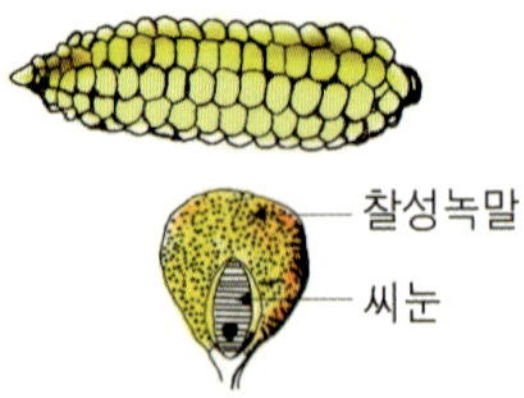</td>
<td>- 찰옥수수알의 색깔이 젖빛을 띠어 반투명하며, 씨눈을 둘러싸고 있는 부분이 찰성 전분으로 대부분이 찰기가 있는 아밀로펙틴으로 구성
- 둥근알 모양의 흰색의 찰옥수수가 대부분이나 요즈음에는 숙기가 느리면서 이삭이 작은 검정색 경립종의 찰옥수수도 일부 재배 됨</td>
<td>–풋옥수수로 수확하여 삶아 먹음
–찰옥수수의 전분은 아교와 함께 아밀로펙틴을 원료로 하는 공업원료</td>
</tr>
<tr>
<td>튀김옥수수
(爆裂種, Pop corn
; Zea mays
everta)</td>
<td>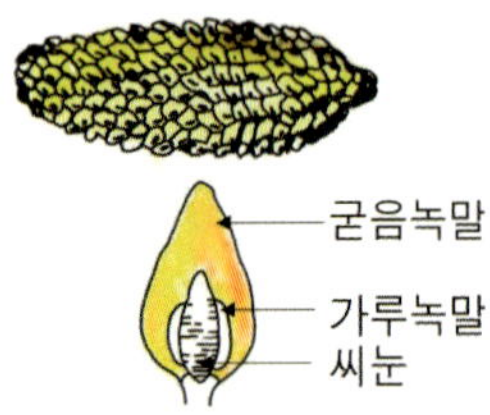</td>
<td>- 씨젖(胚乳)의 대부분이 굳음 녹말로 씨눈(胚芽)을 둘러싸고 있으며 많은 양의 굳음 녹말이 씨눈 좌우와 윗부분을 향하여 분포
- 종실크기가 작고 각질이며 배부분이 굳음씨보다 끝이 뾰족</td>
<td>팝콘용</td>
</tr>
</table>

■ 성분 및 효능

옥수수는 알갱이의 형태와 크기의 종류에 따라 큰 차이가 나며, 배유는 바깥쪽에 단백질이 들어 있고 단단한 전분질로 둘러싸여 있으며, 내부에 부드러운 전분질이 들어 있다. 생옥수수는 탄수화물 23.4~29.4%, 단백질 3.8~4.9%, 지질 0.5~1.2%를 함유하고 있다. 단백질 중 제인(zein)이 45% 정도이고, 트립토판이 거의 없으며, 리신도 적게 들어 있다. 알갱이 중 배아 부위가 전체의 11.7~13.8%를 점유하고, 그중에는 지질이 30%나 들어 있다. 비타민은 니아신(niacin)이 적어서 상식을 하면 펠라그라(pellagra)가 발생한다.

옥수수수염은 이뇨작용이 있어 부종에 복용하면 좋다.

■ 선별 기준 및 보관

일반 옥수수는 벌레 먹지 않고 입자가 고른 것, 윤기가 많이 나는 것, 껍질이 벗겨진 낱알이 없는 것을 선택한다. 팝콘용 옥수수는 길쭉하며 씨눈이 뾰족한 것, 낱알의 크기가 고른 것, 윤기가 많이 나는 것, 씨눈 쪽 끝 부분에 비늘이 붙은 것을 고른다.

옥수수는 수확한 즉시 겉껍질을 벗기고 살짝 데치는 전처리 과정을 거친 후 찬물로 식힌 다음 -40℃의 냉동고에서 급속 냉동 저장한다. 옥수수를 데쳐서 냉동한 경우가 생옥수수를 삶은 것과 유사한 질감과 맛을 지닌다. 이는 데침 과정에서 옥수수에 있는 효소가 불활성화되기 때문에 냉동 저장 과정에서 생기는 즙액의 손실, 당 성분의 전분화, 산패 등을 막아준다.

■ 조리 및 가공

미숙한 옥수수는 간식으로, 완숙한 것은 주식용, 분말은 엿, 묵, 과자, 빵, 만두, 죽의 제조와 전분, 포도당 등의 제조 원료로 쓰인다. 또한, 지질이 많아 식용유의 원료로 이용된다. 배아는 유지 원료, 줄기는 펄프, 기타 원료로 쓰인다. 냉동 저장시킨 옥수수는 해동 과정을 거치지 않고 냉동 상태로 삶는 것이 좋으며, 삶을 때는 냄비보다는 압력솥을 이용해서 삶는 것이 시간도 절약되고 맛도 좋다. 또한, 살짝 데친 다음 냉동 저장했다가 먹기 전에 삶는 것이 완전히 삶아서 냉동 저장했다가 해동만 하는 경우보다도 더 맛이 좋다.

옥수수수염이나 이삭의 속은 생약이나 잇몸질환 치료용의 의약품 재료로 이용되며, 어린 이삭은 좋은 채소용으로 이용된다. 수확한 후에도 많은 양의 줄기와 잎이 남기 때문에 사료로 이용하거나 퇴비를 만들어 밭에 되돌려 줄 수 있다.

참고문헌

1. 곽충실, 임수진, 김성애, 박상철, 이미숙. 2004. 한국산 메밀, 수수, 기장, 율무의 항산화 효과 및 돌연변이 억제 효과. 한국식품영양과학회지 33(6) : 921~929
2. 김동철. 2002. 고품질 쌀 생산을 위한 수확 후 관리기술. 식품저장과 가공산업 1 : 35~43
3. 김은옥, 오지혜, 이기택, 임정교, 김정수, 서혁수, 최상원. 2008. 유색미의 화학적 성분 및 항산화 활성. 한국식품저장유통학회지 15(1) : 118~124
4. 김진숙, 김상범, 김태영. 2006. 고아미(아밀로스 쌀) 복합분을 이용한 제면 특성. 한국지역사회생활과학회지 17(2) : 61~68
5. 농촌진흥청 국립식량과학원. http://www.nics.go.kr. 2010.1.14
6. 농촌진흥청 국립과학원 NICS Online 작물정보센터 http://www.nics.go.kr/CropWebzine/2010.3.10
7. 서선정, 최용민, 이선미, 김기종, 손종록, 이준수. 2007. 여러 가지 특수미의 일부 항산화 성분 분석. 한국식품영양과학회지 36(4) : 499~502
8. 송영은, 조승현, 권영립, 최동칠. 2008. 전라북도 브랜드 쌀과 국내 및 수입 유통쌀의 품질 특성 비교. 한국작물학회지 53(4) : 347~352
9. 오용석. 2003. 발아현미의 영양학적 특성에 관한 연구. 공주대학교 석사학위논문. p20
10. 우자원. 1991. 율무 식이섬유의 칼슘, 철분과의 결합능력. 한국식품조리과학회지 7(4) : 87-91
11. 이병두, 은종방. 2008. 쌀가공식품산업. 식품산업과 영양 13(2) : 1~8
12. 이성우. 1992. 동아시아속의 고대 한국식생활사연구. 향문사
13. 이춘기, 김기종, 김태영, 손종록. 1998. 미곡의 조제형태별 저온저장시험. 작물시험장 시험연구보고서. 19~37
14. 장학길, 이경혜, 곽희진, 김동원, 김형열. 2000. 식품재료학. 신광출판사, 서울
15. 정응기, 이춘기, 최윤희, 김정태, 김석, 손종록. 2008. 찰벼 수확시기 및 건조 정도에 따른 찹쌀 외관 품질특성 규명. 한국작물학회지 53(1) : 58~63
16. 조재선, 황성연. 2007. 식품재료학. 문운당, 서울
17. 최윤희, 정진일, 정영근, 김영두, 하기용, 고재권, 김정곤. 2005. 온도와 포장재에

따른 백미의 저장가능 기간. 한국식품저장유통학회 12(4) : 310~316

18. 최인덕, 김재현, 김선림, 천아름, 서세정, 김기종, 양창인, 정헌상. 2008. 고아미 2호 및 큰눈벼 이용성 증진 연구-제1보 : 고아미 2호 이용성 증진 연구-. 작물과학연구논총 9 : 525~542
19. 한국영양학회. 1009. 식품 영양소 함량 자료집. 한아름기획, 서울. P20~23
20. 황재관. 2003. 호밀의 식품학적 특성 및 생리활성. 식품과학과 산업 36(3) : 70~80
21. 현영희, 구본순, 송주은, 김덕숙. 2001. 식품재료학. 형설출판사, 서울
22. 홍진숙, 박혜원, 박란숙, 명춘옥, 신미혜, 최은정, 정혜정. 2005. 시품재료학. 교문사, 서울
23. 홍태희, 김기연, 최옥수, 김대현, 정외숙, 김순희. 2001. 현대 식품재료학. 지구문화사, 서울
24. 高橋素子. 농촌진흥청 작물과학원 역편. 2007. 밥과 쌀에 대한 의문 :질문과 답, Q&A :사람들이 알고 싶어 하는 쌀의 모든 것. 농촌진흥청 작물과학원, 2007
25. Chung BS, Suzuki H, Hayakawa S, Kim JH, Nishizaawa Y. 1988. Studied on the plasma cholesterol-lowing component in Coix. J Japan Food Technol 35 : 618~623
26. Ha YD, Lee SP. 2001. Characteristics of protein in Italian millet, sorghum and common millet. Korea J Prostharvest Sci Technol 8 : 182~192
27. Han YN, Yun HK, Park JH, Ryu SY. 1996. Development physiologically active substances from seeds of Coix lachryma-jobi L. var. ma-yuen. J Agri Sci 38 : 21~29
28. Kim JK, Lee HS. 2000. Tyrosinase-inhibitory and radical scarvenging activities from the seeds of Coix lachryma-jobo L. var. ma-yuen Stapf. Korean J Food Sci Technol 32 : 1409~1413
29. Kim NS, Seong HM, Nam YJ. 1987. Physicochemical properties of domestic millet starches. Korean J Food Technol 19 : 245~249
30. Kwak CS, Lim SJ, Kim SA, Park SC, Lee MS. 2004. Antioxidative and antimutagenic effect of Korean buckwheat, sorghum, millet and job's tears. J Korean Soc Food Sci Nutr 33 : 921~929
31. Nakawa K, Onota A. 1996. Accumulation of γ-aminobutyric acid (GABA) in the rice germ. Food Processing 31: 43~46.

32. Qureshi AA, Mo H, Packer L, Peterson DM. 2000. Isolation and identification of novel tocotrienols from rice bran with hypocholesterolemic, antioxidant, and antitumor properties. J Agric Food Chem 48 : 3130~3140
33. Ryu HS, Kim HS. 2005. Effects of job's tear extracts on mouse immune cell activation. J Korean Dietetic Association 11 : 44~50
34. Slavin JL, Martini MC, Jacobs DR, Marquart L. 1999. Plausible mechanisms for the protectiveness of whole grains. Am J Clin Nutr 70 : 459S~463S
35. Takahashi M, Konno C, Hikino H. 1986. Isolation and hypoglycemic activity of coixans A, B and C glycans of Coix lachryma-jobi L. var. ma-yuen seeds. Plant Med 52 : 64~68
36. Tompson JF, Pollard JK, Steward JC. 1952. Investigations of nitrogen compounds and nitrogen metabolism in plants. III. γ-aminobutyric acid in plants, with special reference to the potato α-amino acids. Plant Physiol 27: 401~414.
37. 한국쌀가공협회. http://www.krfa.or.kr/05data04_process01.html 2010.1.15

제2장

두류(Legumes)

제2장 두류(Legumes)

두류는 환경 적응성이 좋아서 재배하기 쉽고, 생육 기간이 짧으며 간작(間作)에 적합하여 땅을 비옥하게 한다. 쌍떡잎으로 되어 있고 열매가 꼬투리에 들어 있으며, 뿌리에 혹박테리아가 공생하여 질소를 고정하여 주므로 척박한 토양에서도 잘 자랄 수 있다.

두류는 표 2-1과 같이 영양 성분의 조성에 따라 분류되며, 콩의 꼬투리에 2~3개의 알갱이가 들어 있다. 또한, 색깔에 따라 흰콩, 누런콩, 푸른콩(청태콩), 밤콩(붉은콩), 검정콩, 우렁콩 등이 있다.

두류의 영양 성분은 표 2-2에서 보는 바와 같이 단백질이 쥐눈이콩은 38.9%로 가장 많고, 다른 두류는 10~26% 정도이다. 지질 함량은 대두를 제외하고 보통 2% 내외이며, 그 대신 탄수화물 함량이 많다. 그 밖에 사포닌, 헤마클루티닌, 레시틴 등의 특수 성분이 들어 있고, 단백질의 소화를 방해하는 트립신저해제(trypsin inhibitor)가 들어 있다. 콩은 쌀에 적게 들어 있는 단백질, 특히 필수아미노산인 리신을 공급하여 영양학상 균형을 맞추어 주는 식품 재료로써 매우 중요하다.

두류는 조직이 단단하여 소화율이 낮고 먹기도 불편하여 조직을 연하게 하고 먹기 좋게 만든 두부나 두유, 간장, 된장 등으로 가공하여 소화흡수율을 높여 이용한다.

【표 2-1】 콩의 분류

특 징	종 류
고지질, 고단백질, 저탄수화물	대두, 땅콩
저지질, 고탄수화물	팥, 녹두, 완두콩, 강낭콩
채소콩	청태콩, 미성숙 완두콩, 껍질콩

【표 2-2】 두류의 영양 성분(100g 당)

성분 종류	탄수화물 (g)	지질 (g)	단백질 (g)	루신 (g)	리신 (g)	메티오닌 (g)	트립토판 (g)
대두 (노란색, 건)	30.7	17.8	36.2	2,308	1,946	392	412
쥐눈이콩(건)	41.2	6.9	38.9	2,746	2,157	386	389
팥 (붉은색, 건)	68.4	0.1	19.3	1,835	907	435	117
녹두(건)	62.0	1.5	22.3	1,677	1,741	192	262
동부(건)	60.3	2.1	22.2	1,800	1,600	370	280
완두(건)	67.1	1.3	20.7	1,615	1,532	223	208
강낭콩(생)	29.2	1.2	10.0	814	733	284	113
잠두(건)	55.9	2.0	26.0	1,800	1,600	200	210

자료 : 《식품영양소 함량 자료집》 2009

1 대두(大豆, soybean)

【그림 2-1】 대두의 종류

■ 분류 및 특징

콩은 만주 지방이 원산지로써 고온다습한 기후를 좋아하며, 추운 곳에서는 성숙하기 힘들기 때문에 세계적으로 열대와 온대 북부에 걸쳐 널리 분포되어 있다. 우리나라에서는 전국적으로 고르게 콩을 재배하고 있고, 그중에서도 최근에는 전남 및 경북에서 가장 많이 재배하고 있다.

콩알의 색은 백황(흰콩), 황·녹황·갈황색(누런콩), 담록색(푸른콩·청태콩), 갈색(밤콩), 흑색(검은콩) 등이 있다.

■ 성분 및 효능

콩은 단백질과 지질을 많이 함유한 식물성 식품으로 필수아미노산과 불포화지방산이 균형 있게 분포되어 있다. 필수아미노산 중 리신, 루이신이 많이 들어있고, 메티오닌과 트립토판이 적게 들어 있다. 지질은 필수지방산인 리놀레산과 인지질인 레시틴이 많이 들어 있으며, 탄수화물은 스타키스(stachyose), 라피노스(raffinose) 등의 올리고당이 들어 있다. 그 밖에 특수 성분으로 이소플라본(isoflavones), 사포닌(saponins), 트립신저해제, 헤마글루티닌(hema gglutimin), 안토시아닌, 토코페롤, 피틴산(phytic acid) 등이 함유되어 있다. 이소플라본은 항산화 활성과 자유라디칼을 제거하는 능력을 가지고 있어 LDL-콜레스테롤 산화를 억제시키고, LDL-콜레스테롤 수용체의 활성을 증가시켜 콜레스테롤 수준을 저하시키는 것으로 알려져 있다. 또한, 이소플라본은 콩의 노란색을 나타내는 색소로 이중의 하나인 제니스테인(genisteine)은 여성호르몬인 에스트로겐(estrogen)과 유사한 작용을 하여 폐경기 여성의 에스트로겐 결핍으로 생기는 골다공증 예방과 진행 억제에 효과가 있다. 또한, 유방암, 전립선암의 예방 효과가 있고 난소암을 감소시키므로 항암 식품으로 각광을 받고 있다. 사포닌 성분은 콩을 물에 담그거나 삶을 때 거품을 일게 하고, 생체 내 과산화지질의 형성을 막아 노인성 치매 예방 효과가 있다고 한다. 트립신 저해제는 트립신의 소화를 방해하며, 헤마글루티닌은 적혈구의 응고를 촉진하는 작용을 한다.

콩은 조직이 단단하여 삶거나 볶더라도 소화율이 70%이지만 가공을 하면 소화율이 증진되어 간장은 98%, 두부는 95%, 된장은 85%로 증가한다.

■ 선별 기준 및 보관

콩은 껍질이 얇고 깨끗하며 색이 노란색이고 윤기가 많이 나는 것, 눈의 모양이 회색, 미색, 황색의 타원형인 것은 구입한다.

콩의 저장 조건은 수분 함량이 11% 이하로 유지하고, 저장 온도를 낮추는 것이 좋으며 통풍이 잘되도록 한다.

■ 조리 및 가공

콩은 우수한 영양가를 지닌 식품이지만 조직이 단단하여 그대로 이용하면 소화흡수가 나쁘기 때문에 여러 가공법이 개발되었다. 두부, 두유, 콩국수, 고물, 미숫가루, 콩잎김치, 콩나물, 된장, 두황(콩가루), 고추장, 청국장, 간장, 콩기름 등으로 이용된다. 최근에는 콩단백질을 추출하여 섬유화하고 여기에 착색제, 착미제, 향료 및 무기염류 등을 첨가하여 인조육(textured protein product, TPP)을 상품화하고 있다. 그 외에 콩을 발아시켜 만든 콩나물은 비타민 C가 풍부하고 식이섬유가 약간 증가한다.

■ 쥐눈이콩(약콩, 서목태, 다윈콩)

쥐눈이콩은 검은 수콩[雄黑豆]이라고도 하며, 밭에 심는데 알이 작고 검다. 빛이 검으면서 반들반들하고 약으로 쓰는 것이 더 좋으며, 신장병에 도움이 된다. 또한, 해독성이 강하여 청혈작용이 있고, 신체 기능을 강화하는 약제로 보고되고 있다. 안토시아닌계 색소가 풍부하여 항산화 효과가 뛰어나며, 혈당 강하와 인슐린 감수성 개선에 효과가 있다고 한다. 국내의 대표적인 재배지는 강원도 정선과 전북 임실이다.

2 팥(小豆, 赤豆, small red bean)

■ 분류 및 특징

팥은 일년생 작물로 중국, 한국, 일본 등 동양의 온대지방에서만 주로 재배되어 왔다. 팥은 콩 알맹이보다 적고 종피가 붉은색이어서 소두(小豆) 또는 적두(赤豆)라 하지만 회백색, 크림색, 담흑색, 담황색, 갈색, 흑색 등 여러 가지가 있다. 충북, 전남, 경북, 강원에서 재배되며, 중부지방은 10월 상중순경, 남부지방은 10월 중하순경에 수확한다.

■ 성분 및 효능

팥의 주성분은 탄수화물과 단백질이며, 특히 전분이 34% 정도 많이 함유되어 있다. 단백질 함량도 20% 내외로 높은 편이지만 영양가는 콩에 비하여 현저히 떨어진다. 팥의 비타민 B_1은 0.54mg/100g으로 각기병 예방과 치료에 효과가 있으며, 만성 신장염이나 뚱뚱한 사람의 혈액순환을 돕는 데도 이용된다.

팥의 형태와 구조는 콩과 비슷하나 한 꼬투리에 4~8개의 알갱이가 들어 있고, 지질이 적고 탄수화물이 많이 함유되어 있다.

사포닌이 들어 있어 변통을 돕는 효과가 있으며, 황 화합물이 들어 있어 특유한 냄새를 낸다. 또한, 사포닌은 섬유질과 함께 배변을 용이하게 한다. 그 외 숙취 해소작용, 해독작용, 이뇨작용 등의 효능이 있는 것으로 알려져 있다.

팥의 색소는 안토시아닌(antocyanin)으로 암적색을 나타내며, 품종에 따라 황백색, 담갈색이 있다.

■ 선별 기준 및 보관

팥을 고를 때는 낱알이 크고 붉은색을 띠고 있는 것, 크기가 고르고 광택이 나며 흰색의 띠가 뚜렷한 것, 표면에 흰 가루가 붙어 있지 않은 것, 여러 색이 섞이지 않은 것을 선택한다.

수확한 팥은 건조기나 햇빛에 널어 말리며, 수분이 12% 이하가 되게 건조한 후 선별기를 이용하여 종실이 균일 되게 선별하여 상품 가치를 높이도록 한다.

건조된 종자는 밀폐된 장소에 넣어 인화늄정제(포스톡신)를 $1m^2$당 4정을 처리한 후 3~4일간 훈증소독하면 팥바구미의 발생을 억제시킬 수 있다.

■ 조리 및 가공

쌀, 보리, 잡곡과 섞어서 밥을 짓거나 팥죽을 쑤며 과자, 떡 고물, 양갱, 팥빙수, 단팥죽, 빙과 제조용 등으로 쓰인다. 팥은 요리 후 독특한 붉은색으로 인하여 제사 떡이나 동지팥죽 같이 나쁜 귀신을 물리치는 상서로운 것으로써 우리의 전래 의식 속에서 함께 지내온 농작물이다. 현재에 이르러서도 독특한 풍미감으로 인하여 떡, 과자, 빵 등과 같은 우리 음식 문화의 중요한 작물로 자리매김하고 있다

3 녹두(錄豆, green gram, mung bean)

■ 분류 및 특징

녹두의 원산지는 인도이며, 전남, 경기, 제주 등에서 생산된다. 녹두의 종류는 봄녹두와 그루 녹두가 있으며, 종피 색깔이 녹색이어서 붙여진 이름이지만 황색, 녹갈색, 흑갈색인 것도 있다. 알갱이의 크기도 팥보다 작지만 형태와 구조는 팥과 비슷하다.

■ 성분 및 효능

녹두의 주성분은 탄수화물이며, 전분이 60% 정도 함유되어 있고, 단백질 함량도 많은 편으로서 영양가가 높다.

녹두는 오장육부의 기운을 조화롭게 하여 환자의 원기를 돋우고 입맛을 되찾는데 이용된다. 또한, 열이 많아 설사를 하는 사람이 녹두를 갈아 마시면 설사가 멈춘다고 한다. 그러나 몸이 찬 사람은 삼가는 것이 좋다.

■ 종류 및 선별 기준

녹두를 고를 때는 껍질이 거칠고 광택이 나지 않은 것, 낱알이 작고 짙은 녹색인 것, 물을 흡수하여 팽윤하는 속도가 느린 것을 선택한다.

■ 조리 및 가공

청포(녹두묵), 빈대떡, 떡고물, 녹두죽, 숙주(녹두)나물 등으로 이용된다. 녹두가루는 녹두를 물에 담갔다가 갈아서 걸러 가라앉힌 다음 윗물을 치워버리고 말려서 가루를 내어 쓴다. 공업적으로는 당면의 원료가 되는데 값이 비싸기 때문에 감자전분과 혼용된다.

■ **동부**

동부는 열대, 아열대 지역의 주요 단백질 급원이며, 서아프리카의 나이지리아에서 동부 퓨레(purée : moin-moin)가 유명하다. 우리나라 전역에서는 여름철의 고온 시기를 이용하여 산기슭이나 경지 주변에서 재배된다. 주로 값비싼 녹두의 대용으로 청포묵의 재료에 이용되고, 고물이나 과자로 사용된다.

4 완두(豌豆, pea. garden pea)

【그림 2-2】 완두콩(왼쪽)과 미숙엽(오른쪽)

■ 분류 및 특징

완두는 1~2년생 초본으로 원산지는 남부 유럽을 중심으로 한 지중해 연안으로 추정하고 있다. 우리나라와 일본에서의 재배 역사는 그리 오래되지는 않았으며 경기, 전남, 충북, 충남 등에서 많이 생산된다. 꼬투리가 콩과 비슷하나 5~6개의 열매가 들어 있고 알갱이는 둥글고 백색, 녹색, 황색, 회색 등 다양하다.

완두는 그 이용성에 따라 풋협용 완두, 협채소용 완두 및 사료용 완두 등 3가지 형태로 나눌 수 있다. 우리나라에서 생산되는 완두는 대부분 풋협용으로 품종에 따라 차이는 있지만 개화 20~30일 후 협을 수확할 수 있으며, 밥에 섞거나 냉동 통조림, 통조림 수프 등으로 이용되고 있다. 풋협용 완두는 풋콩으로써의 이용성이 높아야 함으로 협의 외형, 종실 내 당 함량, 종실의 전분 및 섬유질 함량 등의 품질 평가가 중요하다. 협채소용 완두는 특히 중국요리에 많이 이용되며 유럽과 중국, 일본 등에서 많이 재배되고 있으나 우리나라에서는 극히 제한적으로 재배되고 있다.

■ 성분 및 효능

생완두의 성분은 수분 24.3%, 탄수화물 24.3%, 단백질 10.5%, 지질 0.3%이며, 레시틴이 많다. 단백질의 반 이상은 글로불린(globulin)으로 이것을 특히 레규민(legumin)이라 한다. 무기질로는 칼슘과 인이 풍부하고, 비타민 C, 클로로필 등이 풍부하여 생체 내 생리 활성에 중요한 영향을 미친다. 완두는 한방에서 오장육부에 이롭다고 하여 보양식으로 이용되고, 수용성 섬유질이 풍부하여 배변에 효과가 있다.

어린 꼬투리에는 단백질과 비타민 A, B, C가 풍부히 함유되어 있다. 그러나 통조림 가공을 위해 황산 등으로 처리할 경우 대부분의 비타민 C가 손실된다.

■ 선별 기준 및 보관

완두를 선택할 때는 표면이 팽팽하거나 고르게 주름이 잡혀 있는 것, 콩보다 약간 꼬투리가 큰 것, 꼬투리 표면이 약간 매끄럽고 탄력이 있는 것, 깐 콩보다는 꼬투리 속에 있는 콩을 구입한다.

생 완두콩의 저장은 실온보다 5℃의 냉장고에 꼬투리째 저장하는 것이 외관, 클로로필, 비타민 C의 함량 유지 면에서 좋다. 건조된 완두콩은 저장 중 바구미에 의한 피해가 심각하여 발아에 문제가 있어 자가 채종에 의한 종자 생산을 거의 하지 않고 매년 수입에 의존하고 있는 실정이나 약제에 의한 바구미 방제만 잘하면 자가 채종 종자 이용에 문제가 없다.

■ 조리 및 가공

가공 형태로 혼식용, 떡이나 과자의 속으로 많이 이용되며, 생두는 통조림으로 가공한다. 성숙하기 전의 완두는 수프, 샐러드 등 음식에 식감을 부여하기 위한 재료로 이용된다. 미숙협(未熟莢)은 채소로 통조림을 만들어 채소로 이용되기도 하며, 당분의 함량이 많은 품종은 냉동 건조용으로도 쓰인다.

5 강낭콩 (菜豆, kidney bean)

■ 분류 및 특징

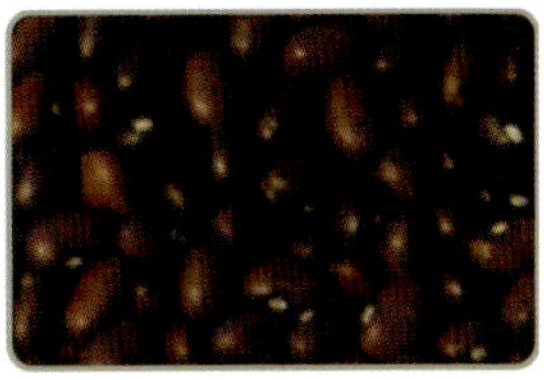

강낭콩은 남미, 페루가 원산지이며, 북아메리카에서는 오래전부터 인디언에 의하여 재배되었다. 우리나라는 경기, 전남, 충북, 충남 등에서 많이 생산된다.

콩보다 크고 신장 모양으로 백색, 갈색, 적자색, 청흑색 등이 있으며, 줄기가 넝쿨성인 것과 곧게 서는 왜종이 있다.

■ 성분 및 효능

강낭콩의 주성분은 탄수화물이고 그 대부분이 전분이며, 단백질 함량도 많은 편이다. 녹색 꼬투리에는 단백질과 비타민 B_1, B_2, B_6 및 C가 풍부하여 각기병, 구각염, 설염, 구내염, 신경염 등에 효과가 있다. 생 강낭콩은 단백질 10.0%, 탄수화물 29.2%, 식이섬유 19.1%를 함유하고 있다.

강낭콩은 식물성 혈구응집소인 피토헤마글루티닌(phytohemaglutinin)이 함유되어 골수의 조혈 기능을 자극하여 백혈구를 보호하고 향상시켜 감염 억제작용이 있다. 또한, 면역계에 작용하면 항종양 효과가 있다고 한다. 한방에서는 이뇨작용과 자양 강장 효과가 있다고 하여 몸이 부었을 때 권하며, 식이섬유가 풍부하여 변비의 예방이나 치료에도 효과적이다.

■ 선별 기준

강낭콩을 선택할 때는 선명한 적색이나 적갈색을 띤 것, 윤기가 나며 배꼽이 약간 튀어 나온 것, 흰색 타원형의 반점이 뚜렷한 것, 껍질에 약간의 주름이 있는 것을 선택한다.

■ 조리 및 가공

종실은 밥에 넣어 먹거나 떡, 과자의 속으로 이용되고, 미숙과는 스트링 빈(string bean)이라 하여 채소로도 많이 이용된다.

6 잠두(faba bean)

■ 분류 및 특징

잠두는 꼬투리가 작을 때는 누에 모양을 하고 있고, 누에가 고치를 지을 때쯤에 익어간다고 하여 명명되었다. 원산지는 북아프리카와 서남아시아이며, 재배 기원이 가장 오래된 작물 중 하나이다.

【그림 2-3】 잠두(왼쪽)와 가공 잠두(오른쪽)

우리나라에는 1930년에 청과용과 종실용 등 3개 품종이 도입되었고, 제주도에서는 가을에 파종하여 월동 재배하여 왔다. 1994년부터 경남 남해군 및 사천 지역에서 일본과 수출 계약 체결로 재배 면적이 증가하고 있는 추세이다.

■ 성분 및 효능

잠두는 탄수화물이 많아 단맛이 있고, 단백질, 지질, 회분과 비타민 A, B_1, B_2, B_6가 골고루 함유되어 영양가가 높다.

■ 조리 및 가공

완숙된 종실은 제과용, 제분, 통조림, 안주용으로 이용하고 있고, 미숙 상태나 녹색의 콩은 채소로 이용하고 있다. 또한, 풋꼬투리용, 된장, 간장 원료 등 다양하게 이용된다. 약용으로도 이용되는데 종자와 잎은 지혈제, 이뇨제, 해독제 등으로 쓰인다.

참고문헌

1. 강순아, 장기효, 조윤희, 홍경희, 서지혜, 조여원. 2003. 대두와 쥐눈이콩의 비배당체 이소플라본 함량에 대한 인공위액과 소화효소 처리 효과. 한국영양학회지 36(1) : 32~39
2. 농촌진흥청 국립식량과학원. http://www.nics.go.kr. 2010.1.14
3. 농촌진흥청 국립과학원 NICS Online 작물정보센터 http://www.nics.go.kr/CropWebzine/2010.3.10
4. 서재훈, 신인철, 정경진, 심태흠, 오홍석, 김영진, 정의호, 김광기, 최대성. 2003. 정선산 쥐눈이콩의 부위별 이화학적 특성 및 항산화 효과. 한국식품과학회지 35(2) : 309~315
5. 이대훈, 곽동훈, 김성민, 주은진, 최한길, 김옥길, 황진봉, 배남궁, 정규용, 한진철, 박홍대, 추영국. 2004. Streptozotocin-유도 당뇨모델을 이용한 쥐눈이콩 분말의 혈당강하 및 인슐린 감수성의 효과. 한국식품영양학회지 33(10) : 1618~1625
6. 이성우. 1992. 동아시아속의 고대 한국식생활사연구. 향문사
7. 임애경, 정미정, 김동우, 홍주헌, 정희경, 김길수, 김용해, 김대익. 2009. 생물전환법으로 만들어진 대두 비배당체 이소플라본을 섭취한 고지방식이 쥐의 항고지혈 효과 및 결과에 의한 외삽적용 농도 결정. 한국식품영양과학회지 38(9) : 1167~1173(2009)
8. 임효원. 2005. 저장기간에 따른 완두콩의 품질 변화. 한국식생활문화학회지 20(6) : 761~766
9. 장학길, 이경혜, 곽희진, 김동원, 김형열. 2000. 식품재료학. 신광출판사, 서울
10. 조연화, 장정옥, 구성자. 1987. 동부의 이화학적 특성과 동부묵의 rheology에 대하여. 한국조리과학회 지 3(1) : 76~79
11. 조재선, 황성연. 2007. 식품재료학. 문운당, 서울
12. 한국영양학회. 1009. 식품 영양소 함량 자료집. 한아름기획, 서율. P20~23
13. 현영희, 구본순, 송주은, 김덕숙. 2001. 식품재료학. 형설출판사, 서울
14. 홍진숙, 박혜원, 박란숙, 명춘옥, 신미혜, 최은정, 정혜정. 2005. 식품재료학. 교문사, 서울
15. 홍태희, 김기연, 최옥수, 김대현, 정외숙, 김순희. 2001. 현대 식품재료학. 지구문화사, 서울

제3장

서류(Photatoes)

제3장

서류(Photatoes)

서류는 식물의 땅속줄기(지하경)나 덩이줄기(괴경) 또는 덩이뿌리(괴근)가 발달하여 식용을 목적으로 재배하는 식물이다. 감자, 고구마, 타피오카는 뿌리채소류로 분류할 수 있지만, 다량의 전분과 기타 다당류를 저장하기 때문에 주식이나 주식의 대용으로 사용되므로 별도의 식량작물로 취급해 왔다. 이들은 식물학상으로 이용 부위가 뿌리나 줄기 등으로 다르지만 공통적으로 전분을 주성분으로 하는 것이 특징이며, 단백질, 지질 등의 함량은 적지만 칼륨과 칼슘 함량이 높다. 단위면적당 생산량은 많으나 냉해에 약하고 발아되기 쉬워 저장성이 좋지 않은 단점이 있다. 서류의 원산지는 멕시코나 남아메리카이고, 콜럼버스에 의해 유럽을 통하여 세계 전 지역에 전파하였다.

【표 3-1】 서류의 영양 성분(100g당)

성분 / 종류	탄수화물 (g)	단백질 (g)	지질 (g)	수분 (g)	식이섬유 (g)	칼슘 (mg)	칼륨 (mg)	비타민 B_1 (mg)	비타민 C (mg)	β-카로틴 (μg)
감자	14.6	2.8	0.0	81.4	1.40	4	485	0.11	36	0
고구마	31.2	1.4	0.2	66.3	2.32	24	429	0.06	25	113
곤약(판형)	5.7	0.3	0.0	93.6	2.20	126	42	0.01	0	0
돼지감자	15.1	1.9	0.2	81.2	2.00	13	630	0.07	12	0
마(산마)	19.6	5.1	0.7	73.5	2.51	27	–	0.10	9	0
칡뿌리	36.1	1.9	0.4	60.3	2.40	15	–	0.12	6	11
야콘	14.7	0.7	0.1	83.8	–	5	199	0.10	5	80
토란	13.1	2.5	0.2	83.2	2.82	27	365	0.08	7	5

자료 : 《식품영양소 함량 자료집》 2009

1 감자(馬鈴薯, potato, Irish potato)

■ 분류 및 특징

【그림 3-1】 감자(왼쪽)와 자주감자(오른쪽)

감자는 1년생 식물로 가지과에 속하며, 원산지는 남아메리카 안데스산맥 티티카카 호 주변의 고원 지대이다. 우리나라에는 순조 24년(1824)에 만주의 간도 지방으로부터 도입되었다.

줄기가 생긴 후 뿌리가 생기고, 지하부 줄기 끝의 일부가 비대하여 덩이줄기가 되며 백색, 홍색, 자색 등이 있다. 또한, 전분과 단백질의 함량 차이에 따라 감자의 살색이 희고 전분질이 많이 함유된 분질 감자와 감자의 살색이 노랗고 단백질과 회분을 많이 함유한 점질 감자로 구분된다. 일반적으로 기호성이 높은 것은 분질 감자이다.

우리나라에서는 봄, 여름, 가을, 겨울 4계절 모두 감자가 생산되고 있다. 주산지는 강원, 경남, 경북, 전남 지방이다.

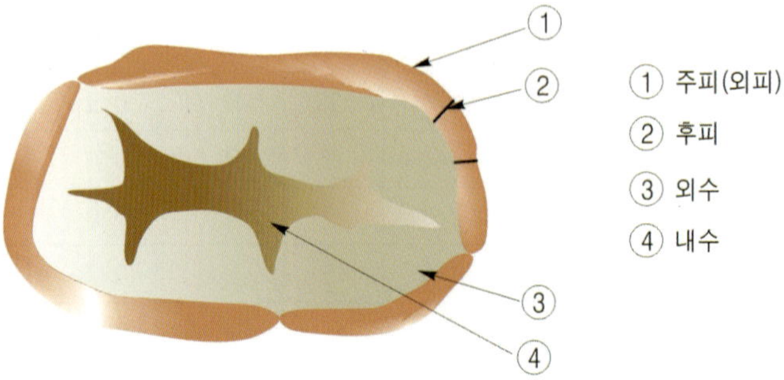

【그림 3-2】 감자의 단면 구조

감자의 단면 구조는 그림 3-1과 같이 맨 바깥쪽의 주피, 안쪽인 후피, 수심부인 외수부와 내수부로 구분된다. 주피는 엷은 코르크층으로 여러 가지 색을 나타내며, 후피는 전분이 들어 있다. 수심부인 외수부는 감자의 대부분을 차지하고 내수부는 별 모양으로 수분 함량이 많으며 투명도가 높다.

■ 성분 및 효능

감자는 수분이 81.4%이고 탄수화물이 14.6%, 단백질이 2.8% 함유되어 있다. 감자의 살색이 노란 것일수록 단백질이 많고, 전분은 적으며 회분이 많아 맛이 진하다. 감자에는 비타민 C가 36mg/100g이 함유되어 있고, 비타민 B_1도 상당히 많아 겨울철 채소 대용 영양 공급원으로 중요하다. 비타민 C는 수확 직후에 많고 저장 중에 감소하다가 싹이 나올 무렵에는 다시 증가된다. 비타민 C는 감자의 중심부보다 외측 부분에 많으며 육질이 황색 품종인 것이 백색 품종보다 높다. 또한, 감자는 칼륨의 함량이 쌀의 3배에 이르는 많은 양이 함유되어 있으므로 나트륨을 포함한 식염과 함께 섭취하는 것이 Na/K 균형에 도움이 된다.

감자의 색소는 보통 황색 품종은 카로티노이드(carotinoid)가 함유되어 있고, 적색이나 자주색은 안토시아닌(anthocyanin)에 의한 것으로 감자의 주피와 후피층 주변 세포 부분에 분포한다.

■ 선별 기준 및 보관

감자를 고를 때는 깨끗하게 보이며 알이 굵고 모양이 고른 것, 살이 단단한 것, 색택이 양호한 것, 적당히 건조되어 외피에 물기가 없으며, 보관상 지장이 없는 것으로 선택한다. 식용 감자는 겉껍질이 매끄럽고 백색이나 황색이며, 눈이 얕고 육색은 백색, 분상질인 것이 알맞다. 저장품은 상처가 없는 것으로 표피에 주름이 없고 무르지 않으며, 씨눈이 트지 않고 단단한 것을 고른다.

감자는 여름에 수확하여 저장 시에 싹이 나서 품질이 손상되므로 발아 억제 방법을 강구하고 있으며, 품종으로는 고랭지산 남작이 좋다. 남작은 다수확이고 대형이며 맛이 좋고 눈도 얕고 적으며 표피가 희고 매끄러워 많이 이용되고 있다.

감자는 수확한 후 3개월 정도는 발아되지 않으며, 발아한 감자는 양분이 손실된 것이고 맛이 없다. 잘 보관하려면 4~6월에는 냉장고에 보관하고, 나머지 기간에는 감자를 종이봉투에 넣어 통풍이 잘되는 냉암소에 보관하는 것이 좋다. 감자가 햇볕을 쪼이면 클로로필이 생성되어 녹색으로 변하기 때문이다. 감자를 저장하는 최적 온도는 1~

3℃, 습도 85~90%가 좋다. 저온 저장 시 감미가 증가하는 것은 감자 속의 전분을 아밀라제(amylase)와 말타제(maltase)가 천천히 당화시켜 환원당을 생성하기 때문이다. 그러므로 감자는 예비 저장을 13~21℃에서 5~20일간 방치하면 호흡작용이 활발해져서 축적된 환원당이 거의 소비되어 본 저장 시 저장 조건을 연장할 수 있다.

상온에서 8개월가량 장기간 저장하는 경우 방사선 조사에 의한 저장 방법이 허용되어 있다.

■ 조리 및 가공

감자는 주식과 조림, 샐러드 등의 부식, 으깬 감자가루(mashed potato flour), 감자칩과 프렌치프라이와 같은 간식, 전분 원료, 주정 원료 등으로 다양하게 이용되고, 기능성 식품의 원료인 유색 감자가 있다.

전분은 감자의 건물 성분 중 대부분을 차지하는 성분이며, 재배 지역, 재배 조건, 수확 시기, 저장 조건 및 저장 기간, 품종에 따라 차이가 난다. 감자 전분은 냄새가 없고 색상이 좋아서 당면, 어묵, 어육, 소시지 등의 제품에 많이 이용된다.

2 고구마(甘藷, sweet potato)

【그림 3-3】 고구마(왼쪽)와 절간고구마(오른쪽)

■ 분류 및 특징

고구마는 메꽃과에 속하는 덩이뿌리로 원산지는 남아메리카이며, 우리나라에는 조선시대 영조 39년(1763)에 대마도에서 도입되어 재배되었다.

주산지는 전남의 해남, 경기의 여주 지방을 중심으로 대단위 재배가 이루어지고 있으며, 껍질의 색에 함유된 색소에 따라 적자색, 살 쪽의 색이 황색이나 황백색인 품종이 있다. 또한, 피층은 탄닌이 함유되어 있어 절단면이 공기와 접촉하면 갈색으로 변한다.

고구마는 분질과 점질이 있으며, 분질 고구마는 전분이 많고 단맛이 있어 식용으로서 기호성이 좋고 적색 계통으로 모양이 고르고 표면이 매끈하다. 점질고구마는 전분이 비교적 많고 식용으로는 적당하지 않아 전분 제조, 사료, 저장이나 알코올의 원료로 이용되는 절간(切干)용으로 사용된다. 절간고구마는 날고구마를 썰어서 말린 것으로 남부 지방에서는 '빼때기'라고도 한다.

▪ 성분 및 효능

품종, 생육 조건에 따라 형상, 껍질의 색, 육질 등이 다르며 성분에 차이가 난다. 일반 성분은 수분 66.3%, 탄수화물 31.2%, 단백질이 1.4%이며, β-카로틴이 113μg/100g이 들어 있어 황색을 띤다. 고구마의 탄수화물은 포도당, 서당, 과당이 대부분이며, 저장 중에 전분이 분해되어 감소되는 반면 당분이 증가하는 경향이 있다.

고구마는 알칼리성 식품이며, 양질의 식이섬유가 함유되어 있다. 식이섬유는 소화기관의 운동을 자극하여 변비에 효과가 있으나 양이 지나치면 장내 미생물에 의한 발효로 가스가 발생한다.

근래에는 고구마의 항콜레스테롤제인 콜레스틸아민(cholestylamine)과 같은 효과가 있고, 단백질 분해효소 저해제(protease inhibitor)가 있어 항암, 항산화작용 및 혈중 콜레스테롤의 강하작용 등 약리적 효과가 인정되어 성인병 예방 건강식품으로 각광을 받아 고구마의 수요가 증가하고 있다.

▪ 선별 기준 및 보관

고구마는 적색 계통으로 육질이 분질이고 단맛이 많은 것이 좋다. 흙 등 이물질 제거 정도가 뛰어나고 크기와 모양이 균일하고 선별이 잘된 것, 표면이 매끈하고 단단한 것, 황토에서 생산한 것으로 고구마 표피 색이 밝고 선명한 적자색을 띠는 것, 씨눈 부분의 파임이 적고 육질이 단단하며 상처가 없고 적당히 건조된 것, 둥글며 너무 크지 않고 서리를 맞지 않으면서 늦게 수확한 것을 선택한다. 삶은 후에는 쪼개어 보았을 때 분질 형태로 보이는 것이 좋다.

전분용이나 주정용은 전분 수율이 높고 백도가 높으며 가루의 점도가 높은 것이 좋고, 사료용은 고구마 뿌리 이외에 잎줄기의 수량도 많은 것이 좋다.

고구마의 최적 저장 조건은 온도 12~15℃, 습도 85~90%이다. 9℃ 이하의 낮은 온도에서 오래 두면 살 속이 변하여 맛이 나빠지고 썩기 쉽다. 반대로 온도가 높으면 호흡작용이 왕성해져서 고구마의 양분 소모가 많아지고 싹이 터서 상품으로서의 가치가 낮아진다.

■ **고구마의 큐어링(curing)**

농산물의 안전한 저장 방법으로 상처가 생긴 고구마를 상처 난 부위에 병원균이 침입하지 못하도록 저장하기 전에 고온다습한 조건(31~35℃, 습도 90%)에서 5~6일간 보존하는 방법으로 상처 난 곳이 표피와 같은 코르크층으로 되어 병원균의 침입을 방지한다. 그러고 나서 13℃ 이하로 온도를 낮추면 미생물의 번식이 어려워 저장성이 높아진다. 수확 후에 줄기나 상처 부위에서 우유와 같은 액체를 분비하고 산화하여 흑변하는데, 이 성분은 잘라핀(jalapin)이다.

■ 조리 및 가공

고구마는 찜, 구이, 튀김 등으로 이용된다. 일부는 주정용과 전분 원료로 이용된다. 잎이나 줄기는 소·돼지의 사료로 요긴하게 이용된다.

고구마의 잎과 줄기는 채소로서의 이용 가치가 높아 오래전부터 나물 등의 음식에 이용하고 있다.

고구마를 가열하면 단맛이 증가되는 것은 아밀라제가 전분에 작용하여 맥아당과 덱스트린으로 변하기 때문이다.

3 곤약감자(구약감자, elephant foot, amorphophalus konjac)

곤약감자

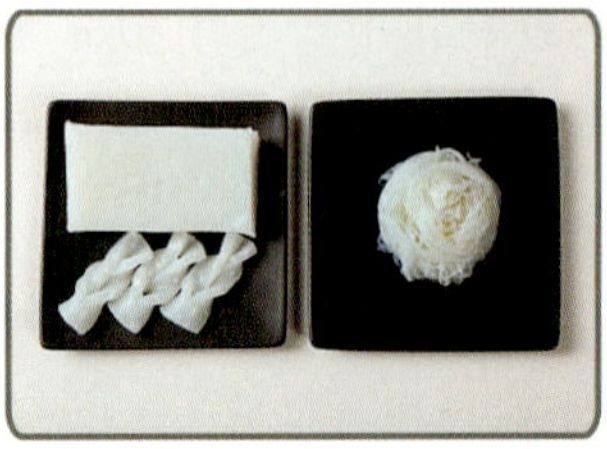

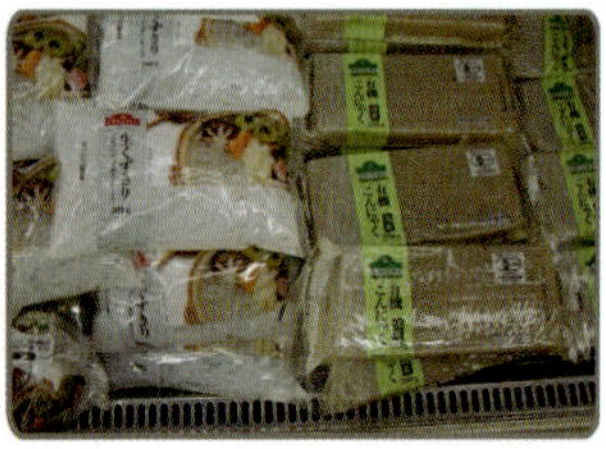

곤약 가공제품

【그림 3-4】 곤약감자, 곤약 가공제품

■ 분류 및 특징

곤약감자는 천남성과의 구근식물로 인도차이나 지방이 원산지로 알려져 있으며, 중국, 한국을 경유하여 일본에 전파된 것으로 추정된다. 중국과 일본에서는 식용과 약용으로 재배 생산되고 있다. 일반적으로 곤약이란 알줄기를 가리킨다. 심은 후 3~4년이면 수확할 수 있다. 1975년경 금산 지방에서 인삼 후작으로 재배된 바 있으며 예산, 제천, 홍천 등에서 소규모 재배되었다.

보통 곤약은 구약감자의 뿌리에서 만든 가루를 묵처럼 젤리화하여 만든 제품이다.

■ 성분 및 효능

구약감자에는 양질의 수용성 식이섬유 소재인 글루코만난(glucomannan)이 다량 함유되어 있다. 글루코만난은 물을 잘 흡수, 팽윤하여 점도가 높은 교질 상태(colloid)가 되지만 이것에 알칼리를 가하여 가열하면 응고하여 반투명의 덩어리로 된다. 이것이 식용 곤약이다. 또한, 글루코만난은 소화액 중의 효소에 의해서는 분해되지 않고 장내 세균의 작용에 의해 분해되어 포도당과 만노스(mannose)가 생성되며 혈중 콜레스테롤 수치를 낮추는 작용을 한다.

식용 곤약은 수분 97%, 만난 2% 이상, pH 11.0 정도이며, 열량은 거의 없으나 (1kcal/g) 조금만 먹어도 포만감을 주므로 다이어트 식품으로 이용된다.

■ 조리 및 가공

구약감자의 글루코만난은 특유의 겔 형성력, 증점제의 특성, 필름 형성능, 다른 검류 및 전분류와의 상승작용, 유동성 등을 가지고 있어 다양한 식품산업에 이용되고 있다. 생것을 썰어 말린 후 분쇄하여 식용 곤약의 원료로 이용된다. 일본에서는 전통 식품의 중요 소재로 국수, 육제품, 어육연제품 등에 사용되고 있다.

4 돼지감자(뚱단지, Jerusalem artichoke)

■ 분류 및 특징

돼지감자는 국화과에 속하는 1년생 초본으로 북아메리카 원산지로 아메리칸 인디언들이 오랫동안 식용했으며, 17세기 초 유럽으로 전파된 이후 북반구와 남반구 온대지방에 도입되어 자생하게 되었다. 우리나라에서는 재배되지 않고, 전국 각지에 자생하고 있다.

기후와 토양 환경에 대한 적응성이 매우 강한 식물로 고온과 저온에도 잘 견디므로 영하 0℃의 서리에 줄기와 잎들은 죽지만, 덩이줄기는 몇 달 동안은 얼지 않는다. 뿌리는 다수의 혹 형태를 이루고, 표면은 백·황색이다.

■ 성분 및 효능

수분이 많고 저장 양분인 이눌린이 15% 정도 함유되어 있다. 이것을 산·효소로 분해하면 과당을 얻을 수 있으나 인체에는 소화하는 효소가 없어 소화를 시키지 못한다. 따라서 사람은 소화시키지 못하고 돼지는 소화시키므로 '돼지감자'라는 명칭이 부여되었다. 감자 대용이나 당뇨환자의 다이어트를 위한 식품으로 이용할 수 있다.

■ 선별 기준 및 보관

돼지감자는 4℃ 정도의 저온에서 저장하는 것이 괴경 내의 프락토올리고당 함량을 최대화시키기 위한 효과적인 방법이다. 또한, 껍질을 벗기면 바로 산화되므로 반드시 물에 담가서 갈변을 방지해야 한다.

■ 조리 및 가공

돼지감자는 불쾌한 냄새가 있어서 보통 생식이나 삶아서 먹기에 부적당하므로 된장이나 겨에 절여 먹으면 그 풍미가 개선된다. 유럽에서는 익혀서 샐러드에 사용하기도 한다. 알코올 생산의 원료로도 쓰이고, 일부 잎줄기와 함께 가축사료에도 사용된다.

5 마(서여, 산약, yam)

■ 분류 및 특성

참마는 마과에 속하는 다년생 덩굴성 초본으로 원산지는 중국으로 알려져 있다.

산마 산약 장마

【그림 3-5】 마의 종류

가식부는 원주상으로 비대한 덩이뿌리이다. 우리나라는 경상북도 안동 지방에서 많이 생산되고 있으며, 육질(肉質)이 백색 점활성이며, 11~12월에 채취하여 깨끗하게 세정하여 건조하여 '산약(山藥)'이라는 약재명으로 재배되며 산약재로 사용되고 있다.

■ 성분 및 효능

전분, 서당, 단백질이 함유되어 있고, 디아스타제(diastase)가 0.4~0.5%, 비타민 B_1, C 등을 함유하고 있다. 육질에 존재하는 뮤신(musin)은 점성이 매우 높아 마를 잘랐을 때 끈적끈적한 물질이며, 글로불린(globulin)과 만난(mannan)이 결합한 것이다.

마는 혈당강하작용, 소화촉진작용, 지사작용, 거담작용, 자양작용 등의 약리 효과가 있는 것으로 알려져 있다. 산약은 당뇨병 환자에서 혈당강하 효과가 있는 것으로 확인되었다.

■ 선별 기준 및 보관

10월 이후 수확한 것을 건조한 곳에 굴을 파서 묻고, 12~18℃로 유지하면 8월까지 저장된다.

■ 조리 및 가공

마는 쪄서 먹거나 갈아서 즙으로 만들어 밀가루나 메밀 등과 섞어서 여러 가지 음식으로 먹는다. 예전에는 삶아서 꿀에 타거나 탕, 가루, '서여병'이라는 떡으로도 먹었다. 근래에는 마를 가공한 제품도 나온다.

6 야콘(yacon, leafcup)

■ 분류 및 특징

야콘은 국화과로 안데스 원산의 덩이뿌리 작물이지만 과일로 인식되고 있다. 그 이유는 즙이 많고 단맛과 아삭한 질감을 가지며 열량이 적기 때문이다. 고대 안데스 사람들은 야콘의 약리적 효능에 대해서도 관심이 많았다. 우리나라에서는 경북 상주, 충북 괴산, 강화에서 생산하고 있다.

■ 성분 및 효능

야콘은 알칼리성 식물로 덩이줄기에 포도당, 과당과 같은 단당류와 서당과 같은 2당류, 3~10탄당의 올리고당 등 몇 가지 형태의 탄수화물을 덩이뿌리에 저장하며, 약간의 전분과 이눌린을 함유한다. 전분의 양이 매우 적기 때문에 안데스산맥 지역에서는 과일로 취급한다.

다량의 올리고당이 함유되어 있어 당뇨병 예방과 치료에 이용될 가능성이 제시되고 있으며, 비피더스균을 증강하고 유해균을 감소시켜 장을 깨끗하고 튼튼하게 하는 정장작용과 장의 운동을 활성화하여 변비를 예방하는 효과가 있다.

브라질에서는 야콘 잎에 당뇨병을 예방하는 약리작용이 있다고 하여 약차를 만들어 음용한다.

식이섬유소인 이눌린(inulin)은 변비 개선, 장질환 예방, 혈청 콜레스테롤 감소 효과, 혈중 지질 저하 효과, 혈당강하 효과가 있다고 보고되었다.

■ 조리 및 가공

야콘은 생식을 하는데 단맛이 상당하고 아삭아삭한 질감이 있다. 껍질에서 송진 맛이 조금 나므로 껍질을 벗겨 먹는데, 껍질을 벗겨 두면 갈변이 심하므로 물에 담가 두어야 한다.

과일 샐러드처럼 잘게 썰어 바나나, 오렌지, 파파야 같은 과일과 섞으면 특별한 맛이 있다. 스튜(stew) 요리를 해도 아삭아삭함이 일부 남아 있으며, 갈거나 으깨어 천에 짜면 달고 맛있는 음료를 만들 수 있다. 농축한 야콘 엿[찬카카(chancaca)]은 단맛이 강하지만 체내 소화흡수가 적으므로 저열량 식품이다.

우리나라에서는 조림, 볶음, 정과, 생선조림 등에 사용하고, 야콘냉면, 야콘국수 등으로 가공한다. 유럽에서는 알코올을 생산하며, 일본에서는 염장 야콘이 판매되고 있다.

7 칡(arrow root)

칡은 콩과의 다년생 덩굴식물로 척박한 토양 조건에서도 적응력이 강하며, 일본, 중국, 인도 등의 동남아 각지와 우리나라에서 자생하는 식물이다. 갈근은 칡의 뿌리를 건조한 것이다.

뿌리에 13~16%의 전분을 함유하고 있다. 한방에서 칡은 고혈압, 관상동맥경화증, 협심증, 당뇨병, 숙취 제거 및 해독에 이용되고 있으면, 최근에는 혈압강하작용, 지방과산화 억제작용, 항염작용, 항산화작용, 항용혈작용, 알코올 해독 등에 효과적인 것으로 확인되었다. 푸에라린(puerarin)은 갈근의 항산화 성분이며, 카테킨 성분은 간기능을 회복시키는 성분으로 알려져 있다.

칡의 저장이나 가공 중 갈변은 효소적 갈변으로 폴리페놀옥시다제(polyphenol oxidase)가 관여하는 산화 반응으로 알려져 있다.

칡즙, 칡차, 갈근탕으로 사용되고, 칡전분을 이용한 국수, 냉면 등이 있다.

8 카사바(cassava, tapioca)

■ 분류 및 특징

중남미 일대가 원산지이고, 대극과의 다년생 초목이지만 아열대에서는 1년생으로

지하의 덩이줄기에서 생기며 여기에 전분을 저장한 것으로 일반적으로 '타피오카'로 알려져 있다. 세계적으로 널리 분포하고 있으며, 반 관목의 다년생식물로 뿌리는 30~120㎝, 지름 4~15㎝, 무게 1~8㎏이다. 종류가 2,000종이나 되지만 잘 알려진 것은 쓴맛이 나는 고미종(Manihot palmata)과 단맛이 나는 감미종(Manihot aipi)이 있다.

■ 성분 및 효능

청산을 함유한 라미달린(laminalin)이 있어 쓴맛을 내며, 그 함량에 따라 감미종과 고미종이 있다. 감미종은 라미달린이 껍질 부분에만 들어 있어서 껍질을 벗기고 나서 식용으로 이용하고, 고미종은 전체에 들어 있기 때문에 뿌리를 물에 담그거나 분쇄, 가열하여 배당체를 가수분해시켜서 제거한 후 이용해야 하므로 타피오카(tapioca) 전분 추출용으로 쓰인다. 다른 서류에 비하여 단백질 함량은 적으나 전분 함량이 30% 정도여서 전분 제조 원료로 이용된다.

■ 조리 및 가공

뿌리를 6㎝ 정도의 길이로 자른 형태로 유통하고 있으며, 감미종은 고구마처럼 삶아서 식용한다. 또한, 타피오카 전분으로 만든 타피오카 펄(tapioca pearl)은 후식 음료에 이용하고 타피오카 전분은 깨찰빵에 이용된다.

【그림 3-6】 타피오카 펄

【그림 3-7】 타피오카 전분과 깨찰빵

9 토란(taro)

【그림 3-8】 토란(왼쪽)과 토란탕(오른쪽)

■ 분류 및 특징

토란은 천남성과에 속하는 다년생 초본으로 원산지는 인도와 중국 남부 지방으로 고온 다습한 곳에서 재배된다. 우리나라에서는 전국 각지에서 재배되지만 주로 전남 곡성, 경기도 여주와 이천, 충청도에서 재배된다. 품종은 둥근형과 긴형이 있으며, 둥근형을 주로 이용한다. 토란의 먹는 부위는 덩이줄기로 전분을 많이 함유하고 있다. 우리나라, 중국, 일본에서는 채소로도 이용한다.

■ 성분 및 효능

수분 83.2%, 탄수화물 13.1%, 식이섬유와 헤미셀룰로오스, 칼륨을 함유하고 있다. 탄수화물 성분으로는 포도당, 과당, 서당, 맥아당 등이며, 이중 서당이 많은 양을 차지한다. 토란을 먹을 때 아린 맛은 호모젠티신산(homogentisic acid)이다. 토란의 껍질을 벗겼을 때 끈적끈적한 점질물의 주성분은 갈락탄(galactan)이다. 이것은 식초액에 담그거나 1% 소금물로 가열하면 제거된다. 토란의 껍질을 벗기면 갈변이 일어나는데, 이는 표피에 많이 존재하는 페놀 화합물이 폴리페놀옥시다제(polyphenol oxidase)와 작용하기 때문이다.

토란은 해독작용이 있으며 관절염, 통풍에 좋은 결과가 보고되었고, 구황식품으로 이용되었다.

■ 선별 기준 및 보관

토란은 둥글둥글하고 타원형 모양인 것, 머리 부분이 푸른색을 띠지 않은 것, 껍질을 벗기면 흰색을 띠는 것, 싹이 나오지 않고 너무 작지 않은 것, 자르면 부위가 단단하고 끈기가 있는 것을 선택한다.

수확 후 1~2주가 지나면 저장 중 손상이 오기 시작하여 수확 후 4주까지는 저장이 가능하다.

■ 조리 및 가공

굽거나 삶아서 먹거나 국, 부침으로 이용하고, 잎과 줄기는 채소로 이용되고 있다.

참고문헌

1. 강동호, 최상진, 이태호, 손미원, 김선여. 2008. 산약의 항당뇨 특성 연구 1)혈당강하 효과. 한국식품영양학회지 21(4) : 425~429
2. 강수일, 한종인, 김경연, 오선진, 김수일. 1993. 수확시기 및 저장온도에 따른 돼지감자 괴경의 가용성당 조성변화. 한국농화학회지 36(4) : 304~309
3. 김관, 윤한교, 김성곤. 1984. 칡전분의 이화학적 성질. 한국농화학회지 27(4) : 245~251
4. 김명주, 조수열. 2000. 칡추출물이 알코올을 rmq여한 흰쥐의 뇌조직에 미치는 영향. 한국식품영양학회지 29(4) : 669~675
5. 김아라, 이재준, 이유미, 정해옥, 이명렬. 2010. 야콘 분말이 고지방-고콜레스테롤 식이를 급여한 흰쥐의 콜레스테롤 저하 및 비만 억제효과에 미치는 영향. 한국식품영양과학회지 39(2) : 210~218
6. 김은경, 김철재. 1998. 토란과 토란 전분의 이화학적 성질과 가공적성. 식품산업과 영양 8(1) : 55~64
7. 농촌진흥청 국립식량과학원. http://www.nics.go.kr. 2010.1.14
8. 농촌진흥청 국립과학원 NICS Online 작물정보센터 http://www.nics.go.kr/Crop Webzine/2010.3.10
9. 오만진, 이원용, 이기순. 1988. 칡뿌리의 polyphenol oxidase의 정제 및 성질에 관한 연구. 한국농화학회지 31(4) : 331~358
10. 이성갑. 1995. 한국산 구약감자의 이화학적 성분조사. 한국식생활문화학회지 10(5) : 443~448
11. 이성우. 1992. 동아시아속의 고대 한국식생활사연구. 향문사
12. 장상문. 2009. 마(麻)의 품종별 영양성분 및 Diosgenin 함량. 한국식품영양학회지 22(2) : 223~228
13. 장학길, 이경혜, 곽희진, 김동원, 김형열. 2000. 식품재료학. 신광출판사, 서울
14. 조재선, 황성연. 2007. 식품재료학. 문운당, 서울
15. 한국영양학회. 1009. 식품 영양소 함량 자료집. 한아름기획, 서울. P20~23
16. 현영희, 구본순, 송주은, 김덕숙. 2001. 식품재료학. 형설출판사, 서울
17. 허봉구, 정낙현, 김주현, 오오진, 손성곤, 강대용. 2007. 야콘 생육에 미치는 퇴비 및 3요소비료 시용량의 효과. 韓藥作誌 15(1) : 17~20

18. 홍진숙, 박혜원, 박란숙, 명춘옥, 신미혜, 최은정, 정혜정. 2005. 시품재료학. 교문사, 서울

19. 홍태희, 김기연, 최옥수, 김대현, 정외숙, 김순희. 2001. 현대 식품재료학. 지구문화사, 서울

20. Tye RJ. 1991. Konjac flour: properties and applications. Food Technool 45(3) : 87

제4장

종실류(Seeds and nuts)

제4장 종실류(Seeds and nuts)

종실류는 과육이 없거나 씨앗만을 먹는 열매 종자가 결실이 되는 것으로 참깨, 들깨, 흑임자, 호박씨, 해바라기씨 등의 씨앗류와 잣, 밤, 호두 같은 견과류가 있다.

【표 4-1】 종실류의 성분 (100g당)

종류 \ 성분	탄수화물 (g)	단백질 (g)	지질 (g)	포화지방산 (g)	불포화지방산 (g)	리놀레산	리놀렌산	올레산
						(g/100g 지방산)		
개암(건)	13.4	19.8	58.8	4.23	51.98	10.5	–	81.6
도토리(생)	46.7	4.4	3.0					
들깨(건)	39.9	16.9	33.4	–	–	14.0	63.1	14.4
밤(생)	371.	3.2	0.6	0.07	0.08	41.5	12.6	17.3
참깨 (흰깨 볶은 것)	20.6	19.3	53.8	7.80	43.19	45.6	0.3	38.4
땅콩 (볶은 것)	21.6	25.6	49.5	9.06	39.16	36.5	0.1	43.5
마카다미아 (조미)	12.2	8.3	76.8	12.52	60.83	2.0	0.1	60.1
아몬드(건)	19.7	18.6	54.2	4.23	47.75	25.8	0.2	64.9
연자육(생)	14.9	5.9	0.5					
잣(볶은 것)	4.7	17.6	75.0	4.99	51.62	60.0	1.6	29.7

캐슈넛(조미)	26.7	19.8	47.2	9.49	36.22	21.6	0.6	57.4
피스타치오 (조미)	13.6	9.5	56.4	6.26	47.55	37.9	0.8	45.7
피칸(건)	13.9	9.32	72.0					
해바라기씨 (건)	18.8	22.8	56.4	5.53	47.61	66.8	0.1	24.2
호두 (볶은 것)	10.5	16.0	68.4	6.94	60.39	59.7	9.8	20.4
호박씨*	17.1	25.5	46.5			51.74		22.23
홍화씨**		16.8	19.7			72.1	–	9.50

자료 : 《식품영양소 함량 자료집》 2009 / * 《한국식품과학회지》 1978. 10(1) : 83-87/** 《한국식품영양과학회지》 2008. 37(9) : 1162-1167

1 개암 [헤이즐넛(hazelnut)]

개암나무의 열매로 세계 각국에 널리 분포하고 있으며, '헤이즐넛(hazelnut)'이라고도 한다. 전국의 산야에 야생하며, 경북 청도에서 생산된다. 종실은 난형으로 알이 짧고 통통하며 표면이 매끄럽다.

개암을 선택할 때는 알이 크고 입자가 균일하며 알이 충실한 것이 좋다. 국내산은 황갈색으로 중국산보다 연하다.

영양과 맛이 좋아 외국에서는 고급 제과용으로 많이 이용되고 있으나 우리나라에서는 식용이나 과자, 초콜릿 등에 많이 이용한다. 특히 개암의 종실은 다량의 유지를 함유하고 있으며, 그 유지는 온화하고 독특한 향미를 지니고 있을 뿐 아니라 장기간의 저장에도 비교적 안정하다.

2 도토리(acorn)

도토리는 우리나라 전역의 산림에 분포되어 있는 참나무과 나무의 열매로 그 종류는 약 28종이 되며, '상수리 열매'라고도 한다.

도토리는 탄닌(tannin) 성분을 함유하고 있어 인체의 중금속을 해독하는 수렴작용과 설사를 그치게 하는 작용이 있다. 또한, 천연 항산화 성분인 갈릭산(gallic acid), 디갈릭산(digallic acid), 갈락탄닌(gallotannin) 등을 다량 함유하고 있어 항산화 효과가 있다.

우리나라에서는 춘궁기의 구황식품으로 오래전부터 식용되었으며, 주로 도토리묵의 재료로 이용되고 근래에는 자연 건강식품으로 애용되고 있다.

3 들깨[임자(荏子), 유마(油麻), 지마(脂麻), perilla seeds]

▪ 분류 및 특징

들깨는 1년생 초본으로 원산지는 한반도를 포함한 동부아시아 고원 지대이다. 종실용 들깨의 재배 면적은 충남, 충북 지방을 포함한 중부권이 74%, 영·호남권이 26%를 차지하고 있는 반면, 잎들깨의 재배는 부산, 밀양, 경산의 영남권으로 전국 재배 면적의 약 84%를 차지한다.

▪ 성분 및 효능

들깨에는 33.4%의 지질과 16.94%의 단백질 및 39.9%의 탄수화물이 들어 있으며, 들기름은 양질의 불포화지방산인 올레산, 리놀레산, 리놀렌산 등이 90% 이상을 차지하고 있다. 필수지방산 중에도 α-리놀렌산을 63% 함유하고 있어 기름작물 중 가장 많은데, α-리놀렌산은 등푸른생선에 들어 있는 EPA(Eicosapentaenoic acid), DHA(Docosahexaenoic acid)와 같은 오메가-3지방산으로 고혈압, 알레르기성 질환 등의 성인병을 일으키는 아이코사노이드(eicosanoids) 합성을 억제하고 학습 능력 향상 및 수명 연장 효과 등의 생체 조절 기능이 있는 것으로 알려져 있다.

■ 선별 기준

들깨는 입자가 둥글고 고른 것, 알이 충실하고 표피가 얇은 것, 깨끗하고 이물질이 없는 것, 껍질이 얇고 매끄러우며 잘 벗겨지는 것, 낱알의 크기가 작은 것을 선택한다.

■ 조리 및 가공

날것은 통깨로 쓰며, 볶은 것은 깨소금으로 양념에 쓰고, 갈은 것은 들깨죽, 들깨차나 건강식품으로 사용된다. 들기름은 조미유나 부침, 튀김기름과 같은 식용유로 쓰이며, 향긋한 향기를 내는 들깻잎은 신선 채소와 깻잎장아찌로 이용된다. 그 외에 들깨강정, 다식, 들깨송이부각, 들깻가루로 사용한다.

4 참깨[호마(胡麻), sesame]

【그림 4-1】 흰깨(왼쪽)와 검정깨(오른쪽)

■ 분류 및 특징

참깨는 참깨과에 속하는 1년생 초본으로 원산지는 인도 부근이며 중국, 인도, 아프리카, 남아메리카, 중앙아메리카, 멕시코 등지에서 현재 재배되고 있다. 우리나라에서는 3~4월에 파종하여 8월 하순~9월 상순에 수확한다. 참깨의 열매는 품종에 따라 백색(白油麻), 황색, 검정색(胡麻, 흑임자) 등이 있다.

■ 성분 및 효능

참깨에는 세사민(sesamin), 세사몰린(sesamolin), 세사몰(sesamol), 피노레지놀(pinoresinol) 등 리그난(lignan) 성분을 함유하고 있다. 참깨의 리그난은 장내 콜레스테롤 흡수를 억제하여 혈청 콜레스테롤의 농도를 낮추는 작용이 있고, α-토코페롤의 활력 증진과 혈압을 낮추어 동맥경화를 예방한다. 그리고 간에서 약물대사효소에 관련하며, 알코올 분해를 촉진하여 간을 보호하는 기능을 한다. 또한, 항산화작용이 있어 동물세포 내에서 암세포 증식을 억제하는 효과가 있으며, 과산화지질 생성을 억제하여 노화를 지연한다. 그 외 면역기능을 높여 주며, 당뇨 개선작용이 있다.

■ 선별 기준

참깨를 고를 때는 낱알이 잘고 길이가 짧은 것, 씨눈이 뾰족한 것, 색이 다른 낱알이 조금 섞여 있는 것, 껍질이 벗겨진 낱알이 거의 없는 것을 선택한다.

끓인 물에 씻어 일어서 뜨는 것을 버리고 솥에 한나절 찐 다음 햇볕에 말린다. 그 다음 절구에 찧어서 거친 껍질은 버리고 약간 볶아 사용한다.

■ 조리 및 가공

참기름과 깨소금은 각종 나물이나 조리에 빠질 수 없는 양념으로 사용되며, 참기름을 '향유(香油)', '호마유(胡麻油)'라고 한다. 참깨는 떡의 고물이나 소, 다식 등 명절이나 우리의 전통 계절 음식에 이용된다.

5 낙화생[落花生, peanut, ground nut]

■ 분류 및 특징

땅콩은 '땅속에서 나는 콩'이라 하여 명명되었으며, 브라질과 페루가 원산지이다. 우리나라에는 정조(1778년) 때 중국에서 전해져서 '호콩[胡豆]'이라고 하였으며, 한강과 낙동강 주변, 충남, 전북, 경북 등에서 많이 생산된다. 열매는 누에꼬치 모양의 꼬투리에 1~3개의 알갱이가 들어 있고, 대개는 2개가 들어 있다.

■ 성분 및 효능

땅콩은 지질이 43~49% 정도 함유되어 있고, 불포화지방산인 리놀레산이 많다. 비타민 B군과 칼륨 함량이 많다. 땅콩기름은 아라키돈산이 많은 것이 특징이다.

땅콩에 함유된 필수지방산과 비타민 E는 혈액순환을 촉진하여 동상이나 냉증에 효과가 있으며, 노화방지와 동맥경화증 예방에 뛰어난 효과가 있다. 또한, 장을 윤활하게 하고, 변을 잘 보게 하는 작용이 있으므로 설사환자는 많이 먹지 않도록 한다.

■ 선별 기준

유지용의 경우에는 지질 함량이 높은 소립종을 선택하고, 간식용 볶음 땅콩으로 이용할 경우에는 단백질 함량이 높은 품종을 사용한다.

껍질 땅콩을 선택할 때는 껍질에 흙이 묻어 있고 씨방자루가 달려 있는 것, 표면이 거칠고 색이 옅은 것, 알맹이와 껍질 간에 빈 공간이 없이 꽉 찬 것, 부패·변질·충해·깨진 것이 없는 것을 선택한다.

알 땅콩은 진한 갈색의 껍질이 적고 껍질의 안쪽에 흰색이 많은 것, 맛이 고소하고 씨눈이 검은 것이 적은 것, 크기와 모양이 균일한 것, 볶을 때는 껍질이 벗겨지지 않고 볶은 후에 벗겨지는 것을 선택한다.

땅콩은 껍질을 미리 까 두지 않는 것이 산화를 방지할 수 있으며, 가능한 유통기간이 짧은 국산을 이용하는 것이 좋다. 곰팡이가 생긴 땅콩에서는 아플라톡신(Aflatoxin)이 나올 수 있으므로 조심해야 한다.

■ 조리 및 가공

땅콩은 제과, 땅콩버터, 식용유, 마가린의 제조 원료로 이용되고, 깻묵은 사료, 비료 등으로 쓰인다. 볶음 땅콩은 특유의 향미가 있어 기호식품으로 즐기며, 땅콩죽은 기력 회복과 젖이 부족한 산모에 좋다. 경상도 지방에서 애용하는 삶은 풋땅콩은 볶은 땅콩과는 다른 별미가 있으며, 속껍질에는 레시틴 등 기능성 물질을 섭취할 수 있어 영양 면에서도 우수하다.

6 마카다미아(macadamia)

마카다미아는 호주가 원산지로 대부분 이곳에서 재배되며, 미국 하와이에서도 일부 재배되고 있다. 마카다미아는 큰 상수리 열매 모양의 동그란 껍질에 싸여 있으며 껍질을 벗겨내어 식품으로 사용한다. 3~8월 사이에 수확한다.

마카다미아는 콜레스테롤이 없는 열량이 높은 식품이며, 마카다미아 기름은 올리브 기름보다 단쇄 불포화지방산이 많이 함유되고 있다. 단쇄 불포화지방산은 혈액 내의 콜레스테롤 수치를 낮추며 심장질환 발생률을 감소시킨다고 한다. 적당량을 먹을 경우(하루 6~20개 정도) 심장질환으로부터의 위험률이 현저히 감소된다.

마카다미아는 껍질을 벗겨 날로 먹거나, 굽거나 기름 상태로 먹어도 맛이 좋다. 스낵과자, 초콜릿과자, 아이스크림 등에 사용되는 고급식품이다

7 밤[율(栗), chestnuts]

■ 분류 및 특징

과실은 난형이나 토란형으로 외면에 가시가 많고, 8월 하순~10월 중순에 수확한다. 아시아, 유럽, 북아메리카, 북부아프리카 등이 원산지이며, 한국, 일본, 중국, 미국, 유럽 등에서 생산된다. 한국에서 재배하는 품종은 재래종 가운데 우량종과 일본밤을 개량한 품종이다. 한국 밤은 서양 밤에 비해 육질이 좋고 단맛이 강해서 우수한 종으로 꼽힌다. 주로 충청남도 공주·부여, 충청북도 청주, 경상남도 산청·진주·하동·함양, 전라남도 광양·보성 등이 주요 산지이다.

■ 성분 및 효능

밤에 칼슘, 비타민 A, C 등이 풍부하여 발육과 성장에 좋다. 특히 비타민 C가 많이 들어 있어 피부 미용과 피로 회복·감기 예방 등에 효능이 있다. 밤의 과육은 지질대사와 항혈전능에 긍정적인 영향을 미친다.

■ 선별 기준

밤은 알이 굵고 도톰하며, 껍질은 윤이 나는 갈색인 것을 고른다. 밤을 저장할 때는 비닐봉지에 밤을 넣고 밀봉한 후 0~-1°C에 냉장 저장하고, 껍질을 벗긴 밤은 -10~-20℃에서 냉동 저장한다.

밤은 껍데기를 벗기고 나서 물에 담가두면 색이 변하는 것을 방지할 수 있다.

■ 조리 및 가공

생으로 먹거나 굽거나 삶아서 먹으며, 수분이 13% 정도 되도록 말리면 당도가 더 높아진다. 꿀·설탕에 조리거나 가루를 내어 죽, 이유식을 만들어 먹고, 각종 과자와 빵, 떡, 밤다식, 통조림 등으로 이용된다.

8 아몬드(almond)

■ 분류 및 특징

아몬드는 장미과로 주산지는 지중해 연안 제국과 미국의 캘리포니아주이다. 식용 부분은 단단한 핵 속의 알맹이로 달고 향기롭다.

■ 성분 및 효능

아몬드와 같은 견과류를 섭취하는 경우 성인형 당뇨병 예방에 도움이 된다고 하며, 비타민 E와 식이섬유가 풍부해 콜레스테롤 수치를 낮추는 효과가 있다. 또한, 다양한 형태의 통아몬드, 생아몬드, 볶은 아몬드는 LDL-콜레스테롤을 낮추는 효과가 있다고 한다. 아몬드에 다량 함유되어 있는 비타민 E는 강력한 항산화 방지제로 노화 예방에 도움이 된다. 그러나 열량이 높아 과량 섭취하는 것은 피하는 것이 좋다.

■ 선별 기준과 재료의 손질

너무 마르지 않고, 붉은 갈색을 띠고 있는 것이 좋다. 포장 제품 구입 시 반드시 유통기한과 포장의 진공 상태를 확인하여야 한다.

섭취 전에 마른 행주로 표면의 염분이나 이물질을 닦아내고 섭취한다. 아몬드는 다른 음식의 냄새를 잘 흡수하기 때문에 반드시 밀봉하여 냉장 보관한다.

■ 조리 및 가공

아몬드는 통째로 섭취하거나 얇게 썰어 제과, 제빵의 부재료로 이용하다. 우유와 함께 갈아 마시기도 하고, 다진 알맹이는 튀김옷으로 사용된다. 사용되는 아몬드의 종류는 그림 4-2와 같다.

통아몬드 네추럴 슬라이스 아몬드 슬라이스 슬리버드 아몬드 파우더

【그림 4-2】 아몬드의 종류

9 연자육[蓮子肉, 연실, 연씨, lotus seed]

연자육은 연꽃의 종자(種子)로 결실기인 9~10월에 수확하여 과피를 제거하고 건조한 것이다. 연자육에는 아미노산인 세린(serine)과 메티오닌이 풍부하다.

연자육은 한방에서 위장을 강화시켜 설사를 억제하고, 신장을 강화하여 강정작용이 있으며, 신경을 안정시키는 등의 효능이 있는 것으로 알려져 있다. 또한, 혈액 내 지질의 양을 줄이고, 혈전을 억제하는 효과가 있으며, 염증 억제 효과와 뇌허

혈의 보호 효과, 항우울 효과가 있는 것으로 보고되어 있다. 그 외에 항당뇨, 항산화 효능 등이 보고되었으며, 유해세균인 대장균의 성장을 억제시킨다고 한다.

연자육은 생이나 말려서 사용하며, 말린 것은 물에 불려 단단한 겉껍질을 제거한 후에 사용한다. 주로 밥, 죽에 사용되고, 차나 조림에도 이용된다.

10 은행(gingko)

■ 분류 및 특징

은행나무는 한국을 비롯한 일본과 중국 등 동남아시아 각지에서 자생하는 다년생 식물이며, 은행은 은행나무의 열매이다. 암그루에 달린 열매가 10월에 황색으로 익으면 수확한다.

열매 바깥쪽의 외과피(外果皮)는 다육성으로 악취가 난다. 외과피의 안쪽에 2개의 모서리가 있는 흰색의 단단한 중과피를 가진 달걀 모양 원형의 종자가 있다. 중과피 안쪽에 갈색 피막의 내종피가 있고, 이 속에 청록색의 배젖이 있는데 인(仁)이라고 한다. 외과피만 제거되거나 단단한 중과피까지 제거되고 얇은 내피는 제거되지 않은 상태로 시판되고 있다.

■ 성분 및 효능

배젖의 성분은 탄수화물 34.5%, 단백질 4.7%, 지질 1.7% 외에 카로틴, 비타민 C 등을 함유하고 있다. 은행에 함유된 리놀렌산은 혈소판 관련성 질환에 효과가 있으며, 은행잎에 함유된 징코프라본글리코시드(ginkoflavonglycoside)는 심장과 혈관에 작용하여 혈압 강하 및 혈류 증가에 대한 효과가 있어 말초동맥혈장애에 대한 개선 효과가 있다.

은행은 청산 배당체를 함유하고 있으므로 은행을 많이 먹으면 중독을 일으키는 수가 있다. 특히 구워먹지 않고 날로 먹거나 덜 익혀서 먹는 경우에 청산중독의 가능성이 크다고 한다.

■ 선별 기준

알이 고르며 깨끗하고, 은행 특유의 냄새가 나는 것이 좋다. 깨끗하게 씻어서 이용하고, 내피를 제거하여 조리한다.

은행은 통풍이 잘되는 곳에 보관한다. 중과피가 제거된 은행은 보통 2~3일 정도면 건조되고 빠른 속도로 부패되어 냉장 보관하더라도 장기간 보관이 곤란하다.

■ 조리 및 가공

은행은 볶아서 간식이나 술안주로 먹고, 신선로와 마른 구절판, 은행단자, 은행주악 등의 떡류 등에 고명과 부재료로 이용하며, 차의 제조에도 사용되고 있다.

11 잣[해송자(海松子) · 백자(柏子) · 송자(松子) · 실백(實柏), pine nuts]

■ 분류 및 특징

잣은 잣나무의 열매로 우리나라, 중국, 시베리아, 일본 등에 천연 분포하며, 경기도 가평과 포천, 강원도 춘천이 유명하다.

솔방울처럼 생긴 구과(毬果)에 들어 있다. 속에 있는 흰 배젖[胚乳]은 향기와 맛이 좋으므로 식용하거나 약용한다.

■ 성분 및 효능

잣은 지질 64.2%, 단백질 18.6%를 함유하고, 비타민 B_1이 풍부하며 호두, 땅콩에 비해 철이 많이 함유되어 있다. 올레인산, 리놀레산, 리놀렌산 등 불포화지방산이 많아 콜레스테롤을 감소시키고, 피부를 윤택하게 하고 혈압을 내리게 하며, 스테미너에 도움을 준다. 또한, 레시틴을 많이 함유하고 있어 동맥경화를 예방하고 치료하는 역할을 하며, 암을 억제하는 프로테아제 억제물질(protease inhibitor)을 함유하고 있다.

■ 선별 기준

껍데기를 벗긴 잣은 변색된 것이 적으며, 진노랑색으로 광택이 있는 것을 고른다. 중국산과 달리 국산은 씨눈이 거의 붙어 있지 않고 표면에 상처가 많다. 또한, 크기가 고르고 깨진 것이 많고 맛이 고소한 것이 특징이다. 껍데기를 까지 않은 잣은 적갈색으로 중국산보다 크기가 작으며 얇고 긴 타원형이다. 어둡고 서늘한 곳에 껍데기째로 보관하거나 냉장 보관한다.

■ 조리 및 가공

잣은 껍데기를 까서 요리에 이용한다. 잣은 향미가 있고 담백하여 환자의 영양식인 잣죽과 감주, 식혜, 떡, 제빵, 과자, 차 등에 고명으로 사용한다.

12 캐슈너트(cashewnut)

원산지는 인도이며, 인도, 브라질, 탄자니아 등에서 생산된다. 모양이 구부러져 있고 다른 견과류에 비하여 식감이 부드럽고 식이섬유가 풍부하다. 스낵, 인도 카레 등에 많이 쓰인다.

13 피스타치오(pistachio nut)

■ 분류 및 특징

피스타치오는 중·서아시아가 원산지이며, 주요 생산국은 이란, 미국 캘리포니아, 터키, 시리아 등지이다. 녹색이 진하고 선명한 것일수록 좋은 품질이다.

피스타치오는 N/O(Naturally opened)와 A/O(Artificially opened)의 2가지 품질이 있다. N/O는 나무에서 잘 익어서 저절로 껍데기가 벌어진 채로 수확된 A급 제품으로 딱딱한 껍데기의 색상은 은행 색상과 비슷하나 속 알맹이는 알차고 선명한 녹색이다. 벌어진 자국이 매끈하며 양쪽에 대칭으로 잘 벌어져 있다. A/O는 나무에서 자연적으로 잘 익지 않아서 껍데기가 벌어지지 않은 등급 외 피스타치오를 기계로 껍데기를 깨서 만든 제품을 말한다. 잘 익지 않은 것이기 때문에 속 알맹이가 알차지 못하고 어떤 것은 풋내가 나거나 상한 것이 있다.

겉껍질이 유난히 희고 깨끗해 보인다. 깨어진 자국이 매끈하지 못하며 일부는 한쪽만 깨어져 있거나 깨어져 있지 않은 것이 많이 섞여 있어 버리는 것이 많으며, 일반적으로 값이 싸다.

■ 성분 및 효능

불포화지방산과 칼륨, 비타민 B군, 철 등은 심혈관 질환 예방 효과가 있고, 혈중 콜레스테롤 수치를 낮춰준다.

■ 선별 기준

녹색이 진하고 선명할수록 좋으며, 값이 싸고 겉껍데기가 유난히 희고 깨끗하게 보이는 제품은 대부분 과산화수소(hydrogen peroxide)라는 표백제로 표백된 제품이 대부분이다. 이 표백제는 미국 FDA에서 사용 금지된 약품이다.

보관할 때는 실온보다 냉동 보관하는 것이 좋다

■ 조리 및 가공

생것으로 먹거나 과자, 아이스크림의 재료나 장식으로 사용한다.

14 피칸(pecans)

피칸은 호두처럼 생겼으나 더 길쭉하고 주름이 있다. 미국이 원산지이고, 미국 남부에서 주로 재배된다. 우리나라에서는 광주, 전남, 전북에 분포하고 있다.

땅콩, 잣, 호두보다 식이섬유가 풍부하고 밤, 호두보다 비타민 E가 많아 뇌세포를 활발하게 하고 혈중 콜레스테롤 수치를 낮춰 동맥경화를 예방하는 효과가 있다.

피칸을 고를 때는 상처가 없고 통통한 것이 좋다. 단단한 껍데기를 깐 후 속 내용물을 먹는다. 흐르는 물에 깨끗이 씻어 물기를 제거하고 이용하며, 냉동 보관한다.

생식이나 과자 원료, 식용유로 사용하고, 설탕이나 소금에 절여 먹는다. 단맛이 많고 향기가 좋아 주로 아이스크림, 케이크, 파이 등에 사용한다.

15 해바라기씨(向日花, sunflower)

해바라기는 국화과에 속하는 1년생 초본이며, 원산지는 북아메리카로 우리나라에는 중국을 통해 전파되었다. 4월에 파종하여 8~9월에 씨를 수확한다.

해바라기씨는 리놀레산, 올레산, 비타민 E가 많이 함유되어 있어 저밀도지단백질(low density lipoprotein : LDL)의 혈중수치를 저하시키는 효과가 크다는 연구결과가 보고되어 있다. 메티오닌과 리신이 각각 0.76%, 0.52%로 비교적 많아 영양적으로 우수하며 칼륨, 칼슘, 철 등의 무기질과 일반 곡류가 정제 과정에서 상실하기 쉬운 비타민 B_1, B_2 복합체가 각각 2.29mg/100g, 0.25mg/100g으로 풍부하기 때문에 단백질, 지질 등 열량 영양소의 흡수량을 높여 주고, 질병에 대한 저항력도 높여 주는 역할을 하는 것으로 알려져 있으며, 고혈압이나 신경과민에 탁월한 효과를 보인다고 한다. 한방에서는 해열이나 류머티즘의 치료, 이뇨제로 알려져 있다.

해바라기씨는 수분 함량이 9.5% 이하가 되도록 건조하여 저장한다. 볶아서 간식이나 식품 재료로 이용하며, 식용기름으로도 사용한다.

16 호두(walnuts)

■ 분류 및 특징

호두는 중국이 원산지이나 세계 각지에서 재배된다. 미국 캘리포니아주가 전 세계 호두 공급량의 66%를 차지하고 있다. 우리나라는 주로 중부 이남에 분포한다. 외과피는 육질로 녹색이며, 내과피(핵과 : 核果)는 매우 단단한 골질로 잘 깨지지 않는다.

호두는 열매가 성숙된 가을에 따서 물에 오랫동안 담가 두거나 한 자리에 쌓아 두어 썩힌 육질의 외과피를 제거하고, 햇볕에 말린 뒤 딱딱한 내과피를 깨서 종자를 취한다.

■ 성분 및 효능

호두는 견과류 중에서 껍데기가 가장 단단하고, 단백질 함량이 밤이나 도토리보다 많다. 불포화지방의 일종인 리놀레산과 비타민 E가 풍부하여 동맥경화를 예방하고, 항산화작용을 도와 피부 건강에 도움을 준다. 또한, 비타민 B_1, B_2 등이 풍부하여 식용과 약용으로 많이 쓰인다.

■ 선별 기준

호두는 껍데기가 연한 황색이며, 들어서 무게가 느껴지고 껍데기를 까지 않은 것, 깨물어 봤을 때 속이 꽉 차 있고 껍질이 얇은 것, 표면이 울룩불룩한 것이 대개 맛이 좋다. 작고 구멍이 뚫린 것은 벌레 먹은 것이다.

지질이 많아 산화되기 쉬우므로 가능한 껍데기가 붙어 있는 것을 구입하여 먹을 때마다 깨서 먹도록 한다. 껍데기가 있는 채로 냉동 보관하거나 냉장고에 넣어두면 2~3개월 장기 보관할 수 있다. 섭취 시에는 껍데기를 두들겨 깨고 알맹이를 빼낸다. 호두를 냉동실에 넣어 두었다가 껍데기를 깨면 쉽게 깰 수 있다.

■ 조리 및 가공

호두를 그대로 먹기도 하고 제과, 제빵, 호두과자, 술안주, 요리에도 이용한다. 호두기름은 식용 외에도 화장품이나 향료의 혼합물로 이용된다.

17 호박씨(pumpkin seed)

호박에는 과육 중량의 2~3%에 달하는 씨앗이 함유되어 있으며, 씨앗 중에는 다량의 지질과 단백질이 존재한다. 지질은 중성지질이 96%이고 리놀레산, 올레산이 함유되어 있다. 호박씨기름은 카로티노이드(carotenoid), 클로로필(chlorophyll), 페오피틴(pheophytin)과 같은 색소를 다량 함유하고 있어 독특한 색을 나타낸다.

단백질은 주로 염용성 단백질로 아르기닌(arginine), 티로신, 트립토판 등의 함량이 높아 매우 우수한 단백질 자원이라 할 수 있다.

민간에서는 전립선비대의 치료, 이뇨제, 구충제로 이용되어 왔으나 그 치료 효능 및 기능성이 과학적으로 규명되어 있지는 않다.

호박씨는 가정에서 씨 자체로나 과자 원료로 이용하고, 최근에는 호박 종자 추출물의 베타시토스테롤(β-sitosterol)을 주성분으로 한 양성 전립선비대증 증상 개선 식품 개발이 시도되고 있다.

18 홍화씨[잇꽃씨, 홍화자(紅花子), safflower seed]

■ 분류 및 특징

홍화의 원산지는 아프카니스탄의 산악 지대, 이집트 및 에티오피아이다. 우리나라 자생의 홍화는 국화과에 속하는 1년생 초본으로 오래전부터 한국, 인도, 중국, 이집트, 남유럽, 북아메리카, 오스트레일리아 등지에서 재배되어 왔다.

■ 성분 및 효능

홍화씨는 리놀레산, 글리세롤, 올레산이 함유되어 있으며, 특히 리놀레산이 많이 함유되어 있어 콜레스테롤을 저하시키므로 고혈압, 동맥경화 치료 및 예방에 쓰인다. 또한, 항산화 효과가 뛰어난 세로토닌(serotonin) 화합물, 플라보노이드 성분인 아카세틴(acacetin) 등을 함유하고 있다. 또한, 홍화씨 분말은 국내에서 오래전부터 뼈 형성이나 골다공증 예방을 위해 이용해 왔으며, 금이 가거나 다친 뼈를 빠르고 튼튼하게 회복시키는 등 뼈 질환에 뛰어난 효과가 있다는 연구가 보고되고 있다. 이는 홍화씨 성분 중 피토에스트로겐(phytoestrogen)의 일종인 리그난(lignan)과 플라보노이드(flavonoids) 성분이 에스트로겐 유사 효과를 발휘한 것으로 설명하고 있다. 그러나 골대사에 미치는 홍화씨의 긍정적인 효과는 충분히 검증되지 않았다.

그 외에 혈소판 응고를 억제하고 출혈 시간을 지연시키는 효과가 있을 뿐 아니라 홍화씨는 단백질 및 식이성 섬유소의 급원으로써 중요하다. 홍화씨는 다른 곡류와 달리 껍데기가 매우 두껍고 거칠어 분쇄하여도 식용하기에는 식감이 좋지 않을 뿐만 아니라 껍데기에 함유되어 있는 다량의 셀룰로스(cellulose)와 헤미셀룰로스(hemi-cellulose) 때문에 소화장애를 초래하게 된다.

▪ 선별 기준

우리나라 홍화씨는 누르스름하고 광택이 나며, 중국산은 색이 하얗고 광택이 없다. 오래되지 않고 산패취가 나지 않는 것을 선택하며, 저장이나 유통기간 중에 홍화씨의 지질 성분이 쉽게 산패되므로 보관과 포장에 주의한다.

▪ 조리 및 가공

홍화씨는 볶아서 먹거나 기름, 분말, 음료, 차, 쿠키, 국수, 정제(환) 등의 가공제품으로도 이용한다. 생홍화씨에 함유되어 있는 세로토닌유도체, 스테로이드 및 리그난 배당체는 쓴맛과 설사를 유발하므로 찜 및 볶음 처리와 더불어 새로운 가공기술 개발이 필요하다.

참고문헌

1. 권영주, 이태규. 1985. 호박씨의 지방성분에 관한 연구. 전북대학교 농대논문집. 16 : 107~114
2. 김미란, 고영수, 정보섭. 1981. 한국산 개암종실의 중성지질 조성에 관한 연구. 약학회지 25(4) : 181~186
3. 김보경, 이창걸, 황안균, 허재두. 1989. 은행잎의 효소처리에 관한 연구(I). 생약학회지 20(1) : 62
4. 김소정, 김미환, 김진, 김형진, 김수현, 이성호, 박영석, 박병권, 김병수, 김상기, 최창순, 류기형, 정지운. 2009. 랫드에서 밤의 과육 및 내피가 지방대사 및 항혈전능에 미치는 영향. 한국식품위생안전성학회지 24(1) : 69~77
5. 김순동, 이재석, 노홍균. 1996. 우리농산물과 수입농산물의 식별도감. 견과류. 농업특정완결 보고서. 117~119, 128~129
6. 김은옥, 이기택, 최상원. 홍화(*Carthamus tinctorius L.*)씨와 발아홍화씨의 화학성분 비교. 2008. 한국식품영양과학회지 37(9): 1162~1167
7. 김준평, 이영자, 남궁석. 1978. 호박씨의 지방산 및 단백질의 조성에 관한 연구. 한국식품과학회지 10(1) : 83~87
8. 김태현. 2006. 연자육이 LPS 로 유도된 BV2 Microglia cell에서의 nitric oxide 생성에 미치는 영향. 경희대학교대학원.
9. 농촌진흥청 국립식량과학원. http://www.nics.go.kr. 2010.1.14
10. 농촌진흥청 국립과학원 NICS Online 작물정보센터 http://www.nics.go.kr/CropWebzine/ 2010.3.10
11. 박동기, 박화진. 1990. 은행, 은행잎 및 들깨잎에서 추출한 지용성 성분이 쥐의 혈소판 응집에 미치는 영향. 한국영양식량학회지. 19(2) : 127~132
12. 박영서, 장명수. 2005. 잣 성분의 혈중 콜레스테롤 저하효과. 한국식품과학회지 37(5) : 702~708
13. 서부일, 최호영. 임상 한방본초학. 영림사. 2004. 936~937.
14. 서현주, 김준환, 곽동윤, 전선민, 구세광, 이재현, 문광덕, 최명숙. 2000. 늑골 골절을 유도한 흰쥐에서 홍화씨 분말 및 분획들의 급여가 골절 회복중 골조직에 미치는 영향. 한국영양학회지 33 : 411~420

15. 성종환, 하영선, 임무현, 임정교, 강갑석. 2005. 식품과 건강. 형설출판사, 서울. p 108~109.
16. 송해룡, 나도경, 김곤섭, 장기철, 황재민, 연상찬, 박형빈, 최상원. 2002. 가토의 대퇴골 골격손시 홍화씨분말 및 마타이레시놀 투여가 신생골형성에 미치는 영향. 대한골절학회지 15 : 97~104
17. 이성우. 1992. 동아시아속의 고대 한국식생활사연구. 향문사
18. 장학길, 이경혜, 곽희진, 김동원, 김형열. 2000. 식품재료학. 신광출판사, 서울
19. 조수형, 김명룡, 김성중. 2003. 다량의 은행을 복용 후 발생한 청산 중독의 증1례. 대한응급의학회지 14(4) : 458~461
20. 조재선, 황성연. 2007. 식품재료학. 문운당, 서울
21. 천석조, 박영호. 1984. 잣기름의 Trigluceride 조성. 한국식품과학회지 16(2) : 179~181
22. 한국영양학회. 1009. 식품 영양소 함량 자료집. 한아름기획, 서율. P20-23
23. 한상섭, 황병호. 1990. 잣 종자의 아미노산, 지방산, 비타민 분석. 한국임학회지 79(4) : 345~351
24. 한재영, 이영춘, 김광옥. 2003. 내피 제거 은행의 물리적 및 관능적 품질 특성. 한국식품과학회지 35(1) : 84~91
25. 황석인, 이문호, 이병실, 장용석, 김선창. 2004. 피칸(*Carya illinoensis*) 도입품종 과실 특성에 의한 우량개체 선발. 한국육종학회지 36(1) : 338~339
26. 황자영. 2009. 박피밤의 저장조건에 따른 품질변화분석. 한국식품영양학회지 22(4) : 587~597
27. 현영희, 구본순, 송주은, 김덕숙. 2001. 식품재료학. 형설출판사, 서울
28. 홍진숙, 박혜원, 박란숙, 명춘옥, 신미혜, 최은정, 정혜정. 2005. 시품재료학. 교문사, 서울
29. 홍태희, 김기연, 최옥수, 김대현, 정외숙, 김순희. 2001. 현대 식품재료학. 지구문화사, 서울
30. 홍형기, 신원선. 1978. 개암종실의 지질성분에 관한연구. 한국식품과학회지 10(3) : 361~365
31. Ahn HK, Kil HB, Yoo HE, Oh DH. 1990. Effect of lipid contents on the phhysiocochemical characteristics of acorn starch. J Korean Agric Chem Soc 33 : 293~300

32. Appendino G, Jakupovic J, Belloro E, Marchsini A. 2000. Trierpenoid p-amino benzoates from the seeds of zucchini, Fitoterapia 71 : 258-2637
33. Castro P, Miranda JL, Gomez P, Escalante DM, Segura FL, Martin A, Fuentes F, Blanco A, Ordovas JM, Jimenez FP. 2000. Comparison of an oleic acid enriched-diet vs NCEP-I diet on LDL susceptibility to oxidative modifications. Eur J Clin Nutr 54(1): 61~67
34. Cho SH, Choi SW, Choi YS, Lee WJ. 2001. Effect of deffated safflower and perilla seed power on lipid metabolism in ovariectomized female rats fed high cholesterol diets. J Korean Soc Food Sci Nutr 30 : 112~118
35. Hu, M. and Skibsted, L.H. 2002. Antioxidative capacity of rhizome extract and rhizome knot extract of edible lotus(*Nelumbo nucifera*). Food Chem., 76, 327~333
36. Hyson DA, Scheeman BO, Davis PA. 2002. Almonds and almond oil have similar effects on plasma lipid and LDL oxidation in healthy men and women. J Nutr 132(4) : 703~707
37. Joshi SS, Shrivastsva RK, Nignam SS. 1977. Calories and amino acid composition of Cucurbita pero and Cucumis melo seeds. J Indian Chem Soc 54 : 747~710
38. Kim BN. 1995. A study on the literature review of acorn in Krea. Korean J Sco Food Sci 11 : 158~163
39. Kim EO, Lee JY, Choi SW. 2006. Quantitative changes in phenolic compounds of safflower (*Carthamus tinctorius L.*) seeds during growth and processing. J Food Sci Nutr 11: 311~317.
40. Kim HJ, Jun BS, Kim SK, Cha JY, Cho YS. 2000. Polyphenolic compound content and antioxidative activities by extracts from seed, sprout and flower of safflower(*Carthamus tinctorious I.*). J Korean Soc Food Sci Nutr 29 : 1127~1132
41. Kim JD. 2002. The growth inhibiting effects of E. coli KCTC 1039 by combination of natural products bearing antioxidative capacity. Korean J. Biotechnol. Bioeng., 17, 490~496
42. Kim JH, Kang MK, Cho CW, Chung HS, Kang CW, Parvez S, Bae H. 2006.

Effects of Nelumbinis Semen on contractile dysfunction in ischemic and reperfused rat heart. Arch Pharm Res. 29 : 777~85.

43. Kim MN, Kim KH. 1992. Research for analgesic and heparoprotective action of Carthmi Flos. Pusan Bull Pharma Sci 26 : 32~36

44. Lee MH, Jeong JH, Oh MJ. 1992. Antioxidative activity of gallic acid in acorn extract. J Korean Soc Food Nutr 21 : 693~700

45. Lovejoy JC, Most MM, Lefevre M, Greenway FL, Rood JC. 2002. Effects of diets enriched in almonds in insulin action and serum lipids in adults with normal glucose tolerance in type 2 diabetes. Am J Clin Nutr 76(5) : 1000-1006

46. Mendl A, Gregor R, Wolfgang L. 1999. Detection of adulteration of pumpkin seed oil by analysis of content and composition of specific 7-phytisterol. Eur Food Res Technol 209 : 404~406

47. Meydani SN, Lichtenstein AH, White PJ, Goodnight SH, Elson CE, Woods M, Gorbach SI, Schaefer EJ. 1991. Food use and health effects of soybean and sunflowers oils. J Am Coll Nutr 10 : 406~428

48. Mukheriee, P.K., Pal, S.R., Saha, K. and Saha, B.P. 1995. Hypoglycemic activity of Nelumbo nucifera rhizome (methanolic extract) in streptozotocin induced diabetic rats. Phytotherapy Res., 9 : 522~524

49. Selvaraj RK. Purushothaman MR. 2004. Nutritive value of full-fat sunflower seeds in broiler diets. Poult Sci 83 : 441~446

50. Seung KR, Jung KH. 2001. Effect of Carthamus tinctorius I. semen on endotoxin induced thrombosis in rats. J Appli Pharma 9 : 258~262

51. Warner K. 2005. Effects on the flavor and oxidative stability of stripped soybean and sunflower oils with added pure tocopherols. J Agric Food Chem 53 : 9906~9910

52. Younis YMH, Sentiat Ghirmay, Al-Ahihry SS. 2000. African Cucurbita pepo L. properties of seed and variability in fatty acid composition of seed oil. Phytochemistry. 54 : 71~75

제5장

채소류(Vegetables)

제5장 채소류(Vegetables)

채소는 수분이 80~95%로 에너지 공급원이기보다는 비타민, 무기질의 공급원으로 중요하다. 고유의 색소, 향기, 맛 등이 있어 식품의 기호성을 높이고 식욕을 돕는다.

주로 이용하는 부위에 따라 표 5-1과 같이 근채류와 경엽채류, 과채류 등으로 분류된다. 채소류는 수확 후에도 이화작용, 증산작용, 호흡작용이 계속되어 많은 변화가 일어난다. 저장 중의 이런 변화를 최소화시키기 위해 저온 저장이나 CA 저장(controlled atmosphere storage)을 이용한다.

【표 5-1】 이용 부위에 따른 채소의 분류

분 류		정 의	식 품
근채류(root vegetable)		지하에 양분을 저장한 뿌리 부분을 식용하는 것	당근, 무, 사탕무, 생강, 순무, 연근, 우엉
경엽채류	엽채류 (leaf vegetable)	지상부 줄기, 잎을 식용하는 것	갓, 미나리, 배추, 상추, 셀러리, 시금치, 쑥갓, 양배추
	경·인경채류 (stalk·bulb vegetable)	지하경의 싹 또는 잎, 인경부를 식용하는 것	마늘, 부추, 아스파라거스, 양파, 염교, 죽순, 파
	화채류 (flower vegetable)	초본의 꽃봉오리, 꽃잎, 꽃받침 등을 식용하는 것	브로콜리, 아티초크, 아기양배추(방울다다기 양배추), 콜리플라워
과채류(fruit vegetable)		열매를 식용하는 것	가지, 고추, 오이, 호박

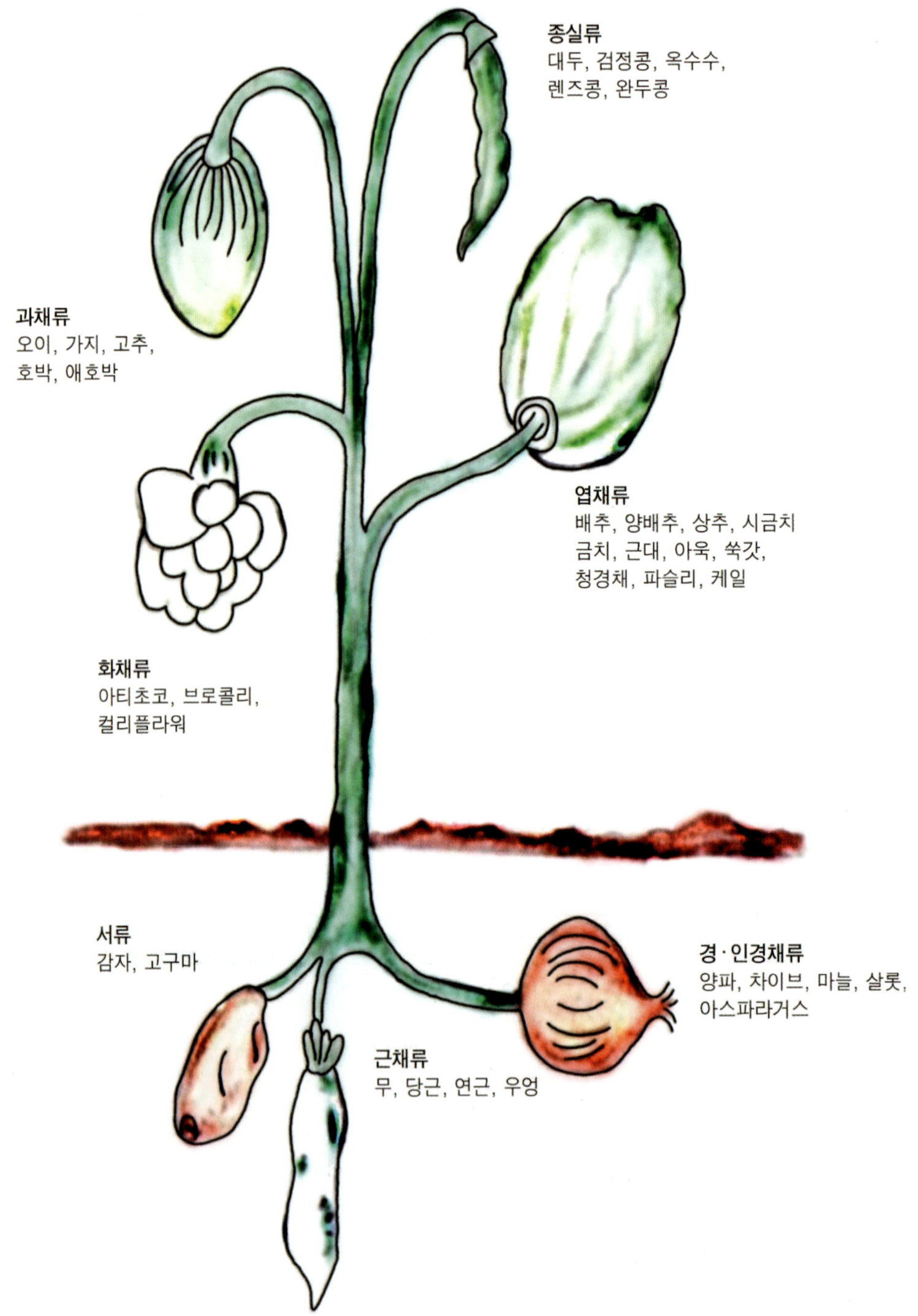
종실류
대두, 검정콩, 옥수수,
렌즈콩, 완두콩
과채류
오이, 가지, 고추,
호박, 애호박
엽채류
배추, 양배추, 상추, 시금치
금치, 근대, 아욱, 쑥갓,
청경채, 파슬리, 케일
화채류
아티초코, 브로콜리,
컬리플라워
서류
감자, 고구마
경·인경채류
양파, 차이브, 마늘, 살롯,
아스파라거스
근채류
무, 당근, 연근, 우엉

【그림 5-1】 채소류의 분류

1 근채류(root vegetable)

1) 당근(carrot)

■ 분류 및 특징

당근은 미나리과에 속하며, 원산지는 아프가니스탄으로 2000년 이상 재배한 대표적인 유색 채소이다. 당나라 때 우리나라에 들어와 '당근'이라고 한다.

품종은 아시아형과 유럽형이 있다. 아시아형 품종은 적색, 백색, 황색 등의 다양한 색을 가지며, 육질이 유연하여 조림에 적합하다. 제2차 세계대전 후까지 널리 이용되었으나 1970년대에 들어와서는 유럽형에 밀려 격감하였다. 유럽형 당근에 속하는 한지형 당근은 봄~초여름에 씨를 뿌려 여름~가을에 수확하고, 난지형 당근은 여름에 씨를 뿌리고, 늦가을~겨울에 수확한다. 재배법과 품종의 개량으로 1년 내내 생산된다. 강원, 제주, 경남, 전남 지방이 대표적 산지이고, 제주산이 품질이 좋다.

■ 성분 및 효능

당근은 수분이 89.5%, 탄수화물이 8.6%이고 자당, 전분, 펜토산에 의해 단맛이 난다. 지용성 색소인 카로틴이 많이 함유되어 붉은색을 띠며, 체내에서 비타민 A로 전환된다. 기름과 함께 조리하여 섭취하면 흡수율이 높아진다. 그 외 비타민 A, E 등도 풍부하고 식이섬유가 있다. 비타민 A는 시력을 보호하고 야맹증을 예방·개선하는 효과가 있다.

당근에 많이 함유된 β-카로틴은 폐암, 결장암, 위암, 식도암, 심장혈관질환, 노화방지 등에 치료 효과가 있다고 알려져 있다. 당근에는 비타민 C를 파괴하는 효소(ascorbic acid oxidase)가 다량 함유되어 있어 무, 오이 같은 비타민 C가 많이 들어 있는 채소와 함께 즙을 만들면 비타민 C가 파괴된다.

한방에서는 기를 보충하고 오장을 안정시키며, 식욕을 촉진시킨다고 한다.

■ 선별 기준

모양이 매끈하고 잔뿌리가 없으며 심이 없는 것, 조직이 연하고 중심부까지 색이 선홍색인 것이 좋다.

■ 조리 및 가공

나물, 김치, 샐러드, 주스, 스프, 스튜, 죽, 정과 등에 다양하게 이용한다.

2) 더덕(bonnet bellflower)

■ 분류 및 특징

우리나라, 중국, 일본, 러시아 등에 분포하는 도라지과에 속하는 다년생 초본으로 해발 300m 이상에서 자란 것이 질이 좋고, 주로 2월과 8월에 채취한다. '사삼', '벽삼'이라고도 한다. 사삼은 뿌리 말린 것으로 한방에서 사용한다.

■ 성분 및 효능

더덕은 수분이 82.9%이고 칼슘과 철을 함유하고 있다. 뿌리에는 사포닌과 이눌린(inulin)이 함유되어 있다. 사포닌은 기관지염, 해수병의 약재료로 사용되며, 건위제로도 사용되고, 강장 식품으로 폐, 장, 신장을 튼튼하게 하는 식품이다.

■ 선별 기준

굵기가 일정하고 향이 진한 것, 잔털이 없고 껍질이 트지 않은 것이 좋다.

■ 조리 및 가공

구이, 무침, 생채, 물김치, 장아찌, 냉국 등으로 이용하고, 차로도 이용하며 술을 담가 먹기로 한다. 껍질을 벗길 때 살짝 구워 수분을 제거하면 쉽게 벗길 수 있다.

3) 도라지(chinese bellflower, root of bellflower)

■ 분류 및 특징

원산지는 한국, 중국, 일본이며, 초롱과에 속하는 여러해살이풀이다. 배수, 통풍이 잘되는 양지 바른 곳에서 자라고 2~3년째 수확할 수 있다. 꽃은 흰색, 보라색으로 피고, 우리나에서는 보라색 꽃이 피는 도라지가 대부분이다.

■ 성분 및 효능

도라지는 수분 72.2%, 단백질 2.4%, 지질 0.3%, 탄수화물 24.1%, 식이섬유 4.0% 정도 함유되어 있다. 그 외 칼슘, 인, 칼륨이 많이 함유되어 있는 알칼리성 식품이며, 비타민 C도 풍부하다.

도라지의 쓴맛은 알칼로이드 성분으로 물에 담가서 우려낸 후 잘 주물러 씻어서 사용한다. 도라지에 함유된 사포닌은 가래를 삭히고 진통·소염작용이 있고, 기관지의 기능을 항진시킨다.

■ 선별 기준

통도라지는 연한 노란색을 띠며, 부드러운 질감을 갖고, 단단한 섬유질이 적은 것이 좋다. 신선한 맛과 독특한 향이 강한 것이 좋고, 쉰 냄새가 없어야 한다. 찐은 도라지의 경우에는 수분 함량이 많아 동그랗게 말리지 않은 것이 좋다.

■ 조리 및 가공

도라지는 나물, 생채, 죽, 정과, 자반, 장아찌, 차, 술 등에 이용되고, 한약재로도 사용된다. 도라지는 주로 뿌리를 이용하지만 어린 잎, 줄기를 데쳐 나물로 무치거나 튀겨 먹기도 한다.

4) 마늘(garlic)

■ 분류 및 특징

마늘은 백합과에 속하고, 원산지가 중앙아시아이며, 이집트에서는 오래전부터 재배되었다. 우리나라에서의 재배 기원과 도입 시기는 명확하지 않으나 단군신화에 나오고, 《삼국사기》의 기록으로 보아 마늘은 오랜 역사를 가진 채소이다. 한국, 중국, 인도, 이탈리아, 미국 등지에서 많이 재배되고 있다. 우리나라에서는 충남, 전남, 경남, 경북 지방이 주산지이다.

우리나라에서 재배하는 품종은 난지형과 한지형이 있다. 난지형은 무안, 남해, 해남 지역에서 재배되고, 한지형은 서산, 의성, 단양, 삼척에서 재배된다.

■ 성분 및 효능

마늘은 수분이 63.1%, 단백질이 5.4%, 탄수화물 30%이고, 비타민 B_1, B_2, C를 함유하며 칼륨, 인이 들어 있다.

알린(allin)은 갈거나 다지면 알리신(allicin)이 되어 항균 효과를 나타내고, 알리신이 비타민 B_1과 결합하여 알리티아민(allithiamine)을 생성하여 체내에서 흡수되기 쉬운 활성형 비타민 B_1이 된다. 스코르디닌(scordinin)은 항혈전작용이 있고, 발암물질인 니트로사민(nitrosamin) 생성을 차단하는 효과가 있다.

뿌리와 잎에는 글루코미날(glucominal)이라는 배당체가 가수분해되어 특유한 냄새를 가진 정유 성분인 디알릴설파이드(diallyl sulfide)가 있고, 매운맛은 주로 알리신 성분이다. 또한, 마늘은 항균작용이 있어 세균 발육을 억제하며, 혈중 콜레스테롤을 낮추어 준다. 위액 분비를 촉진하여 소화작용을 돕고, 변비의 예방과 치료에도 효과가 있다.

■ 선별 기준

육쪽 마늘은 알이 단단하고 윤기가 있는 것이 좋으며, 크기와 모양이 일정한 겉껍질과 속껍질이 강하게 부착된 것이 좋다. 햇마늘은 건조가 잘되어 저장성이 강한 것이 좋고, 저장 마늘은 싹이 돋지 않고 육질이 견고하며 변색되지 않은 것이 좋다.

마늘의 장기 저장은 0~2℃에서 냉장하고, 난지형은 7월 하순까지, 한지형은 8월 중순까지 저장하며, 온도 0~2℃, 습도 65~70%로 유지하면 6~8개월 동안 저장이 가능하다.

■ 조리 및 가공

우리나라에서는 거의 모든 조리에 기본 조미료로 첨가하며 생선, 육류의 냄새 제거에도 좋다. 비타민 B_1이 많이 함유된 돼지고기와 함께 먹으면 비타민 B_1의 흡수를 돕는다.

햇마늘로 장아찌를 만들고 마늘잎, 마늘대는 나물이나 볶음으로 먹는다. 건조하여 분말(garlic power)로 제조하여 이용하기도 한다.

5) 무(radish)

단무지무

동치미무

조선무

【그림 5-2】 무의 종류

■ 분류 및 특징

무는 십자화과에 속하는 1~2년생 초본이며, 원산지는 지중해 연안이고, 중국을 통하여 우리나라로 전해졌다. 무는 배추와 함께 2대 채소의 하나로 김장무는 강원, 경기, 전남, 전북 지방에서 주로 재배되고, 봄무는 부산, 김해, 양산, 나주, 원주 등 남부 지역에서, 여름무는 고랭지 무로 강원도의 평창, 홍천, 정선, 삼척 등의 고랭지 지역에서 재배된다.

봄무, 여름무는 즙이 많고 향기와 매운맛이 있다. 김장무로 사용하는 서울 무는 재래종 조선무로 수분이 적고, 육질이 단단하여 저장성이 좋다. 연마무는 맛이 담백하고 육질이 연하여 단무지에 적합하고, 궁중무는 무말랭이용으로 많이 쓰인다. 성호원종은 동글동글하고 작아 동치미용으로 이용한다.

■ 성분 및 효능

무는 수분이 94.3%, 식이섬유가 1.6%이고, 단백질은 리신 함량이 많다. 칼슘 26mg/100g, 철 0.7mg/100g, 비타민 C 15mg/100g 등이 함유되어 있다. 특히 무의 껍질 부분에 많이 함유되어 있다.

무에는 아밀라제(amylase)가 들어 있어 전분의 소화를 돕는다. 무의 매운맛과 향기성분은 메틸메르캅탄(methyl mercaptan), 머스타드 오일(mustard oil)이다. 이 성분은 유황을 함유한 물질로 항암 효과가 있고, 생즙일 때 가장 효과가 크다. 무는 심한 기침, 감기에 효과가 있고, 담을 삭이는 작용을 한다.

■ 선별 기준

무의 몸통이 고유의 형태를 가지며 흠이 없고 육질이 단단하고 치밀한 것이 좋다. 속살이 경질화되어 질기고 검은 심줄이 없는 것이 좋다.

■ 조리 및 가공

깍두기, 동치미 등의 김치 재료, 국, 단무지, 나물로 사용하고, 썰어서 말린 후 무말랭이로 식용한다. 무장아찌로 만들어 저장성을 높일 수도 있다.

6) 비트(beets)

■ 분류 및 특징

명아주과의 두해살이풀로 '근공채', '홍채두', '화영채'라고도 한다. 원산지는 유럽 및 아프리카 북부 지역으로 구미 지역에서 많이 이용하고 있다. 채소용 비트는 원형이나 긴 원추형의 뿌리이다.

■ 성분 및 효능

수분이 88.3%이고 식이섬유, 칼륨, 나트륨, 인, 비타민 C 등이 함유되어 있다. 잎에는 사포닌이 함유되어 있다.

비트의 빨간 색소는 베타시아닌(betacyanin)으로 식용색소와 약용으로 이용한다. 베타인(betaine)은 이뇨제, 토사, 구충제로 사용하고 있다.

■ 조리 및 가공

채소용 비트의 지상부는 어릴 땐 샐러드나 쌈의 재료로 이용하고, 자라면 조리해서 먹는다. 뿌리는 썰어서 샐러드에 이용한다. 러시아의 전통적인 스프인 '보르시치(borsch)'는 비트를 넣은 스프이다.

7) 순무(turnip)

■ 분류 및 특징

순무는 유럽 및 아시아에서 널리 재배되며, 우리나라에서는 강화도에서 주로 재배된다. 강화순무는 재래계와 서구계가 교잡된 것이다.

순무의 뿌리는 구형 또는 편구형을 하고 있으며, 뿌리 내부의 살은 백색과 자색의 두 종류로 되어 있다. 순무의 잎은 거의 녹색인데, 뿌리가 빨간 것 중에는 잎에 색깔이 있는 것도 있다.

■ 성분 및 효능

순무는 수분이 90.3%, 탄수화물이 7.6%이며 비타민 C, 칼륨, 나트륨, 칼슘, 인이 함유되어 있다. 잎 부분에는 비타민 A, K, β-카로틴, 엽산, 칼륨, 칼슘, 마그네슘이 많다.

순무에는 항암작용이 있는 글루코시몰레이트(glucosimolate)가 있어 폐암에 효과가 있고, 아밀라제(amylase)를 많이 함유하고 있다. 또한, 황달을 치료하고, 오장을 이롭게 하며, 치질과 만성변비, 숙취해소, 이뇨작용에 도움을 준다.

■ 선별 기준

잔뿌리가 없이 밑동이 충실히 발달하여 있고, 순무 고유의 색을 띠며 광택이 있는 것이 좋다. 육질은 치밀하고 단단해서 탄력성이 있는 것이 좋다.

■ 조리 및 가공

순무의 잎과 뿌리는 소금에 절여 반찬과 김치를 담근다. 유럽계 순무는 샐러드, 피클 등에 쓰인다.

8) 생강(ginger)

■ 분류 및 특징

원산지는 인도, 말레이시아 등이고, 생강과에 속하는 다년생 초본으로 우리나라에는 고려시대 때 도입된 것으로 본다. 주산지는 충남의 서산, 당진, 전북의 완주, 익산, 경남의 산청 등에서 재배된다.

품종은 소생강, 중생강, 대생강으로 분류한다. 이중 잘 자라고 굵으며 착색이 잘되는 중생강종인 황생강이 좋다.

■ 성분 및 특성

생강의 성분은 수분 83.3%, 탄수화물, 식이섬유가 약간 있고, 비타민과 무기질은 비교적 적게 들어 있다.

진저론(zingerone), 진저롤(gingerol), 쇼가올(shogaol)은 생강의 매운맛 성분이다. 진저론은 혈전 예방을 하고, 진저롤은 위액 분비를 증가시켜 소화를 돕는 건위제로 사용하며, 진통작용이 있다. 또한, 쇼가올은 진해작용을 한다.

생강의 매운맛은 육류의 누린내와 생선의 비린내 제거에 효과적이고, 세균에 대한 살균작용이 있어 생선회에 사용하고, 항산화작용을 한다. 그리고 감기에 발한작용을 하여 효과적이고 기침, 냉증, 요통 등에도 효과가 있다.

■ 선별 기준

모양이 일정하고 섬유질이 적어 연하고 싱싱한 것이 좋다. 황토에서 재배한 육질이 단단하고 6~7개로 발이 적고 큰 것이 좋다.

■ 조리 및 가공

생강은 향신료, 약용, 카레 분말, 편을 썰어 말린 편강, 생강정과, 생강엿, 생강차로 이용한다. 또한, 분말로 가공하여 제과·제빵 재료로도 사용한다.

9) 양파(onion)

■ 분류 및 특징

양파는 백합과에 속하며, 원산지는 이란, 파키스탄, 지중해 등이다. 조선 말엽에 미국과 일본으로부터 도입된 것으로 알려져 있다. 우리나라에서는 주로 무안, 창녕, 영천, 북제주에서 많이 재배되고 있다.

봄에 씨를 뿌려서 가을에 거두는 것과 가을에 씨를 뿌려서 초여름에 거두는 것이 있다. 뿌리는 휴면성이 있어서 저장이 잘되어 1년 내내 유통되고 있다. 식용하는 부분의 색깔은 흰색, 노란색, 붉은색이 있으며, 가장 흔한 것은 흰색이다. 모양은 구형이나 편구형이 있다.

■ 성분 및 효능

양파의 성분은 수분이 90.1%이고 탄수화물이 8.4%로 성숙함에 따라 포도당과 자당의 양이 증가하여 단맛이 생긴다.

생양파를 익혔을 때 단맛이 증가하는 것은 양파의 매운맛 성분인 프로필 알릴 디설파이드(propyl allyl disulfide) 및 알릴 설파이드(allyl sulfide)로 열이 가해지면 기화되지만 일부는 분해되어 단맛을 내는 프로필메르캅탄(propyl mercaptan : 설탕의 50~60배 단맛을 냄)을 형성하기 때문이다. 알릴 설파이드(allyl sulfide)는 비타민 B_1의 흡수를 높여준다.

양파 껍질에 있는 퀘세틴(quercerin)은 황색색소로 지질의 산패를 방지하고, 고혈압 예방에 효과가 있다고 한다. 양파는 신진대사를 높여 혈액순환을 좋게 하고, 강정식품으로 알려져 있다. 또한, 콜레스테롤을 저하시켜 심장병 등 성인병에 효과가 있고, 피로회복에도 좋은 것으로 알려져 있다.

■ 선별 기준

크기와 모양이 일정하고 껍질이 윤택한 것, 싹과 뿌리가 없고 중심부가 단단한 것이 좋다. 저장용은 원통형으로 밑부분이 약간 볼록한 한지형 양파가 좋다. 껍질은 건조가 잘되었고, 선명한 적황색을 띠는 것이 좋다.

■ 조리 및 가공

양파는 육류의 누린내와 생선의 비린내 제거에 효과가 있어서 육류요리와 생선요리에 널리 쓰인다. 양파 스프나 각종 소스에 사용하고, 중국요리에도 많이 사용되고 있다. 안토시안 색소가 있는 자색 양파(purple onion)는 맵지 않고 단맛이 있어 샐러드에 이용한다.

10) 연근(lotus root)

■ 분류 및 특징

원산지는 중국과 북아메리카이며, 수련과에 속하는 다년생 초본으로 수생식물이다. 주산지는 전남의 송정, 함평, 전북의 익산, 경북의 경산, 경남의 김해 등이다. 주로 가을~겨울에 생산된다.

■ 성분 및 효능

수분이 80.2%이고, 탄수화물이 16.4%로 대부분이 전분으로 되어 있다. 비타민 C도 비교적 많이 함유되어 있고, 식이섬유가 있어 변비 예방과 콜레스테롤 수치를 떨어뜨리는 작용을 한다. 열매에는 라피노스(raffinose)가 있고 비타민 C가 풍부하다.

연근에는 폴리페놀(polyphenol)에 의한 갈변 현상이 나타나므로 식초 용액에 담가 놓는다.

■ 선별 기준

양쪽에 마디가 있고 너무 굵지 않은 것, 연근 껍질에 흠집이 적은 것, 잘랐을 때 구멍의 크기가 일정하며 검은 액체가 없는 것이 좋다. 껍질을 벗겨 파는 경우에는 표백제 등 약품 처리가 된 것이 많으므로 피한다.

■ 조리 및 가공

연근은 생식, 간장조림, 튀김, 찜, 정과로 이용된다. 연근 외에도 연방(꽃받침), 하엽(잎), 연술(수술), 우절(뿌리줄기의 마디), 연화(꽃봉오리)도 약으로 쓴다.

11) 염교(락교, allium chinese)

■ 분류 및 특징

백합과에 속하는 다년생 초본으로 원산지는 중국 남부로 열대 아시아에 야생한다. 생김새는 파뿌리와 모양이 비슷하고 맛은 마늘과 같다. 우리나라, 일본에서도 재배되고 있다.

일본말로 '락교(rukkyo)'라 하며, 척박한 토지와 바람이 많은 곳에서 잘 자라고 저장성이 좋다. 알이 적을수록 맛이 좋다.

■ 성분 및 효능

염교는 탄수화물 29.3%, 식이섬유 21%이고, 비타민 C가 23㎎/100g로 마늘보다 함량이 적다.

■ 조리 및 가공

염교는 묽은 소금물에 3주 정도 담가 발효시킨 후 식초를 더하여 숙성시킨다. 또는 설탕 절임, 간장 절임으로 사용한다.

12) 우엉(burdock)

■ 분류 및 특징

우엉의 원산지는 지중해 연안에서 서부아시아이며, 일본에서 약 1000년 전에 작물로 개량되었고, 우리나라에 전래된 것은 오래되지 않는다. 경남의 진주, 호남의 나주, 충남의 대덕, 경기의 여주, 이천 등이 주산지이다.

■ 성분 및 효능

수분은 80.3%이고, 탄수화물은 15.5% 함유하고 있으며, 탄수화물의 50% 이상이 이눌린이다. 셀룰로스, 헤미셀룰로스 등의 섬유소와 펜토산도 들어 있다. 이눌린은 소화되지 않는 다당류로 당뇨병에 이용되고, 신장병에 이뇨 효과가 있다고 한다. 식이섬유는 변비에 효과가 있다.

우엉의 떫은맛은 탄닌, 클로로겐산(chlorogenic acid) 등의 페놀 성분이 있기 때문이다. 우엉의 껍질을 벗기면 갈변하는 것은 산화효소인 폴리페놀 화합물 때문이다. 껍질은 벗기면 물이나 식초 탄 물에 담가두면 변색하지 않고, 우엉의 색을 희게 하며, 탄닌이 식초에 녹아 나와 떫은맛을 뺄 수 있다.

■ 선별 기준

외관이 곧고 잔뿌리가 없는 것이 좋으며, 바람이 들지 않고 직경이 3cm 정도인 것이 좋다.

■ 조리 및 가공

무침, 조림, 찜, 샐러드, 튀김, 장아찌, 정과 등에 이용된다.

2 경 · 엽채류(leaf vegetable)

1) 갓(mustard leaf)

▪ 분류 및 특징

갓은 평지과와 겨자과의 교잡용으로 원산지는 중앙아시아이다. 우리나라와 중국에서 주로 재배되며, 우리나라에서는 여수(돌산)에서 많이 재배된다.

호냉성 채소로 겨울 채소로 이용되고, 녹색을 띠는 갓을 참갓, 자색을 띠는 것을 자색갓이라 한다.

▪ 성분 및 효능

갓은 수분이 87.8%, 단백질 3.5%, 지질 0.2%, 탄수화물 7.3%, 식이섬유 2.82%를 함유하고 칼륨, 칼슘, 비타민 A, K, C, β-카로틴이 비교적 풍부하다.

갓의 종자에는 시니그린(sinigrin)이 들어 있어 미로시나제(myrosinase)에 의해 겨자기름(mustard oil)으로 분해되어 매운맛이 난다. 이를 향신료로 많이 쓰이고, 폐 기능 강화와 가래를 삭히는 작용을 한다. 또한, 기억력이 좋아지고, 피로회복에 좋다.

▪ 선별 기준

잎은 싱싱하고 크기가 중간 것이 좋으며, 줄기는 가늘고 연한 것이 좋다.

▪ 조리 및 가공

갓김치를 담그고 나물, 절임, 조림, 볶음, 찌개 등에 이용된다. 종자는 향신료로 겨자를 만들어 쓰고, 착유용으로도 사용된다.

2) 근대(chard)

▪ 분류 및 특징

원산지는 유럽 남부 지중해 연안이며, 북부 온대에서 아열대에 걸쳐서 어디서나 재배된다. 줄기와 잎을 자르면 새순이 돋아나 사철 언제나 식용 가능하다.

■ 성분 및 효능

수분이 92.8%, 탄수화물 3.1%, 단백질 2.3%, 지질 0.3%, 식이섬유 2.9%이고, 칼륨, 나트륨, 칼슘, 비타민 K, A, β-카로틴의 함량이 높다.

위와 장을 튼튼하게 해주는 식품으로 알려져 소화기능이 약한 사람, 설사가 잦은 사람에게 이용하면 효과가 있다.

■ 선별 기준

잎이 넓고 부드러우며, 광택이 있고 줄기가 연한 것이 좋다. 근대의 뻣뻣한 부분은 살짝 벗겨 사용하고, 근대의 풋내는 끓는 물에 데쳐서 이용한다.

■ 조리 및 가공

나물, 국, 죽에 사용하며, 근대 뿌리는 강화도의 향토 음식인 근대떡에도 사용된다.

3) 깻잎(들깻잎, perilla leaf)

■ 분류 및 특징

꿀풀과에 속하는 1년생 초본으로 원산지는 인도, 중국이며, 우리나라 전역에서 재배되는 작물이다.

■ 성분 및 효능

식물성 식품 중 비타민 A 함량이 높으며, 비타민 K, E, B_2, C, 엽산, 칼슘, 칼륨, 망간이 함유되어 있다.

깻잎에는 페릴라케톤(perillaketone), 페릴알데히드(perillaldehyde)등의 방향 성분이 있어서 독특한 향기가 나고, 방향성 정유 성분으로 입맛을 돋우어 준다. 깻잎은 각종 성인병을 예방하고 식욕부진이나 설사, 변비 등에 효과가 있다.

■ 조리 및 가공

깻잎은 쌈, 부각, 김치, 장아찌로 이용하고, 생선의 비린내, 고기의 누린내를 없애주는 향신료로 이용하며, 씨앗은 기름을 짜서 사용한다.

4) 미나리(water cress)

■ 분류 및 특징

미나리과에 속하며 우리나라, 중국, 동남아시아에 널리 재배되고 있다. 우리나라는 고려시대부터 먹기 시작했다. 전국적으로 재배가 가능하고 남양주, 광주, 경산, 대구, 김해 등에서 많이 재배하고 있다.

습지에서 잘 자라고, 논에서 재배하며, 미나리 줄기를 잘라 싹을 내어 이용하고 있다. 11월 중순~3월 하순에 수확하고, 봄에 나오는 것이 고급품이다.

■ 성분 및 효능

수분이 93%이고, 비타민 A의 전구체인 β-카로틴이 풍부하며, 비타민 A, K, B_2, C, 엽산이 풍부하고, 칼륨, 인이 풍부한 알칼리 식품이다. 미나리는 칼륨이 많아서 신장환자 식사에는 피한다.

미나리의 독특한 향은 이소람네린(isoramnerin), 페르시카린(persicarin), 알파피넨(α-pinene), 미르센(myrcene)의 정유 성분 때문이다. 정유 성분이 보온, 발한작용을 하여 수족냉증에 도움을 준다. 해독작용과 혈압을 낮추는 효과가 있다. 또한, 술을 마신 후 술독을 다스리고 신진대사를 촉진한다.

독미나리는 식용 미나리보다 키가 훨씬 크다. 독미나리에는 시큐톡신(cicutoxin)이 있어 심장중추마비, 심장 박동이 증가하고 호흡이 곤란해진다.

■ 선별 기준

시든 잎이 없고 크기와 굵기가 같은 것으로 묶인 것, 초록색 부분과 흰색 부분이 뚜렷하고 선명한 것, 줄기가 연하고 굵은 것이 좋다. 미나리는 거머리가 있을 수 있으므로 미지근한 물이나 연한 식초 물에 담근다.

■ 조리 및 가공

생으로 먹거나 삶아서 이용하며, 미나리강회, 미나리무침, 쌈채소, 탕평채와 김치의 부재료로 사용되고 있다. 복요리 할 때 미나리는 독성분을 해독하는 효능이 있어 꼭 사용되는 재료이다.

5) 배추(chinese cabbage)

■ 분류 및 특징

원산지는 중국 북부 지방으로 우리나라, 중국, 일본 등에서 가장 중요한 채소 중의 하나이다. 우리나라는 전국 각지에서 재배되고 있으며 경기, 강원, 전라도 지방이 주산지이다. 봄배추는 김해, 해남 등지에서 주로 재배되며, 여름 배추는 강원도, 김장 배추는 당진, 화성, 양주, 서산, 청원 등에서 생산된다.

배추의 품종은 재배 기간에 따라 조생종, 중생종, 만생종으로 분류하고, 배추는 속이 차는 정도에 따라 결구형, 반결구형, 불결구형으로 분류한다. 배추의 결구 과정은 햇빛이 충분하고 영양 상태가 좋으면 식물 호르몬인 옥신(auxin)이 생성되고, 이 옥신이 잎의 뒤쪽으로 이동하여 잎의 뒤쪽이 안쪽보다 잘 자라게 되어 동그란 결구 상태가 된다. 요즈음은 주로 결구종이 재배되고 있다.

■ 성분 및 효능

수분이 95.6%, 탄수화물 3%, 단백질 0.9%, 지질이 0%로 칼로리가 매우 낮으며, 엽산과 비타민 A가 함유되어 있다.

식이섬유가 함유되어 있어 정장작용을 한다. 배추에 있는 황화물은 가열에 의해 분해되어 황화수소가스와 기타 화합물을 형성하여 유황 냄새가 난다.

■ 선별 기준

완전 결구되어 단단하게 잎이 밀착되어 외엽 벌어짐이 적은 것, 단맛과 고소한 맛이 있고 수분 함량이 적어 보이는 것, 잎에 병충해 피해 반점 등이 없고 뿌리 부분이 싱싱한 것이 좋다. 햇배추는 클수록 상품에 속하고, 가을 배추는 중간 크기로 중량이 무거운 것이 좋다.

■ 조리 및 가공

배추는 김치에 주로 쓰이며 전골, 국, 볶음, 전으로 이용된다. 일식, 중식의 요리 재료로도 쓰인다.

■ 봄동

봄동은 가을 배추 가운데 속이 차지 않은 배추나 김장 배추보다 늦게 파종하여 결구가 되지 않은 상태로 겨울을 지낸 배추를 말한다. 봄동은 맛이 달고, 씹히는 맛이 좋아 봄철 입맛을 돋워준다. 식이섬유가 많아 변비 예방에 좋으며 비타민 A, C가 풍부하여 봄철 나른함을 없애준다.

6) 부추(leek, chinese chive)

【그림 5-3】 부추의 종류

■ 분류 및 특징

백합과 다년생 초본으로 원산지는 동아시아와 중국의 서북부이며, 중국에서는 기원전부터 재배한 파류의 일종이다. 우리나라는 삼국시대에 중국으로부터 전해진 것으로 알려졌다. 주산지는 대구, 남제주, 광주, 포항, 영일, 김해 등이다. 요즈음은 도시 근교에서도 많이 재배된다. 각 지방에 따라 '부초', '부채', '정구지', '솔', '졸'이라 부르기도 한다.

■ 성분 및 효능

수분이 89.8%, 단백질 4.3%, 탄수화물 3.7%, 지질이 0.4%이고, 칼륨, 비타민 K, B군, C가 함유되어 있다.

부추 특유의 냄새는 알릴디설파이드(allyl disulfide)로 위와 장을 자극하여 소화를 돕고, 살균작용이 있으며, 비타민 B_1과 결합해서 채내 흡수를 돕는다. 또한, 부추는 콜레스테롤의 흡수를 방해하고, 동맥경화 예방에도 효과적이며, '기양초', '장양초'라고 불리는 강장 효과가 있는 채소로 알려졌다. 당뇨병에도 효과가 있고 설사나 복통에도 효과가 있다.

■ **선별 기준**

잎의 색이 진하고 너무 억세지 않은 것, 몸통 줄기가 통통하고 몸통에 흰 부분이 많은 것, 길이가 일정한 것이 좋다.

■ **조리 및 가공**

육류와 어류의 냄새를 없애기 위해 양념으로 사용하며 생식, 무침류, 김치의 부재료, 부추김치, 전, 부추잡채 등에 이용된다. 중국요리에는 육류와 오리 요리, 만두 등에 많이 쓰인다.

'호부추'는 '중국부추'로도 불리고, 잎이 굵고 길며, 잡채에 주로 이용하고, '영양부추'는 가늘고 탄력성이 있으며 샐러드에 이용된다.

7) 상추(Lettuce)

■ **분류 및 특징**

상추의 종류와 특징은 표 5-2와 같다.

【표 5-2】 상추의 종류와 특징

종 류	특 징	용 도
자른 상추 (cutting lettuce) 	상추가 자라면서 잎을 순차적으로 따서 먹는 줄기 상추의 일종 쓴맛이 나고, 엽면에 주름이 있으며, 잎이 거침	쌈
크리스프형 (crispt ype hed lettuce) 	연한 녹색을 띠는 결구형 양상추	서양요리

버터형 (butter type) 	잎의 색은 자색, 녹색으로 윤기가 나고, 버터 향이 남	샐러드
잎상추 (leaf lettuce) 	잎의 굴곡이 심하고, 주름이 많음 꽃상추라고도 하고, 잎이 매우 연하여 저장성이 없음	샐러드, 쌈
코스레터스 (cos lettuce) 	단맛과 쓴맛을 지닌 배추류와 비슷한 품종 잎이 매우 부드럽고, 잎 모양은 긴 타원형으로 연한 녹색	샐러드, 나물, 볶음
줄기상추 (stem lettue) 	아시아계로 중국요리에 사용 길게 뻗은 줄기의 껍질을 벗겨 사용	조림, 볶음, 생식

■ 성분 및 효능

수분이 84.6~97.3%이며, 생으로 주로 먹기 때문에 청정 재배를 하고, 세척도 잘해야 한다. 비타민 A, K가 많고, 칼륨이 함유되어 있다. 사과산, 구연산이 함유되어 있어 상큼한 맛이 난다.

상추는 페놀 성분이 들어 있어 칼로 자른 단면이 갈변되기 쉬우므로 손으로 뜯어서 사용한다. 상추 줄기를 자르면 쓴맛을 내는 우윳빛 유액은 락투신(lactucin), 랙투코피신(lectucopicin)으로 신경안정작용을 한다. 또한, 퀘세틴(quercetin)류나 루텔린(lutelin)류는 심장, 창자, 위 등의 내장을 보호하는 작용을 한다. 상추의 감칠맛 성분은 아데닐산(adenylicacid)이다.

■ 선별 기준

부드럽고 깨끗하고 싱싱해 보이며 잎의 크기가 고른 것, 잎이 썩거나 짓무르지 않은 신선한 것, 잎이 너무 크지도 작지도 않은 중간 것이 좋다.

■ 조리 및 가공

쌈, 겉절이, 샐러드, 샌드위치, 시루떡의 재료로 이용된다.

8) 셀러리(celery)

■ 분류 및 특징

미나리과에 속하고, 원산지는 남부 유럽, 남아시아, 북아메리카이다. 처음에는 냄새 제거와 약용으로 이용하다가 17세기에 식용으로 사용되었다. 우리나라는 19세기 후반에 미국으로부터 도입되었고, '서양 미나리'라고도 불린다.

셀러리는 품종은 많으며 잎이 적색, 백색, 황색, 녹색 등이 있다. 15~16℃의 비교적 서늘한 곳에서 재배되고, 우리나라에서는 봄철 재배와 고랭지 재배, 따뜻한 곳에서는 여름철 재배와 가을철 재배 등의 작형이 있다. 우리나라의 고랭지 재배 지역은 태백, 평창, 홍천, 원성 등이고, 여름 재배 지역으로는 의창, 광산, 밀양, 안양 등이다.

■ 성분 및 효능

수분이 91.1%, 탄수화물 5.5%, 단백질 1.8%, 지질 0.2%, 식이섬유 1.4% 함유되어 있다. 비타민 A, K, B_1, B_2, C, 칼륨, 나트륨, 칼슘이 풍부하다.

셀러리의 아삭한 질감을 갖게 하는 식이섬유는 씹는 쾌감을 주어 긴장 해소 효과도 있다고 알려져 있고, 변비에도 효능이 있다. 셀러리는 신진대사를 원활하게 하여 피로 회복 및 스테미너 증진에 효과적이며, 위의 활동을 원활하게 해주고, 몸을 따뜻하게 하는 작용이 있다. 또한, 이뇨작용이 있고 혈압 저하, 당뇨 치료에 효과가 있다.

셀러리 잎의 방향 성분인 세다놀(sedanol)은 약간 쓴맛을 내고 육류, 생선의 냄새를 제거하는데 효과적이다.

■ 선별 기준

줄기가 연하고 굵고 긴 것, 줄기가 오목한 모양을 하며, 요철 모양이 확실한 것, 밑동 부분이 갈변되지 않고 품종 고유의 향이 뛰어난 것이 좋다.

■ 조리 및 가공

서양요리에서 중요한 향신채로 쓰이며, 주로 줄기 부분을 사용하고, 잎 부분은 육수 끓일 때 쓰인다. 샐러드에 사용하면 향미와 질감을 느낄 수 있고, 달걀이나 치즈 등의 단백질 식품을 섞으면 좋다. 피클로 사용하고, 육류와 함께 삶아 먹기도 한다. 중식의 육류, 어류, 자라요리에 냄새 제거용으로 사용한다.

9) 시금치(spinach)

■ 분류 및 특징

시금치는 명아주과에 속하고, '적근채'라고도 한다. 페르시아(현재의 이란)에서 재배가 시작되었고, 우리나라에는 조선 초기에 도입된 채소로 추위를 견디는 식물이며, 겨울 채소로 적당하다. 전국적으로 재배되고 있으나 경기, 전남, 경남이 전국 생산량의 2/3 이상이며, 주산지는 경기도의 남양주와 성남, 전남 무안 등을 들 수 있다.

시금치 품종은 동양계 품종과 서양계 품종이 있다. 동양계 품종은 잎이 얇고, 잎의 끝은 뾰족하고 갈라졌고, 뿌리는 적색으로 흙냄새가 비교적 적다. 씹히는 맛이 좋으며 담백한 맛이 난다. 서양계 품종은 잎의 끝이 둥근형이고, 갈라지지 않은 것이 많으며, 약간 흙냄새가 나는 품종이 많다. 요즈음은 동양종과 서양종의 일대 잡종이 많이 재배되고 있다. 서양종의 잎이 두꺼운 것과 동양종의 맛이 좋은 점과 재배 시 병충해에 강한 특성을 지닌 새로운 품종이 개발되고 있다.

노지 재배하는 '포항초'는 줄기가 짧고, 뿌리 부분은 붉은색이 진하며, 시설 재배보다 영양 성분이 많다.

■ 성분 및 효능

수분이 85.5~90.4%, 단백질 2.8~5.7%로 아미노산 조성이 동물성 단백질과 비슷하며, 리신, 트립토판 등이 풍부하다. β-카로틴이 풍부하고 비타민 A, K, B_1, B_2, C, 엽산, 칼슘, 인 등을 함유하고 있다.

시금치의 떫은맛은 수산 때문이며, 끓는 물에 데치면 상당 부분 제거된다. 수산은 칼슘과 결합하여 칼슘의 흡수를 저해한다.

시금치에는 사포닌과 식이섬유가 다량 함유되어 변비에 효과가 있고, 엽산이 함유되어 빈혈 예방에 효과가 있다. 시금치 즙은 발암 물질의 생성을 예방하고 혈중 콜레스테롤을 낮추는 효과가 있다고 알려졌다. 결장, 직장, 후두, 자궁내막증에 좋고, 폐암의 사망률을 낮춘다는 보고가 있다. 요산을 분리하여 배설시키는 작용이 있어 류머티즘과 통풍에도 효과가 있고 지혈, 소염, 이뇨에 효능을 나타내는 것으로 알려져 있다.

■ 선별 기준

잎이 두껍고 싱싱하며, 색이 진하고 병충의 피해가 없는 것, 뿌리는 붉은빛이 진하고, 한 뿌리에 잎 수가 많은 것이 좋다.

■ 조리 및 가공

나물, 국, 죽 등에 이용한다. 서양요리에서는 샐러드에 사용하며, 기름에 볶아서 생선요리의 재료로 사용한다.

10) 쑥갓(crown daisy)

■ 분류 및 특징

쑥갓은 국화과로 원산지는 지중해 연안이며, 유럽에서는 꽃을 관상하고, 채소로 이용하지 않는다. 우리나라에서는 봄 채소로 널리 재배되고 있고, 연한 줄기와 잎을 이용하며, 억센 것은 주물러서 풋내를 빼고 이용한다.

쑥갓은 발아와 생육이 빠른 호냉성 채소로 잎의 크기에 따라 대엽종, 중엽종, 소엽종으로 나누며, 우리나라에서 재배되는 것은 중엽종이 대부분이다.

■ 성분 및 효능

비타민 A, K, B_2, β-카로틴, 엽산, 칼륨이 많이 함유되어 있다. 비타민 C는 많이 함유되어 있으나 아스코르비나제(ascorbinase)가 함유되어 있어 비타민 C의 파괴량이 많다.

쑥갓은 식이섬유가 많아 변비에 효과가 있고, 위를 따듯하게 하며, 소화가 잘되는 알칼리성 식품이다. 소화기 및 신경계통의 병에 효과가 있다.

■ 선별 기준

잎이 연하고 꽃대가 올라오지 않은 것, 줄기가 짧고, 억세지 않은 것이 좋다.

■ 조리 및 가공

향기와 풍미가 좋아 생으로 먹기 좋고, 살짝 데쳐서 나물로도 이용한다. 생선찌개, 일식 냄비요리 등에 넣어 향을 좋게 한다.

11) 아욱(curled mallow)

■ 분류 및 특징

원산지는 중앙아시아의 열대, 아열대 지방이다. 잎은 넓은 달걀 모양이고, 잎 가장자리에 둔한 톱니들이 있다.

■ 성분 및 효능

비타민 A, C, β-카로틴이 많고, 시금치보다 칼슘이 2배 정도 많다. 아욱은 장의 운동을 좋게 하여 변비에 효과가 있다.

■ 조리 및 가공

아욱나물, 아욱국, 아욱쌈 등에 이용한다. 연한 줄기와 잎을 먹는데, 억센 것은 주물러 치대서 풋내를 빼고 조리한다.

12) 양배추(cabbage)

■ 분류 및 특징

양배추는 십자화과에 속하고, 원산지는 서유럽과 지중해 연안으로 우리나라에 도입된 것은 20세기 이후 유럽, 미국 등지와의 교역이 이루어지면서이다.

양배추는 300여 종이 있으며, 전 세계적으로 재배하고 있다. 파종 시기에 따라 봄, 여름, 가을 품종으로 나뉜다. 평창, 홍천, 달성, 남양주, 괴산 등이 주산지이고, 봄 양배추는 부산에서, 여름 양배추는 평창에서, 겨울 양배추는 북제주에서 많이 재배된다.

【그림 5-4】 양배추와 적양배추

■ 성분 및 효능

양배추는 수분이 93.5%, 식이섬유, 탄수화물은 포도당이 가장 많고, 단백질은 0.6%로 리신을 많이 함유하며, 지질은 리놀레산이 많다. 비타민 C가 함유되어 있으며, 만성위염, 위궤양 등을 예방하고 치료하는 효과가 있다.

양배추에는 고이트로겐(goitorgen)이 함유되어 있어 티록신 길항제로 작용하므로 갑상선 환자는 섭취하지 않는 것이 좋다. 비타민 U가 들어 있어 만성위염, 위궤양 등의 예방과 치료에 효과가 있다. 식이섬유 함량이 높아 결장암, 당뇨병 예방에 효과가 있다.

양배추의 녹색 부분에는 클로로필 색소가 들어 있다. 적양배추에는 안토시아닌(anthocyan) 색소가 함유되어 있다.

■ 선별 기준

겉잎이 깨끗해 보이고 윤기가 나며 녹색 부분이 많은 것, 겉껍질이 잘 벗겨지지 않고 완전 결구되어 단단하고 무거운 것, 절단했을 때 속에 심이 없는 것이 좋다.

■ 조리 및 가공

샐러드, 스프, 전골, 찜, 볶음, 김치, 녹즙, 절임, 쌈, 주스 등으로 이용하고, 독일에서는 김치와 비슷한 '사워크라우트(sauerkraut)'를 만들어 먹는다.

13) 청경채(corn salad, pak choi)

■ 분류 및 특징

미나리과에 속하는 초본식물로 원산지는 중국 화중 지방이다. 잎과 줄기가 푸른색을 띠어서 '청경채'라 하였다. 잎과 줄기가 흰색을 띠는 것은 '백경채'라 한다. 우리나라에서도 재배하고 있으며, 1년 내내 출하된다.

■ 성분 및 효능

칼륨, 칼슘과 비타민 A, C, β-카로틴이 많이 들어 있다. β-카로틴이 풍부하여 면역체계를 향상시켜 주고 신진대사 기능이 촉진되며, 칼슘이 많아 치아와 골격 발육에도 좋다.

피부 미용에도 좋고, 녹즙으로 마시면 건위작용에 효과가 있으며, 변비에도 효과가 있다.

■ 선별 기준

잎이 시들지 않고, 잎이 진한 녹색으로 탄력이 있는 것이 좋다.

■ 조리 및 가공

육류요리에 곁들이거나 국거리, 생식용으로 적당하다. 중국에서 즐겨 먹는 채소로 지금은 전 세계적으로 널리 알려졌다. 청경채를 데칠 때 소량의 물에 소금과 기름을 넣고 뚜껑을 덮어서 조리하면 맛있다.

14) 치커리(chicory)

■ 분류 및 특징

국화과의 다년생 초본으로 원산지가 북유럽, 시베리아, 러시아 등이다. 내한성이 강한 식물로 알려졌으며, 고대 로마인들은 치커리 야생종(intubun)을 재배하여 샐러드로 이용하였고, 뿌리를 말려서 가루로 분쇄하여 치커리 커피로 사용하였다.

■ 성분 및 효능

치커리의 쓴맛을 내는 인티빈(intybin)은 소화 촉진과 혈관 계통을 강하게 하는 효과가 있다. 이눌린, 탄닌, 과당, 불휘발성 기름, 알칼로이드 등이 있어서 담즙의 분비를 증가시키고, 담석의 치료에 쓰이며 당뇨, 고혈압, 간장질환 등의 성인병 예방에 효과가 큰 것으로 알려져 있다.

■ 조리 및 가공

치커리의 어린잎은 샐러드용, 쌈으로 사용하고 익혀서 먹는다. 뿌리는 차로 이용한다. 독일과 프랑스에서는 굵은 뿌리를 건조하여 커피 대용의 음료로 이용하거나 커피의 색 및 쓴맛을 짙게 하는 첨가제로 사용한다.

15) 케일(kale)

■ 분류 및 특징

십자화과에 속하며, 양배추에서 유래된 잎이 성근 2년생이나 다년생 초본이다. 케일은 주로 가을과 겨울에 수확하기 위해 재배하며, 내한성이 있어 대부분의 신선한 채소를 먹을 수 없는 시기에 신선한 녹색 채소를 공급할 수 있다.

■ 성분 및 효능

비타민 A, B군, C를 풍부하게 함유하고, 칼륨, 칼슘, 식이섬유도 많다. 철은 흡수가 잘되고, 티오시아네이트(thiocyanate)는 톡 쏘는 맛을 낸다.

■ 조리 및 가공

신선한 케일 잎은 녹즙으로 많이 이용되며 쌈으로도 이용한다.

16) 파(welsh onion)

■ 분류 및 특징

파는 백합과 파속으로 중국 서부가 원산지이고, 우리나라는 고려시대 이전에 들어온 것으로 추정된다. 열대지방에서는 잎 파, 한대지방에서는 줄기 파가 주로 재배되며, 온대지방에서는 겸용종이 재배되어 세계적으로 널리 재배되고 있다. 경기도의 남양주와 성남, 전남 무안 등이 주산지이다.

■ 성분 및 효능

수분이 91.1%, 탄수화물 6.5%, 단백질 1.5%이며, 파의 녹색 부분에는 비타민 A가 많이 함유되어 있고, 백색 부분에는 비타민 C가 들어있다.

파의 자극 성분은 이황화 아릴(allyl disulfide)으로 살균, 살충의 효력이 있다. 파의 최루성 향기 성분인 알린(allin)은 체내에서 비타민 B_1의 흡수를 높여준다. 파를 가열하면 자극성의 매운 성분인 프로페닐디설파이드(prophenyldisulfide)류가 프로필머캅탄(propylmercaptan)으로 환원되어 단맛이 생긴다. 파의 자극적 냄새와 매운맛은 소화액을 분비시켜 식욕을 증가시키고, 해열제로 땀을 나게 하며, 뇌세포 발달, 식욕 증진, 백내장 예방 등에 도움이 된다. 또한, 위장기능을 돕고 지혈에도 효과가 있다.

■ 선별 기준

대파는 크기와 굵기가 일정하며, 흰 부분의 육질이 치밀하고 살이 쪄서 유연한 것, 꽃이 피어 있지 않고 특유의 향기가 있는 것이 좋다. 너무 굵은 것은 안에 심이 있으므로 좋지 않다.

■ 조리 및 가공

파는 생선의 비린내, 육류의 누린내를 없애 주는 양념으로 사용한다. 양념으로 사용할 때는 흰 부분만 다져서 사용하고, 잎은 점성이 있으므로 다지는 것은 좋지 않고, 어슷썰기로 하는 것이 좋다. 육개장에 넣는 파는 끓는 물에 데쳐서 사용하는 것이 좋다. 각종 국과 국물이 있는 음식에 이용하고, 전이나 부침에도 이용한다.

■ 쪽파

쪽파는 잎의 끝 부분이 시들지 않고, 짙은 녹색으로 부드러우며 연하고 탄력이 있는 것, 줄기 부분이 가늘게 여러 갈래로 나뉘지 않는 것이 좋다. 쪽파는 삶아서 나물로 이용하고, 스프의 재료로도 사용한다.

17) 아스파라거스(asparagus)

■ 분류 및 특징

백합과에 속하는 다년생 초본으로 원산지는 동부 지중해, 서아시아이다. 우리나라에서는 남부지방, 보령, 김해 등이 주산지이다.

아스파라거스는 화이트 아스파라거스와 그린 아스파라거스가 있으며, 그린 아스파라거스가 무기질, 비타민 A, B군 등이 더 풍부하게 함유하고 있다.

■ 성분 및 효능

단백질 1.9%, 탄수화물 2.8%를 함유하며 칼륨, 비타민 A, K, B군, β-카로틴을 함유하고 있다.

아스파라긴산(asparaginic acid)을 함유하고 있어 신진대사를 촉진시키고, 단백질 합성을 높인다. 루틴(rutin)을 다량 함유하고 있어 혈압을 낮추고, 심장 맥박수를 고르게 한다. 또한, 비타민 A와 셀레늄을 함유하여 항암 효과가 있으며, 식이섬유를 함유하여 변비를 예방하고 이뇨작용, 통풍, 진정작용의 약제로 쓰인다.

■ 선별 기준

절단면이 길지 않은 것, 잎이 싱싱하고 녹색이 진한 것, 줄기가 연하고 굵으며 수염뿌리가 없는 것이 좋다.

■ 조리 및 가공

어린 순을 삶아서 먹거나 샐러드 통조림, 병조림으로 가공, 냉장 저장하여 이용한다.

18) 죽순(bamboo shoot)

▪ 분류 및 특징

대나무는 인도, 말레이시아 등 동남아시아와 중국, 일본, 한국 등에 많다. 대나무의 땅속줄기에서 돋아나는 어린싹인 '죽순'은 봄철에만 채취가 가능하고, 국내에서는 담양산의 것이 품질이 좋다.

▪ 성분 및 효능

수분이 93.0%이고, 단백질, 식이섬유, 칼륨이 풍부하며, 아스파라긴(asparagin), 티로신(tyrosine), 베타인(betaine), 세린(serine) 등의 아미노산이 많다. 죽순 고유의 맛은 글루탐산(glutamic acid) 등의 아미노산과 당류, 유기산, 아데닐산 등에 의한다. 죽순의 아린맛은 호모젠티신산(homogentisic acid)과 수산에 의한 것이다. 식이섬유는 장의 활동을 원활하게 해 변비를 없애주고 콜레스테롤 흡수량을 줄여 주며, 칼륨은 혈압 강하 효과가 있다. 그 외 대장암 예방 및 비만증에 효과가 있다. 번열과 갈증을 해소하고 원기회복을 해주는 데 사용한다.

▪ 선별 기준

외피는 담갈색이고, 모양은 짧은 포탄형이고 자른 부분은 순백의 윤이 나는 것이 좋다. 외피가 말라서 껍질이 느슨해져 있거나 껍질 색이 황색이나 청색을 띠는 것은 오래된 죽순이다.

▪ 조리 및 가공

독특한 질감과 아린맛, 사각사각 씹히는 맛이 특징이다. 죽순채 나물, 죽순찜, 잡채, 죽순밥 등에 이용하고 중국요리에 많이 사용한다.

삶은 후 표면에 나타나는 흰 가루는 조리수에 용해된 티로신과 전분이 냉각 후 석출 침전되기 때문이다. 죽순을 조리할 때 아린맛을 없애려면 삶는 물에 쌀겨와 쌀뜨물을 넣으면 전분이 수산을 제거하고, 쌀겨에 있는 효소가 산화를 막아준다.

3 화채류(flower vegetable)

1) 브로콜리(broccoli)

■ 분류 및 특징

양배추과에 속하며, 원산지는 지중해 연안이다. 이탈리아에서는 고대 로마시대부터 재배하였으며, 20세기 들어 미국에서 소비가 급속히 증가되었다. 꽃봉오리와 꽃줄기를 먹으며, '모란채'라고도 한다. 우리나라는 남제주, 평창, 태백에서 많이 재배한다.

■ 성분 및 효능

브로콜리는 비타민 A, K, C, β-카로틴의 함량이 많고 칼륨, 인, 칼슘, 셀레늄이 풍부하다. 비타민 U가 많이 들어 있어 만성위염, 위궤양 등을 예방하고 치료하는 효과가 있다. 위암과 위궤양을 일으키는 헬리코박터 파이로리균(*Helicobacter pylori*)을 죽이는 설포라판(sulforaphane)이라는 성분이 있어 위궤양과 위암에 효과가 있다. 브로콜리 싹에는 브로콜리보다 설포라판 성분이 20배나 더 많이 들어 있다.

비타민 A가 풍부하여 피부나 점막의 저항력을 강화해 감기나 세균의 감염을 예방하는 효과가 있다. 브로콜리에 풍부하게 들어 있는 셀레늄은 노화를 촉진하는 활성산소를 억제하는 작용을 하고, 항암작용이 있어 전립선암, 대장암, 폐암, 간암, 유방암, 췌장암 등에 효과가 크다. 또한, 면역 체계를 강화하고 고혈압, 심장병 등 성인병 예방에도 효과적이다.

■ 선별 기준

꽃송이들이 많이 피지 않은 것, 녹색이 진하고 입자가 일정하고, 깨알처럼 작은 것이 좋다.

■ 조리 및 가공

살짝 데쳐서 초고추장에 찍어 먹고 샐러드, 스프, 볶음 등에 이용한다.

2) 아티초크(artichoke)

■ 분류 및 특징

지중해 연안, 서남아시아 지역이 원산지인 다년생 초본으로 유럽의 대표적인 약용식물로 재배되고 있다. 우리나라에서는 2004년부터 제주도에서 재배되기 시작하였다.

꽃을 잘라서 이용되기도 하고, 봉오리일 때 따서 소금과 레몬즙을 넣어 삶아서 겹쳐진 꽃받침에 붙은 뿌리를 먹는다. 꽃봉오리의 형태는 품종에 따라 편평한 것부터 구형, 광란형이 있고, 녹색부터 자색을 띠는 것도 있다. 꽃봉오리가 아닌 어린 꽃줄기를 식용하는 품종도 있다.

■ 성분 및 효능

단백질, 비타민 A, C, 칼슘, 철, 인, 이눌린 등이 함유되어 있고, 식이섬유와 엽산도 풍부하다. 유럽 지역에서 소화기계와 요도 건강을 개선하는 용도로 사용되어 왔다. 최근 연구에서 콜레스테롤 수치를 낮추는데 효과적이라고 한다. 또한, 아티초크에는 항산화물질인 시나린(cynarin)이 있다.

■ 조리 및 가공

샐러드, 조림, 볶음, 스프 등에 이용하며, 삶아서 그라탕 등에 넣는다.

3) 아기양배추(brussels sprouts)

■ 분류 및 특징

유럽과 미국 등지에 분포하며, 일본에서도 많이 재배하고 있고, 우리나라는 제주도, 강원도에서 재배되고 있다.

양배추의 한 변종으로 줄기의 잎겨드랑이마다 탁구공만큼 축소시킨 양배추 방울이 다닥다닥 붙는다 하여 '방울 다다기 양배추'라 부른다. '싹양배추', '방울양배추', '방울다다기' 라고도 한다.

■ 성분 및 효능

수분 85.3%, 단백질 6.3%, 탄수화물 5.8%이고, 비타민 A, K, C, 칼륨, 칼슘, 인 등이 많이 함유되어 있고, 비타민 U가 들어 있어 위장병에 효과적인 것으로 알려져 있다.

겨자유(이소티오시아네이트, isorthiocyanate)를 함유하고 있어 삶으면 황화화물이 나오고 오래 조리하면 더 증가하므로 조리할 때 빵 조각을 넣거나 뚜껑을 열고 조리하면 냄새를 줄일 수 있다.

■ 선별 기준

속이 단단하고 진한 녹색을 띠는 것이 좋다.

■ 조리 및 가공

잎은 쌈, 샐러드로 이용하고, 살짝 데쳐 초장에 찍어 먹거나 버터볶음, 스튜 등에 사용한다.

4) 콜리플라워(꽃양배추, cauliflower)

■ 분류 및 특징

원산지는 유럽이며 북해, 지중해, 대서양 연안에 널리 분포되어 있다. 우리나라에서는 평창, 남제주, 용인, 대전, 김해 등에서 재배된다.

줄기가 자라서 주걱형의 외엽이 커지면 줄기의 꼭대기에 꽃봉오리의 집합체가 생긴 것을 식용한다. 꽃봉오리뿐만 아니라 줄기의 연한 부분도 식용한다. 색깔은 주로 백색 및 유백색이고 녹색, 자색 등도 있다.

■ 성분 및 효능

탄수화물 4.7%, 단백질 1.9%이고, 비타민 C, 엽산, 칼륨이 풍부하다. 특유의 향은 이소시아네이트(isocyanate)이다.

■ 선별 기준

꽃봉오리가 크고 깨끗하며 싱싱한 것이 좋으며, 솜털이 일어났거나 작은 잎이 돋아 있는 것은 좋지 않다.

■ 조리 및 가공

샐러드, 스프, 화이트소스(white sauce), 볶음, 튀김, 절임 등에 이용한다. 콜리플라워를 삶은 때 밀가루나 쌀뜨물을 넣고 삶으면 유황이 휘발되므로 맛있게 된다.

4 과채류(fruit vegetable)

1) 가지(eggplant)

■ 분류 및 특징

가지는 가지과에 속하는 다년생 초본으로 인도 동남부가 원산지로 알려져 있다. 중국에서는 5세기부터 재배된 기록이 있고, 유럽에서는 12~13세기부터 재배되었다. 우리나라에서는 오래전부터 재배되었으며, 6~9월에 많이 나오는 여름철 채소이다. 최근에는 하우스 재배로 1년 내내 생산되고 있다. 우리나라에서 재배되는 가지는 그림 5-5와 같이 대부분 짙은 청자색이고, 중장형과 장형이 재배되고 있다.

【그림 5-5】 가지의 여러 가지 형태

■ 성분 및 효능

수분 93.3%, 탄수화물 5.3%, 식이섬유 1.8%이고, 비타민 C가 9mg/100g 정도이고 칼륨이 210mg/100g 함유되어 있어 영양적 가치는 적다.

껍질의 색깔은 안토시안(anthocyan)의 일종인 나스닌(nasnin)으로 산성에서 적변하나 조리할 때 명반이나 철을 넣으면 변색을 막을 수 있다.

■ 선별 기준

표면이 윤기가 나며 매끄럽고 색이 진한 것, 껍질은 얇고 육질이 연하고 씨가 없고 단맛이 나는 것이 좋다.

■ 조리 및 가공

절임, 튀김, 조림, 구이, 나물 등에 이용된다.

2) 고추(red pepper)

■ 분류 및 특징

가지과에 속하는 다년생 초본이고, 온대지방에서는 1년생 초본이다. 남아메리카가 원산지이다. 신대륙 발견 이후 유럽으로 전해져 향신료로 애용되고 있다. 우리나라는 임진왜란 때 일본에서 전래되었다는 설과 1710년경에 중국에서 도입되었다는 설이 있다.

재래종은 매운맛이 강하나 근래에는 채소용으로 맵지 않은 'sweet pepper'가 많이 재배되고 있다. 우리나라에서 고추를 많이 생산하는 곳은 영양, 청원, 음성, 밀양, 보은 등이며, 고추의 소비량이 많아 멕시코, 파키스탄, 인도, 태국, 중국 등에서 수입하고 있다.

■ 매운맛 등급(SHU)

고추의 매운맛을 평가하는 국제적 기준을 '스코빌 단위(scoville heat unit, SHU)'로 표기한다. 한국 고추는 SHU가 600으로 매운맛을 없애려면 설탕물로 최소 600배 희석해야 한다. 인도의 네가 졸로키아 고추는 SHU가 85만~104만으로 100만 배나 희석해야 할 정도로 맵다. 파프리카는 SHU가 0이고, 멕시코의 할라피뇨(SHU 2500~1만), 타바스코(SHU 3만~5만), 하바네로(SHU 10만~35만) 등의 고추가 있다.

■ 성분 및 효능

마른 고추의 성분은 단백질 11%, 탄수화물 50.6%, 지질 11%이고, 비타민 A, K, E, β-카로틴의 함량이 풍부하고 비타민 B_1, B_2도 많다.

고추의 매운 성분은 캡사이신(capsaicin)으로 약 0.3%가 함유되어 있다. 캡사이신은 항암, 산패 방지, 식욕 증진, 항균, 혈압상승 작용이 있다. 만성기관지염의 예방 및 거담제로 사용된다. 외용약으로 동상 예방, 신경통 치료에 효과가 있다고 알려져 있다.

과피의 적색 색소는 캅산틴(capsantin) 0.41%과 카로틴(carotene) 0.06%를 함유하고 있다. 유기산은 말산(fumaric acid), 호박산(succinic acid), 시트르산(citric acid)이 함유되어 있다.

고추의 감칠맛을 내게 하는 성분은 베타인(betain)과 아데닌(adenine)이다. 씨에는 약 30%의 지질이 함유되어 있으며, 트리글리세리드(triglyceride)가 대부분이고 자극성이 있는 향과 맛을 갖고 있다.

■ 선별 기준

꼭지가 단단하게 붙어 있고, 껍질이 맑고 두꺼우며, 윤이 나는 것, 하얗게 병든 것이 없고, 씨는 적은 것이 좋다.

■ 조리 및 가공

고춧가루, 고추장, 된장, 막장, 김치, 실고추 등으로 쓰이고, 서양요리에서는 육류요리, 핫소스, 카레, 소시지, 채소요리 등에 사용된다. 고춧잎은 나물, 장아찌로 이용한다.

3) 오이(cucumber)

■ 분류 및 특징

백오이

청오이

【그림 5-6】 오이 종류

오이는 백과에 속하는 1년생 덩굴형 초본으로 인도의 히말라야 지방이 원산지이다. 과실은 원통형으로 품종에 따라 길이가 다르다. 주로 중국 중부와 남부에서는 화남형(남지형)과 중국 북부와 중부로부터 온 화북형(북지형), 피클형(유럽형) 등 3종류가 재배되고 있다. 화남형은 열매가 짧고 굵으며 녹색이 많고, 윗부분은 녹색이고 아랫부분은 흰색인 것도 있다. 껍질이 단단하고 과육이 점질로 되어 있다. 화북형은 조생종으로 열매는 가늘고 길며, 껍질은 녹색으로 얇고 흰 가시가 있으며, 육질은 씹히는 맛이 좋다. 피클형은 작은 달걀형이며, 황록색으로 생오이는 쓴맛이 나지만 절이면 없어진다.

■ 성분 및 효능

수분이 95.9%이고 비타민 A, K, C가 함유되어 있다. 칼륨이 312mg/100g 함유되어 있어 체내의 노폐물을 배설하는 작용을 하여 몸이 맑게 되며, 고혈압 환자에게 좋다.

오이의 쓴맛은 큐커비타신(cucurvitacin)이라고 하는 일종의 배당체이다. 쓴맛 성분은 재배 기간 중 질소의 과다, 인산과 칼륨의 부족, 강한 햇볕으로 높은 온도가 되었을 때 생성된다. 또한, 비타민 C 산화효소(ascorbic acid oxidase)가 있어 비타민 C를 파괴한다.

오이는 이뇨 효과, 위장병, 갈증 방지에 효과가 크며 보습, 미백, 열을 진정시키는 효과가 있고, 피부에 얇게 썰어 붙이면 모세혈관을 튼튼하게 해주어 피부를 건강하게 하는 효과가 있다. 오이넝쿨 달인 물은 부종에 효과가 있고, 오이 줄기를 잘라서 나오는 물은 땀띠치료제와 화장수로 쓰인다.

■ 선별 기준

신선하며 고유의 색깔을 나타내는 것, 꼭지가 마르지 않고 꽃이 달린 것이 좋다. 또한, 위아래의 굵기가 균일하고 윤기가 있는 것, 가시가 돋은 것, 육질이 단단하고 수분 함량이 많은 것이 좋다.

■ 조리 및 가공

생식, 김치, 장아찌, 피클, 냉국, 샐러드 등에 이용한다.

■ 노각

노각은 '늙은오이'라고도 한다. 전체적으로 노란색을 띠며, 굵기는 일반 오이보다 2~3배 정도 굵고 뭉뚝하게 생겼다. 완전히 성숙하여 껍질이 두껍고 속에 씨가 차 있다. 98.1%가 수분으로 이루어져 있어 갈증을 해소하는데 좋은 채소이다. 신진대사를 활발하게 하고,

피로회복에 도움을 준다. 특히 더위를 먹어 가슴이 답답하고 소화가 잘 안 될 때, 노각의 씨 부분을 긁어낸 뒤 즙을 내어 마시면 곧 가라앉는다고 한다.
무침이나 생채, 장아찌 등에 이용된다. 노각 무침은 한여름의 더위에 지쳤을 때 입맛을 돋워준다. 날것으로 무침을 할 때는 고추장 양념장으로 무쳐야 특유의 쓴 맛을 없앨 수 있다. 소금에 절인 뒤 된장에 박아 두거나 술지게미에 켜켜이 박아 두었다가 먹는 노각장아찌는 아삭아삭한 맛이 좋다.

4) 토마토(tomato)

▪ 분류 및 특징

가지과에 속하는 1년생 초본으로 남미, 열대지방이 원산지이며, 여기서는 다년생 초본이다. 1596년 스페인의 탐험가에 의해 유럽에 전파되었으며, 우리나라에 들어온 것은 《지봉유설(1614년 이수광)》에 '남만시'로 기록되었고, 재배가 일반화된 것은 그리 오래되지 않았다. 우리나라에는 일반 토마토, 송이채로 수확하는 '송이토마토', '방울토마토'가 소비되고 있다. 겉 표면이 70% 이상 착색된 것은 완숙 토마토이고, 착색이 20% 이하인 것을 미숙 토마토라 한다.

▪ 성분 및 효능

수분이 95.2%, 탄수화물 3.3%이며, 포도당과 과당이 주이다. 펙틴은 3% 정도 포함하며, 단백질은 0.9% 함유되어 있다. 비타민 A, K, C, B_1, B_2가 골고루 들어 있고, 구연산, 주석산, 능금산, 호박산을 함유하고 있어 향기와 산미를 낸다. 토마토의 신맛이 숙취 해소에 도움을 준다.

색은 황적색은 카로틴, 적색은 리코펜(lycopene)에 의한 것으로 그 함량과 배합에 따라 주홍색종, 도색종, 황색종 등 여러 가지가 있다. 리코펜은 항산화작용, 동맥경화 예방, 면역력 강화, 전립선암, 위암, 폐암, 췌장암 등의 예방 효과가 있다.

루틴(rutin)은 비타민 P의 일종으로 혈관을 튼튼하게 하고, 혈압 강하 효과가 있다. 위장병을 다스리고 지방의 소화를 촉진하며, 뇌세포의 작용을 활성화한다.

▪ 선별 기준

꼭지가 싱싱하고 껍질이 윤기가 나고 색이 짙은 것, 크기가 크고 모양이 둥근 것이 좋다.

▪ 조리 및 가공

생식하거나 샐러드, 주스, 퓨레, 케첩 등으로 쓰이며, 미숙과는 피클로 사용한다. 또한, 이탈리아 음식에서 빠지지 않는다.

5) 피망(sweet pepper, pimento)

▪ 분류 및 특징

가지과에 속하는 한해살이풀로 남아메리카가 원산지이다. 유럽에서는 모든 고추를 '파프리카(paprika)'라고 한다. 프랑스어 'piment'에서 유래된 말로 과육의 두께가 5mm 정도이고, 속이 비어 있으며, 단맛과 향기가 있다. 미국, 유럽, 브라질 등지에서 많이 재배된다. 우리나라에서는 평창, 진해, 광양, 순천, 인제 등지에서 생산된다. 최근에는 비닐하우스에서 재배되어 1년 내내 출하된다.

▪ 성분 및 효능

수분이 91.7~94.0%, 단백질이 0.7~1.3%, 탄수화물이 4.7~6.2%, 식이섬유는 2.0~2.4%이다. 비타민 A, B_1, C, 칼륨이 풍부하게 함유되어 있다.

비타민 P가 함유되어 있어서 비타민 C의 산화를 방지하며, 모세혈관을 튼튼하게 하고, 조혈작용, 효소 활성화, 체질 개선, 해독작용을 하는 것으로 알려졌다.

▪ 선별 기준

껍질이 두껍고 탄력이 있는 것, 꼭지가 싱싱하고 모양이 기형이 아닌 것이 좋다.

▪ 조리 및 가공

생이나 샐러드로 먹고 전, 볶음요리, 꼬치구이에 이용한다. 기름에 살짝 익히면 비타민 A의 흡수를 높이고 비타민 C의 손실도 줄일 수 있다.

6) 호박(pumkin)

늙은호박 단호박 주키니 애호박

【그림 5-6】 호박의 종류

▪ 분류 및 특징

호박은 박과에 속하는 1년생의 넝쿨성 초본으로 중앙아메리카가 원산지이며, 어느 곳에나 잘 자라 세계적으로 널리 보급되었다. 품종은 표 5-3과 같이 동양계, 서양계, 페포계 호박이 있다

【표 5-3】 호박의 품종 및 특징

종 류	지 역	특 징
동양계 호박	고온 다습지대	육질의 점성이 높고, 독특한 향미를 갖고 있는 우리에게 친숙한 호박
서양계 호박	페루, 볼리비아, 칠레 북부의 남아메리카 고랭지대	분질형으로 방추형인 단호박 종류
페포계 호박	멕시코 북부 북아메리카 서부	주키니 호박 둥글게 썰어서 삶으면 과육이 국수 모양으로 벗겨지므로 생채나 무침으로 이용

▪ 성분 및 효능

수분 79~95%, 탄수화물 3.5~18.0%, 단백질 0.9~2.0%, 지질 0.1~0.6%, 식이섬유 0.5~3.4%를 함유하며, β-카로틴이 풍부하고, 비타민 B_1, C가 있다.

호박은 전신 부종, 임신 부종, 천식으로 인한 부종 등에 사용되며 당뇨, 고혈압, 전립선비대에 효과가 있다. 또한, 항산화, 항암작용이 있고 야맹증, 안구건조증에 효과가 있는 것으로 알려져 있다.

호박씨는 불포화지방산인 리놀레산은 혈중 콜레스테롤을 낮추어 고혈압, 동맥경화 예방, 노화 방지에 효과적이다. 레시틴이 함유된 건뇌식품이다. 품종에 따라 사료용, 관상용로도 쓰인다.

■ 선별 기준

애호박은 크기가 작고 연두색인 것이 좋다. 씨가 성숙되지 않고 껍질이 연한 것, 표면에 윤이 나고 모양이 굽지 않은 것, 조직이 단단하고 중량감이 있는 것이 좋다.

■ 조리 및 가공

어린 호박은 나물, 전, 죽, 찌개용으로 사용하고, 늙은 호박은 국, 엿을 만들며, 호박고지 떡으로 만들어 먹는다. 서양요리에서는 스프, 파이, 제과, 제빵 등에 사용한다.

■ 동아(동과, 冬瓜)

동아는 한해살이 덩굴풀로 박과에 속하며, 열대 아시아가 원산지이고 우리나라는 전라도 일부 지방에서 재배하고 있다. 동아의 과육은 비만증, 당뇨병, 수종병 및 간장질환을 치료하는 효과가 있으며, 대·소장 운동기능을 강화 시키고, 이뇨작용과 변비 억제작용을 한다고 하여 건강식품으로 선호도가 높아지고 있다. 동아는 두드려서 맑은 소리가 나고 무거운 것이 좋으며, 깨끗이 씻어 신문지로 싼 후 그늘에서 보관한다. 사용할 때는 반으로 갈라 씨를 빼내고 동아정과, 나물 등에 이용한다.

■ 울외

울외는 박과에 속하는 한해살이 덩굴식물로 습기가 많고 더운 지역에서 잘 자라 전라남북 지방과 경남 지방에서 주로 재배한다. 전북 군산의 울외 생산이 전국 울외 생산량의 60~70%를 차지하고 있다. 4~5월에 모종을 내어 6월부터 수확을 한다. 길게는 9월 초까지 열매를 거둔다. 바닥을 기는 덩굴에 노란 꽃이 피며 줄기의 가시는 억세다. 어린 열매는 녹색이 짙고 익어갈수록 흰색이 강해진다. 일본에서는 다양한 품종이 재배되고 있으나 국내에는 한 품종만 보인다. 울외는 대부분 술지게미절임인 울의 장아찌로 가공되며, 일본에서는 나라즈케(奈良漬, Narazuke)라고 한다.

5 산채류(wild plant)

1) 고들빼기(youngia sonchifolia)

국화과에 속하는 두해살이풀로 '쓴나물'이라고 한다. 한의학에서는 '약사초(藥師草)'라 부른다. 우리나라, 중국 등에 분포되어 있으며 산과 들, 밭 근처에서 자라고, 재배하기도 한다. 잎, 줄기, 뿌리를 모두 이용하지만, 꽃대가 나오면 뿌리에 심이 생겨 먹기가 곤란하다.

고들빼기의 쓴맛은 식욕을 돋우어 주고, 피를 맑게 하고 위를 튼튼하게 하여 몸을 가볍게 해주는 효능이 있다. 해열, 조혈, 소화불량, 폐렴, 타박상, 종기의 치료제로 쓰인다.

봄철에 양념에 무쳐 나물로 먹거나 전으로 사용하고, 늦가을에는 뿌리째 김치로 담근다.

2) 고비(royal fern, wet form)

▪ 분류 및 특징

다년생초본 식물로 우리나라, 중국, 일본, 필리핀, 인도 등에 주로 분포한다. 고사리와 비슷하다. 새싹이 돋아 있고, 끝이 말려 있으며, 고사리보다 굵고 부드러우며 연하다.

▪ 성분 및 효능

수분 90.8%, 단백질 2.1%, 탄수화물 6.2%이고, 칼륨과 인이 풍부하다. 고사리처럼 티아미나제(thiaminase)가 있어 삶아서 조리하면 비타민 B_1의 파괴를 피할 수 있다.

민간요법에서 고비뿌리는 목과 등이 무겁고, 허리와 무릎이 저리고 아프며, 다리가 무력하고 오줌이 잦은데 달여서 마신다. 속을 편하게 하고 대장과 소장을 청결하게 하며 이뇨, 부종에 효과가 있다.

▪ 선별 기준

어리면서 부드럽고 짧고 굵은 것이 좋다.

■ 조리 및 가공

국, 찌개, 나물 등에 이용한다.

3) 고사리(bracken)

■ 분류 및 특징

고사리과에 속하는 양치식물로 여러해살이풀이다. 전 세계적으로 분포하고 있고, 우리나라 전역의 산과 들에 습기가 많은 곳에서 자생하고, 구황식품으로 이용되어 왔다. 잎의 아랫면에 솜털이 있고, 싹의 끝이 말려 있다.

■ 성분 및 효능

수분이 91.52%, 단백질 2.5%이고, 칼륨이 많이 함유되어 있다. 생고사리에는 비타민 B_1을 분해하는 효소 티아미나제가 있어 삶아 먹어야 한다. 최근 연구에서 발암물질인 부탁실로시드(butaxyloside)가 검출되었으나 삶으면 대부분 제거되고, 나물로 먹는 정도로는 문제가 되지 않는다.

잎에는 탄닌 성분이 있고, 어린싹에 유리아미노산이 1.4%로 로이신, 아스파라긴산, 글루타민산, 티로신, 페닐알라닌의 함량이 높다. 잎을 달여 마시면 이뇨, 해열에 효과가 있다.

■ 선별 기준

생것은 잎이 너무 펴지지 않고 대가 통통하고 연한 것이 좋다. 마른 것은 밤색이 진한 것이 좋다.

■ 조리 및 가공

말린 고사리는 1년 내내 저장되며, 물에 불린 후 나물, 전, 육개장 등에 이용한다. 고사리 뿌리에 있는 전분은 칡가루와 비슷하며, 칡전분보다 끈기가 있어 과자, 풀 등의 원료로 이용된다. 고사리는 예로부터 제사에 올랐던 나물이고, 사찰음식으로 애용되는 산채이다.

4) 곤드레(*Cirsium setidens* Nakai)

■ 분류 및 특징

국화과의 여러해살이풀이고, 우리나라 산과 들에서 자생하는 산채이다. '구멍이', '도깨비엉겅퀴', '고려가시나물', '고려엉겅퀴'라고도 한다. 어린잎을 먹는데 맛이 담백하고 부드러우며 향이 독특하다. 예부터 구황식물로 먹어온 곤드레는 강원도 정선과 평창의 특산물로 매년 5월에 채취한다.

■ 성분 및 효능

곤드레는 탄수화물, 단백질, 칼슘, 비타민 A 등이 많아 성인병 예방에 좋다. 곤드레 잎의 생즙은 세척 효과가 있고, 뿌리는 신경통에 효과가 있다. 한방에서는 지혈, 소염, 이뇨작용, 해열 등에 사용하고, 민간에서는 부인병에 치료약으로 이용한다.

■ 조리 및 가공

곤드레밥, 나물, 장아찌, 튀김으로 이용하고, 생으로 쌈을 싸먹기도 한다.

5) 냉이(sheppherd's purse)

■ 분류 및 특징

냉이는 십자화과의 두해살이풀이다. '나생이'라고도 부른다. 유럽이 원산지로 전 세계 곳곳에서 자란다. 우리나라에서는 도처에서 볼 수 있는 식물로 이른 봄에 하얀색 꽃을 피우는 대표적인 봄나물이다.

■ 성분 및 효능

수분 87.8%, 단백질이 4.7%로 다른 나물류보다 많고 식이섬유, 비타민 A, K, C가 많이 함유되어 있다.

냉이에 있는 콜린(choline)은 간장 활동을 촉진하고 내장 운동을 도와주어 간염, 간경화, 간장 쇠약 등의 간질환일 때 냉이를 뿌리째 씻어 응달에 말린 것을 분해하여 사용한다.

■ 선별 기준

잎의 녹색이 진하고 너무 피지 않는 것이 뿌리가 질기지 않고 향이 많이 나는 것이 좋다.

■ 조리 및 가공

씨, 잎, 뿌리를 모두 먹으며 나물, 국, 찌개 등에 이용한다. 술을 담가 먹기도 하고 녹즙으로도 만들어 먹는다.

6) 달래(wild garlic)

■ 분류 및 특징

백합과에 속하는 여러해살이풀로 우리나라, 일본, 중국 동부지역에 분포하며, 산과 들에서 자생한다. 땅속에서 자라며, 흰인경이 있고, 잎이 가늘고 길다.

■ 성분 및 효능

달래는 수분 89.7%, 탄수화물 5.6%, 단백질 3.3%이고 칼륨, 칼슘, 인 등이 많은 알칼리성 식품이다. 비타민 A, C가 많이 함유되어 있다.

알리신(allicin)이 들어 있어 마늘 냄새가 난다. 달래를 먹으면 잠이 잘 오고, 정력을 돕는 약으로 써왔다. 동맥경화 예방에 도움이 된다.

달래 뿌리는 여름철 복통을 치료하고, 벌레에 물렸을 때 효과가 있으며, 종기에 붙이면 부기가 빠지고 통증이 그친다고 한다.

■ 조리 및 가공

잎이 신선하고 짙은 녹색의 싱싱한 달래를 초장에 무치거나 국, 찌개, 전, 장아찌로 조리하고, 술을 담그기도 한다.

■ 오신채

파, 마늘, 부추, 달래, 흥거(양파와 비슷)를 지칭하며, 이들은 신진대사를 촉진하고, 불교에서는 섭취를 금하고 있다.

7) 돌나물(sedum)

■ 분류 및 특징

돌나물은 여러해살이풀로 '수분초', '돈나물', '돗나물'이라고 한다. 사막에 떨어뜨려 놓아도 살아날 만큼 생명력이 강하고 돌에서도 살 수 있어 돌나물이다.

■ 성분 및 효능

돌나물은 수분 95.4%, 단백질 1.3%, 지질 0.3%, 탄수화물 2.2%가 함유되어 있다. 비타민 A, C, 칼륨, 칼슘이 풍부하다. 특히 뼈에 좋은 칼슘은 배추의 5배, 우유의 2배나 된다.

최근엔 콜레스테롤 수치를 낮춰 준다는 연구 결과도 있어 갱년기 여성뿐만 아니라 남성들에게도 좋은 음식으로 알려져 있다. 여성호르몬인 에스트로겐을 대체하는 성분 및 효능이 있다고 밝혀져 폐경 이후 여성들이 호르몬 감소로 인해 겪는 갱년기 우울증을 이겨내는 데 도움이 된다.

식욕을 돋워주고 피를 맑게 하는 효능도 있으며 살균, 소염, 해독 효과를 지닌 것으로 알려져 있다. 한의학에서는 '불갑초'라 하여 해열, 해독, 황달, 타박상, 간경변증, 뱀 등 독충에 물렸을 때 치료제로 사용해 왔다.

■ 조리 및 가공

돌나물 물김치나 샐러드, 비빔밥에 이용되고, 초고추장에 버무려 먹거나 고깃국에 넣고 끓여 먹는다. 돌나물의 향과 맛을 살리기 위해 양념은 최소한으로 해서 먹는 것이 좋다. 조직이 연해 쉽게 물러지므로 흐르는 물에 살살 씻는다. 주로 어린잎을 먹는데 데쳐서 먹는 것보다 날로 먹는 것이 맛이 더욱 산뜻하고 영양 면에서도 우수하다.

8) 두릅(japanese angelica tree, aralia elats)

■ 분류 및 특징

두릅나무과에 속하는 낙엽관목으로 3~5개까지 자라고, 전체에 가시가 많다. 중국, 일본, 러시아, 우리나라 전역에 분포하고,

강원도에서 많이 자라고 있다. 땅두릅은 4~5월에 나는 새순을 땅을 파서 자른 것이고, 나무두릅은 나무에 나는 새순을 말한다. 우리나라는 나무두릅이 많다.

■ 성분 및 효능

수분이 91.1%, 단백질이 3.76%, 탄수화물 3.7%, 식이섬유 3.58%이 함유되어 있고 칼륨, 인, 비타민 A, K, B_2가 풍부하다. 당뇨병 합병증으로 인한 백내장의 예방, 치료에 효과가 있다는 연구도 있다. 정신을 맑게 하고 잠을 잘 자게 하는 한약재로 쓰인다.

■ 선별 기준

껍질이 마르지 않고 향이 강한 것, 순이 굵고 연한 것, 잎이 완전히 피지 않는 것이 좋다.

■ 조리 및 가공

나물, 두릅강회, 두릅적, 김치로 이용하고, 술을 담그기도 한다.

9) 명이(산마늘, mountain garlic)

■ 분류 및 특징

명이는 백합과에 속하는 다년생 식물로 시베리아, 중국, 한국, 일본 등에 분포하며, 우리나라에서는 오대산, 지리산, 설악산 등의 고산지나 울릉도의 숲 속이나 북부지방에 자생하고 있다.

울릉도에서는 '산마늘'이라고 부른다. 이른 봄에 눈 속에서 자라는 나물이다. 식량 부족으로 굶주림에 시달릴 때 눈이 녹기 시작하면 명이를 캐어다 삶아 먹고 끼니를 이었다. 이 나물로 생명을 이었다고 해서 '명이'라고 이름을 붙이게 되었다. 일본에서는 '수도승이 즐겨 먹는다' 해서 '행자마늘'이라고 하며, 중국에서는 자양 강장에 좋은 산채로 오랫동안 이용해 왔다.

명이는 인경, 잎, 꽃 등 식물 전체를 이용할 수 있다. 이른 봄에는 어린싹의 잎, 줄기 등을 이용하고, 뿌리와 인경은 1년 내내 이용하며, 꽃과 봉오리는 6~7월에 이용한다.

■ 성분 및 효능

칼륨, 셀레늄, 비타민 C가 많고 살균작용이 있다. 산마늘의 비늘줄기는 생약명으로 '각총'이라 하고 구충, 이뇨, 해독 및 감기 증상을 제거하는 데 사용되었다. 자양 강장, 정장, 피로회복, 감기, 건위, 소화 등에 효과가 있다.

■ 조리 및 가공

생채쌈, 초무침, 나물볶음, 국, 튀김, 샐러드, 장아찌, 물김치 등에 이용한다.

10) 민들레(dandleion)

민들레는 엉거시과에 딸린 다년생풀이다. 한국, 중국, 일본 등에 분포하며, 산야에 자생한다. 민들레는 칼륨, 칼슘, 비타민 A, K, β-카로틴이 풍부하고 이눌린, 팔미틴산 등이 있다.

민들레는 꽃이 피기 전에 풀 전체를 말려서 쓰고 건위, 정혈제로 이용된다. 민들레 생잎은 위궤양, 만성 위장병에 효과가 있다고 한다.

민들레의 어린잎은 데쳐 나물로 먹고, 김치나 술을 담가 먹기도 한다.

11) 방풍나물(siler divaricata)

방풍나물은 미나리과에 속하는 3년생풀이다. 원산지는 중국, 내몽골이고, 우리나라는 북쪽에서 자생한다. 예로부터 태교 음식이라고 하며, 임신부의 산후풍을 예방하고, 중풍 예방에 좋다고 한다. 한방에서 뿌리는 감기와 두통, 발한과 거담에 쓰인다. 방풍나물은 단맛이 나고, 주로 4월에 어린순을 채취하며 식용한다. 나물, 죽, 초무침 등에 이용한다.

12) 쑥(mugwort)

■ 분류 및 특징

산야에서 자생하는 여러해살이풀로 우리나라, 중국, 몽고, 일본 등에 분포되어 있다. 우리나라의 봄철에 도처에서 자라며, 잎과 줄기를 식용한다. 어린잎일수록 맛과 향이 좋으며, 쑥잎 표면은 초록색이고 뒷면은 솜털로 덮여 있다.

■ 성분 및 효능

쑥은 수분이 71.9%, 비타민 A, K, C가 풍부하며, 정유 성분인 시네올(cineol)이 특유의 향을 낸다.

민간요법으로 가장 많이 쓰이고, 대하증 자궁을 덥게 하고 복통, 토사, 구충, 자궁출혈, 빈혈에 응용하면 효과가 있다. 감기, 인후, 강장제로도 효과가 있다.

■ 조리 및 가공

국, 애탕국, 떡, 전, 튀김, 쑥차, 생즙, 술, 엿 등에 쓰인다. 잎 뒷면의 흰털을 긁어 인주 만드는 재료로 쓰이고, 쑥의 줄기와 잎자루는 약용으로 사용한다.

■ 사자발쑥

강화도 약쑥은 사자발쑥으로 유명하고, 인천 자월도 쑥도 많이 소비하고 있다. 해풍에 건조한 바닷가 쑥은 해풍으로 독성이 적고, 향기가 좋으며 잎사귀가 두터워 좋다.

13) 씀바귀(sowthistle)

■ 분류 및 특징

국화과에 속하는 여러해살이풀로 '고채(苦菜)'라고도 한다. 한국, 일본, 중국에 분포되어 있다. 우리나라 전국의 산야에 자생한다. 흰색 꽃이 피는 것은 '흰씀바귀', 노란색 꽃이 피는 것은 '꽃씀바귀'라 한다.

■ 성분 및 효능

수분이 85.8%, 탄수화물이 9.2%, 단백질이 2.9%, 지질 0.4%이고 칼슘, 인, 칼륨, 비타민 A, β-카로틴이 많이 들어 있다. 쓴맛은 이른 봄의 미각을 돋우어주는 산채이다.

씀바귀나물 먹으면 여름에 더위를 잊는다고 한다. 씀바귀는 눈을 밝게 하고 이질, 치루에 효과가 있고 진정, 해열, 건위, 소화불량, 간염 등에 사용되어 왔다.

■ 선별 기준

잎이 크지 않고 거칠지 않은 것, 잎의 색이 짙고 싱싱한 것이 좋다.

■ 조리 및 가공

씀바귀의 쓴맛은 끓는 물에 데쳐서 찬물에 담가서 우려낸 후 조리한다. 김치를 담글 때는 소금물에 담갔다가 쓴맛을 우려낸 후 양념한다. 나물, 볶음, 부침으로 사용하고, 술을 담그기도 한다.

14) 원추리(hemerocallis ulva)

■ 분류 및 특징

원추리는 백합과에 속하는 다년생 풀이다. '근심을 잊게 해주는 풀'이란 뜻으로 '망우초'라고도 한다. 우리나라, 중국, 인도, 이란, 유럽 등지에 분포되어 있다.

■ 성분 및 효능

수분이 88.3%, 단백질 2.7%, 탄수화물 8.0%, 식이섬유 2.43% 들어 있고, 인과 칼륨, 비타민 A, C의 함량이 풍부하다. 우리 조상은 원추리를 자양강장제, 이뇨, 소화를 잘되게 하고, 눈이 밝아지며, 마음을 안정시키고 스트레스, 우울증을 다스리는 데 사용하였다. 원추리는 붓기를 가라앉히고, 피를 맑게 하며, 황달을 예방하는 효능이 있다고 한다.

■ 조리 및 가공

연한 순과 잎은 나물, 김치에 사용하고, 국에 넣기도 한다.

15) 질경이(plantain)

■ 분류 및 특징

질경이는 질경이과에 속하는 다년생 풀로 우리나라, 중국, 대만, 일본 등에 분포되어 있다. 밭과 길가에서 자생한다. '길경이', '길짱귀', '빼뿌장이', '차전초'로 불린다.

■ 성분 및 효능

수분 83.8%, 단백질 3.0%, 탄수화물 10.8%이고 칼슘, 인, 칼륨, 비타민 A, B_2가 많이 함유되어 있다. 질경이씨는 민간요법에서 많이 쓰이는 약이며, 한방에서는 잎을 '차전', 씨는 '차전자'라고 한다. 질경이 잎과 씨는 이뇨, 거담에 쓰이고, 건위강장제로 효과가 크다. 구충제로도 쓰인다.

■ 조리 및 가공

어린잎은 나물, 볶음, 죽, 쌈 등으로 사용한다.

16) 참나물(Pimpinella brachy carpa)

■ 분류 및 특징

미나리과에 속하는 다년생 초본으로 북반구와 남아프리카에 수십 종이 있다. 우리나라에는 3종이 분포되어 있으며, 참나물, 노루참나물, 가는 잎 참나물이 있다. 최근 하우스에서 잎이 3개가 자란다고 하여 '삼엽채'라 불리며, 맛과 향이 자연산보다 못하다. 참나물은 특유의 향이 있어 입맛을 돋우어준다.

■ 성분 및 효능

수분이 87.3%, 탄수화물 7.5%, 단백질 3.1%가 있으며, 비타민 A가 다량 함유되어 있다. 칼슘과 칼륨이 풍부하다.

복부가 차서 일어나는 동통과 설사, 이질에 효과가 있으며 지혈제, 해열제, 고혈압, 중풍, 폐렴, 신경통, 대하증에 쓰인다.

■ 선별 기준

잎이 시들지 않은 싱싱한 것, 잎의 크기와 줄기가 일정하고 청결한 것, 진한 녹색으로 선명한 것이 좋다.

■ 조리 및 가공

쌈, 나물, 국, 장아찌로 이용한다.

17) 취나물(aster scaber)

■ 분류 및 특징

취는 국화과에 속하고, 우리나라 산야에 자생하는 여러해살이 풀이다. 취나물 종류는 참취, 곰취, 미역취, 개미취, 수리취 등이 있다.

참취가 맛과 향이 가장 좋고, 곰취도 많이 이용한다. 정월 대보름 절식의 9가지 나물에도 곰취가 포함된다. 나물로 이용할 때는 잎을 사용하고, 약용으로는 뿌리를 이용한다.

■ 성분 및 효능

취의 성분은 수분 7.5%, 단백질 3.3%, 탄수화물 7.1%, 식이섬유 5.8% 함유되어 있고 비타민 A, C, 칼륨, 칼슘 함량이 높아 신장질환 환자는 피하는 것이 좋다. 단백질은 아미노산 조성이 우수하고, 플라보노이드 함량이 높으며, 항산화력이 뛰어나다. 취는 가래를 없애고, 기침을 멈추게 하는 효과가 있으며, 춘곤증 예방에 좋다. 또한, 근육통, 요통, 두통, 관절염, 고혈압, 신장병, 동맥경화에 효과가 있다.

■ 조리 및 가공

나물, 무침, 쌈 녹즙, 약주 등으로 이용한다.

6 식용 꽃(edible flower)

■ 분류 및 특징

식용화는 먹기 위한 꽃으로 초화류뿐 아니라 화목류의 꽃도 포함되며, 농약을 사용하여 관상용으로 재배된 꽃과는 구분이 되어야 한다.

우리나라는 문헌인 《규합총서》를 보면 진달래꽃, 참깨꽃, 들깨꽃이 이용되었고, 《임원십육지》에는 부용화가 나오는 것을 보아 오래전부터 식용화를 이용해 왔다. 또한, 《수당가화록》의 기록에 보면 부녀자들은 노화 방지의 효과가 있다고 믿어 민간에 널리 이용되었다. 그리고 절기 중 3월 3일 삼짇날에 진달래화전을 만들어 먹었고, 9월 9일 중양절에 국화전, 국화차를 만들어 먹던 풍습이 있었다.

현재 꽃은 구미, 중국, 일본 등 전 세계에 걸쳐 넓고 활발하게 이용되고 있다.

【표 5-4】 식용 꽃의 종류와 특징

종 류	특 징	용 도
금어초 	아삭아삭하고 쌉쌀한 맛 소화 기능을 도움	샐러드, 샌드위치, 쌈, 숙회
나스타늄 	매콤한 맛	샐러드, 샌드위치, 쌈
다알리아 	약간 쓴맛	초무침, 튀김, 볶음
데이지 	상추처럼 담백한 맛	빛깔이 아름답기 때문에 초밥이나 케이크를 만들어 꽃잎을 뿌려 장식 통째로 물과 함께 얼려 아이스 큐브 만듦
미니장미 		음료, 잼

종 류	특 징	용 도
베고니아 	신맛이 가장 강함 아삭아삭한 식감	샐러드, 식초가 들어가는 요리에 식초 대신 사용
비올라 	달콤하고 고소한 맛 은은한 향 열에 약함	향과 맛이 강하지 않아 요리의 종류에 상관없이 활용하기 편함 샐러드, 음료수 장식용
스위트바이올렛 		시럽, 와인, 케이크
스테비아 	감미 강함	아이스크림, 샤베트, 껌
유채꽃 	배추뿌리나 무순의 맛	비빔밥, 나물
주리안 	향이 진하고 잎이 부드러움	샐러드, 화채, 젤리
패랭이꽃(석죽) 	알싸하면서도 은은하게 매운맛	

종 류	특 징	용 도
팬지 	단맛 가운데 은은한 신맛 향이 강함 신경 안정에 도움이 됨 식용 꽃 중 가장 흔한 종류 노랑, 보라 색깔이 다채로움	샌드위치, 샐러드, 쌈, 비빔밥, 음료 위의 장식용
프리뮬라 	약하게 씁쓸한 맛과 달달한 맛	식용 꽃 중 가장 흔한 종류
한련화 	겨자처럼 매콤한 맛	쌈밥, 비빔밥, 샐러드, 샌드위치
헬리오트로프 	초콜릿 향, 맛은 밋밋함	
화이트스플레시제라늄 	시고 떫은맛	

■ 선별 기준

수확은 맑은 날 이른 아침에 꽃이 개화하기 직전의 향기가 강할 때 수확하는 것이 좋다. 수확 직후 사용하지 않을 경우에는 물에 적신 종이에 싸고, 다시 비닐봉지에 넣어 냉장고에 보관한다. 꽃가루 알레르기나 농약을 뿌린 경우에는 주의한다.

참고문헌

1. 글로리아 허브리조트. 허브대백과. 2010년 6월 20일. http://www.gloriaherb.co.kr/bbs/board.phpbo_table=glo_lib
2. 김미리, 송효난. 2006. 현대인의 음식 보감, 교문사
3. 네이트 지식. 2010년 6월 20일. http://ask.nate.com/qna/view.htmln=9941247
4. 대한지역사회영양학회. 2007. 쉽게 보는 식품칼로리와 영양성분표, 교문사
5. 박윤점, 김현주, 변경섭, 김수정, 전소연, 허복구, 이상수, 박선화. 2005. 식품재료로서 국내에서 유통되고 있는 식용꽃의 종류와 특성. 한국지역사회생활과학회지 16(4) : 47~57
6. 식품재료사전 편찬위원회. 1997. 식품재료사전, 한국사전 연구사
7. 이영은, 홍승헌. 2004. 한방식품재료학 교문사
8. 장현기, 남궁석. 1999. 식품학개론, 유린문화사
9. 장혜정, 2001. 조리용어사전, 도서출판 효일
10. 황재희, 박정은. 2006. 식품재료학 도서출판 효일
11. 홍원식. 1999. 약초의 성분과 이용, 일월서각
12. 홍진숙, 박혜원, 박란숙, 명춘옥, 신미혜, 최은정, 정혜정. 2006. 식품재료학, 교문사
13. 홍태희, 김기연, 최옥수, 김대현, 정외숙, 김순희. 2000. 현대식품재료학, 지구문화사
14. 이효지, 김현정, 2001. 동아정과의 재료배합비와 조리방법에 따른 Texture 특성. 한국조리과학회지 17(4) : 412-420
15. http://navercast.naver.com/geographic/localfood/3585

제6장

버섯류(Mushroom)

제6장 버섯류(Mushroom)

버섯류는 식물 분류학상으로 담자균류에 속하고, 엽록소가 없기 때문에 광합성을 하지 못하며, 다른 유기물체에 기생하여 필요한 영양분을 섭취한다.

버섯류는 그림 6-1과 같이 미세하고 실 같은 균사로 이루어져 있으며, 자실체(fruity body)의 모양이 다양하다. 갓 모양을 한 표고버섯과 송이버섯, 사람 귀 모양의 목이버섯과 석이버섯, 빗자루 모양의 싸리버섯, 둥근 알 모양의 알버섯 등이 있다.

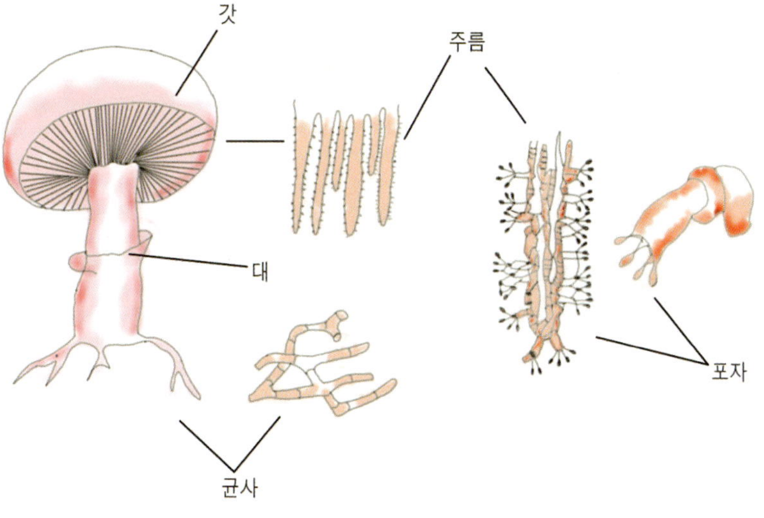

【그림 6-1】 버섯의 부위별 명칭

우리나라 식용버섯의 종류는 200여 종이 있으며, 그중 약 20~30종 정도를 재배하고 있다. 한국 등에서는 송이버섯과 표고버섯을 선호하고, 서양에서는 양송이버섯을 좋아한다. 세계적으로 가장 많이 재배되는 것은 양송이버섯이며, 느타리버섯, 목이버섯, 표고버섯의 순이다.

버섯은 특유의 향미를 가지고 있으며, 동·서양에서 요리 재료로 많이 쓰이고, 좋은 비타민 공급원이 된다. 최근 연구에서는 버섯의 항암작용, 면역력 증강, 혈중 콜레스테롤 강하작용 등이 알려져 관심이 높아지고 있다.

1 느타리버섯(oyster mushroom)

분류 및 특징

느타리버섯은 송이과에 속하며, 미루나무 등 활엽수 고사목이나 자른 그루터기에 자생하는 버섯이다. 구미에서는 형태가 굴껍질과 비슷하다 하여 '굴버섯'이라고 한다. 우리나라에서는 연천, 포천, 가평, 양평, 정읍, 담양에서 주로 재배되고 있다.

3~4월에 접종하면 10월경에 어린 버섯들이 발생하기 시작하여 한철에 2~4회 수확한다. 갓은 3~15cm 정도로 부채형이나 우산형이고, 표면은 짙은 회색이며, 자루는 백색으로 살이 부드럽다.

성분 및 효능

수분 90.9%, 탄수화물 5.8%, 단백질 2.6%, 지질 0.1%가 함유되어 있고 칼륨, 인과 비타민 C, 에르고스테롤(ergosterol)이 많다. 항암, 항종양, 동맥경화, 고혈압 예방 치료에 효과가 있다. 렌티오닌(lenthionine)에 의해 특유의 향기가 있다.

선별 기준

표면에 윤기가 나며, 대의 길이와 갓의 크기가 일정하고, 크기가 다른 것이 10% 이하인 것이 좋다. 두께가 두껍고 탄력이 있으며, 고유의 향기가 있고, 육질이 부드러운 것이 좋다.

■ 조리 및 가공

나물, 국, 찌개, 무침, 버섯밥 등에 이용된다. 스프에 넣기도 하고, 소금을 뿌려 굽거나 튀김에 사용한다. 소금 절임을 하기도 한다.

2 목이버섯(jew's ear, chinese ear fungus)

■ 분류 및 특징

목이버섯은 한국, 일본, 중국 등지에 분포하며 참나무, 오리나무, 미루나무, 포플러나무, 팽나무, 버드나무 등의 활엽수에서 자란다. 우리나라 자연산 목이버섯의 주산지는 강원도, 전라북도와 경상북도이며 표고버섯, 송이버섯 다음으로 많이 식용하고 있다.

목이버섯은 짙은 갈색의 귀 모양이고, 조직이 한천질로 탄력이 있고 질긴 편이며, 건조하면 딱딱해진다. 표면은 암적갈색이고 매끄러우나 건조하면 흑갈색의 광택이 난다. 검은색 목이버섯과 흰색 목이버섯이 있다. 중국에서는 흰색 목이버섯이 장수불로 식품으로 귀하게 여긴다.

■ 성분 및 효능

말린 목이버섯은 단백질이 10.0%, 탄수화물 71.4%, 식이섬유 18.2%, 칼슘, 인, 칼륨, 철, 비타민 D, 엽산이 많이 들어 있다. 식이섬유 함량이 많아 정장작용을 하며, 혈액의 응고를 억제하여 심장병이나 뇌졸중 예방에 효과가 있다. 한방에서는 치질이나 이질에 효과가 있다고 한다.

■ 선별 기준

말린 목이버섯은 잘 건조되어 있어, 잘게 부서지지 않고 제 모양을 갖춘 것이 좋다. 살이 두껍고 단단한 것, 색택이 검고 맑은 것을 구입한다. 버섯은 구입 즉시 밀폐 용기에 넣어 냉장고에 보관한다.

■ 조리 및 가공

말린 목이버섯은 조리할 때 불려서 사용한다. 불리면 약 10배 정도로 부피가 늘어난다. 씹는 촉감이 뛰어나 돼지고기와 두부요리에 잘 어울린다. 중국요리의 스프, 볶음, 탕수육 등에 사용한다. 그 외 전골, 각종 우동, 국물 요리, 잡채 등에 이용한다.

3 석이버섯(manna lichen)

■ 분류 및 특징

석이버섯은 석이과에 속하며, 고산지대 바위에서 자라는 버섯으로 우리나라, 일본에 분포한다. 석이버섯의 표면은 회갈색이고, 안쪽은 흑색으로 털이나 있다. 습할 때에는 부드럽지만 마르면 부서지기 쉽다. 담백한 맛과 씹히는 맛이 좋다.

■ 성분 및 효능

석이버섯 말린 것은 식이섬유가 52.9%로 많고 칼륨, 칼슘, 인, 철이 함유되어 있다. 한방에서 하혈, 각혈 등 지혈제로 이용하고 시력, 기력을 회복시키는 식품이다.

■ 선별 기준

실온에 보관하고, 말린 것을 사용할 때에는 미지근한 물에 불린 후 손으로 비벼서 뒷면의 이끼와 돌을 잘 제거하여 사용한다.

■ 조리 및 가공

초무침, 튀김, 무침에 이용하고, 채 썰어서 고명으로 사용하며, 말려서 가루를 내어 떡에 이용한다.

4 송이버섯(pine mushroom)

■ 분류 및 특징

송이는 적송림의 소나무 숲에서 나는 향이 뛰어난 버섯이며 우리나라, 일본, 북한, 중국 대륙에 분포한다. 우리나라는 강원도 양양 지역, 경북 울진과 봉화 등에서 많이 생산되고 있다. 인공 재배가 안 되고, 가을에만 얻을 수 있으므로 값이 비싸다.

갓의 지름은 5~20cm이고, 엷은 갈색이며, 갈색섬유 모양의 가는 털로 덮여 있다. 채취 시기는 버섯의 갓이 반쯤 펴지기 전이 적당하며, 9월 상순~10월 중순까지 30~40일간 채취한다.

■ 성분 및 효능

송이버섯 성분은 단백질 2.7%, 지질 0.3%, 탄수화물 8.8% 함유되어 있고, 식이섬유, 비타민 B_1, B_2, 에르고스테롤이 많이 들어 있다. 송이버섯의 향기 성분은 메틸(methyl)과 마스다케올(matsutakeol)이다.

전분과 단백질을 분해하는 효소가 많아서 송이버섯을 곁들인 음식은 소화가 잘된다. 송이버섯은 위암, 직장암을 예방하고 면역력 증가, 혈액순환 촉진, 편도선염과 유선염 등 염증 치료 효과가 있다. 또한, 식이섬유가 많아 변비 예방과 당뇨병 치료에 효과가 있다.

■ 선별 기준

육질이 은백색으로 두꺼우며 단단하고 탄력이 좋은 것, 갓의 색이 선명하고 신선한 것, 자루가 굵고 갓이 너무 피지 않은 것, 밑둥이 단단하고 표피가 잘 붙어 있는 것, 갓에 상처나 벌레의 충해가 없는 것, 대의 길이가 5~9cm 이내로 두툼한 것이 좋다.

송이버섯은 주로 통조림하거나 염장법으로 저장하고, CA저장법도 이용한다. 송이는 솔잎과 같이 저장하여 향이 날아가는 것을 방지한다. 구입 즉시 개별로 신문지나 종이행주에 싸서 밀폐 용기에 넣어 냉장고에 보관하며, 장기 보관 시에는 버섯을 통째로 씻지 말고, 소금과 버섯을 켜켜로 쌓아 돌로 눌렀다가 사용 시 물에 담가 염분을 제거한 후 사용한다.

■ 조리 및 가공

송이버섯의 향을 살리기 위해 생으로 먹거나 살짝 구워야 하고, 찌개나 국에 넣을 때는 잠깐 끓여야 한다. 구이, 스프, 솥밥, 전골 등에 쓰이고, 서양요리와 중국요리에도 사용된다.

5 양송이(mushroom, *agaricus bisporos*)

■ 분류 및 특징

송이과의 버섯으로 유럽이 원산지이며, 세계적으로 널리 재배되고, 유럽에서 많이 식용되고 있다. 우리나라는 일본을 통해 들어오게 되었으며, 주요 산지는 한국 등 동남아시아 지역이다.

갓은 직경이 5~12cm이며, 어릴 때 빛깔은 백색이고, 커지면서 담홍색, 갈색, 흑갈색으로 변한다. 양송이는 수확한 후 자른 자리가 폴리페놀라제(polyphenolase)에 의해 갈변 된다.

■ 성분 및 효능

수분 90.8%, 단백질 3.5%, 지질 0.1%, 탄수화물 4.8%이고 인, 칼륨, 비타민 B_2, 니아신이 풍부하게 함유되어 있다. 유리아미노산인 아르기닌, 히스티딘, 이소루이신, 리신, 페닐알라닌, 프로린 및 티로신이 함유되어 있다. 필수아미노산을 함유한 저열량 고단백 식품으로 당뇨병과 비만 예방에 좋다.

소화효소인 트립신, 아밀라제, 말타제, 프로테아제 등이 함유되어 있어서 음식물의 소화를 돕는다. 또한, 티로시나제(tyrosinase)가 함유되어 있어 빈혈 치료와 혈압 강하 작용이 있고, 버섯의 식이섬유는 콜레스테롤 제거, 담즙산 분비 등 성인병 예방 효과가 있다.

■ 선별 기준

갓의 크기가 균일하고 줄기가 짧고 통통한 것, 갓의 모양이 매끈하며, 단단하고 탄력이 있는 것, 갓이 완전히 피지 않은 것이 좋다.

■ 조리 및 가공

통조림용으로는 백색 소형의 것이 사용되며, 서양요리의 스프, 샐러드, 버터볶음 등에 사용한다. 또한, 양송이버섯은 육류와 맛이 잘 어울리므로 쇠고기 버섯볶음 등에 사용한다.

6 팽이버섯(winter mushroom, velvet-stemmed agaric)

■ 분류 및 특징

팽이버섯은 송이과에 속하며 감나무, 팽나무, 느티나무, 뽕나무에 야생하고, 병 재배로 인공 재배가 가능하다. 천연 팽이버섯은 황갈색이나 밤색을 띤다. 갓이 백색, 중심부가 담갈색이고 살이 두꺼운 것이 상품이다. 재배 팽이버섯은 어두운 실내에서 생육시키기 때문에 줄기가 길고 흰 콩나물 형태이다.

■ 성분 및 효능

팽이버섯은 칼륨, 인, 비타민 B_1, B_2, C, 엽산이 풍부하다. 항암작용, 위궤양 예방, 고혈압 방지, 피부 미용에 효과가 있다.

■ 선별 기준

살이 두껍고, 뿌리 부분이 짙은 갈색인 것, 탄력이 있고 갓이 피지 않고 일정하게 작은 것, 갓의 수분이 적고 미끈거리지 않은 것, 버섯 밑동에 흰곰팡이가 없고 치밀한 것이 좋다. 냉장 보관 시 톱밥을 제거하지 말고 그대로 보관한다.

■ 조리 및 가공

찌개, 국, 튀김에 사용되며 전골류, 샤브샤브, 스프, 샐러드의 재료로 이용된다.

7 표고버섯(shiitake mushroom)

■ 분류 및 특징

한국, 중국, 일본에서 생산되는 동양 특산물이고, 우리나라에서 생산량이 가장 많은 버섯이다. 제주도, 공주, 청양이 주산지이고 청원, 영동, 상주 등지에서도 생산되고 있다.

표고버섯의 자실체는 갓, 주름, 대의 세 부분으로 되어 있고, 갓의 지름은 5~10cm로 원형을 유지하며, 표면은 담갈색이나 자갈색이다. 표고 재배에 사용하는 나무는 원목이며 상수리나무, 졸참나무, 물참나무, 떡갈나무, 밤나무 등이 있다.

저장성을 높인 말린 표고는 '화고', '동고', '향고', '향신'으로 나누며, '화고'는 갓이 피지 않은 상태로 연갈색 바탕에 거북이 등처럼 갈라져 흰 줄무늬가 있다. 무늬가 많으면 '백화고', 검은 바탕이 많으면 '흑화고'라 한다. 겨울에 채취하는 '동고'는 갓 표면에 흰색 균열이 많이 있는 최상급의 '천백동고'가 있고, 천백동고가 비를 한 번 맞아 균열의 흰색이 갈색으로 변한 것을 '다화동고'라 한다.

■ 성분 및 효능

생표고버섯은 수분 91%, 단백질 2.0%, 지질 0.3%, 탄수화물 5.5%이고, 비타민 B_1, B_2, 니아신, 칼륨, 인 등을 많이 함유되어 있다. 일광 건조로 버섯 중의 에르고스테롤이 칼슘의 흡수를 돕는 비타민 D로 전환된다. 헤미셀룰로스(hemicellulose)와 트레할로스(trehalose), 만니트(mannit) 등이 많아 콜레스테롤 저하작용이 있고, 에리타데린(eritaderine)은 혈압 강하 작용이 있다. 항암 성분 및 효능인 β-글루칸(β-glucan)이 함유되어 있고, 간기능 강화, 혈중 콜레스테롤 강하, 바이러스 방해 물질 생산 등의 효능이 알려져 있다. 구아닐산(guanylic acid)은 특히 고혈압, 심장병 환자에게 효과가 있다.

건표고버섯은 건조 과정 중에 렌티오닌(lenthionine)이 생겨 독특한 향을 갖는다. 표고버섯의 감칠맛은 구아닐산과 같은 핵산으로 핵산 복합 조미료의 원료로 사용되고, 글루탐산(glutamic acid)이 풍부하게 함유되어 있다.

■ 선별 기준

갓의 크기가 균일하고 원형으로 갓 둘레 전체가 고르게 오므라든 것이 좋다. 생표고버섯은 살이 두껍고 향이 좋으며, 갓은 완전히 벌어져 있지 않은 것이 좋다. 마른 표고버섯은 갓의 균열이 거북이등이나 국화꽃 모양인 것, 갓의 두께가 두껍고 균일한 것이 좋다. 생표고버섯은 신문지에 싸서 냉장고에 보관하고, 말린 표고버섯은 진공 팩에 넣어 햇볕이 잘 들지 않는 곳에 보관하거나 냉동고에 보관한다.

■ 조리 및 가공

생표고버섯은 볶음, 튀김 등에 사용하고, 말린 표고버섯은 물에 불려서 조림, 밥, 육수용, 버섯전, 전골 등에 이용한다. 중국요리에서 많이 사용하고, 특히 돼지고기와 잘 어울린다. 서양요리에서는 볶음, 스프, 구이 등에 많이 사용한다.

8 노루궁뎅이버섯(Hericium erinaceum)

■ 분류 및 특징

한국, 중국, 일본, 유럽 등의 지역에 분포되어 있으며, 버섯 모양이 원숭이 머리와 비슷하다고 해서 중국에서는 '후두고'라고 한다. 우리나라는 가을철 오대산, 속리산, 소백산 등에 여름~가을까지 졸참나무, 떡갈나무 등 활엽수의 줄기에 1개씩 자란다. 식용버섯으로 톱밥을 이용한 인공 재배가 이루어진다.

버섯 갓은 지름이 5~20cm로 달걀형, 난구형으로 나무줄기에 거꾸로 매달려 붙어 성장하고, 길이 1~5cm 정도 되는 수염이 많이 있어 고슴도치 모양을 하고 있다. 처음에는 백색에서 황색이나 나중에는 담황토색으로 변한다. 버섯의 색깔이 유백색일 때가 최적의 수확 시기이다. 조직은 부드럽고, 건조해 지면 스펀지 모양이 되고, 물을 빨아들인다.

■ 성분 및 효능

탄수화물, 단백질, 아미노산, 비타민, 무기질, 효소 등이 풍부하다. β-글루칸(β-glucan)이 다량 함유되어 있어 면역 기능을 활성화하고 암세포 증식을 억제한다.

최근 노루궁뎅이버섯의 균사체에서는 에리나신(erynacin)이라는 신경 성장인자 합성 촉진 물질이 발견되어 뇌신경 계통에도 효과가 있다. 또한, 암, 치매, 감염증, 고혈압, 위염, 위궤양 등에도 효과가 있다. 그 외 활성산소 제거 효과가 높아 세포의 산화와 노화 방지작용을 하며 두뇌를 좋게 한다.

■ 조리 및 가공

노루궁뎅이 버섯의 약간 쓴맛은 한 번 데치면 없어지며, 쫄깃하고 단백한 맛을 낸다. 오래전부터 약용이나 식용으로 중국에서 쓰였다. 주로 약선요리에 이용되고, 중국에서는 통조림 식품으로 개발되었다.

9 송로버섯(truffle)

■ 분류 및 특징

송로버섯은 이탈리아, 프랑스, 스페인 등의 중부 유럽에 분포한다. 로마시대부터 식용했고 프랑스 루이 14세 식탁에도 즐겨 올려졌다. 30여 종이 있으며, 그중 프랑스 페리고르산 흑색 트러플과 이탈리아 알바와 피에몬트 지방의 흰색 트러플을 최고로 친다. 프랑스 흑색 트러플은 물에 끓여 보관해도 향기를 잃지 않는다. 검정 트러플은 겉과 속이 까맣고 견과류처럼 생겼으며 특유의 진한 향을 가지고 있다. 이탈리아 흰색 트러플은 날것으로만 즐길 수 있으며, 아주 얇게 썰어서 샐러드와 같은 요리에 이용하고, 강하고 우아한 냄새를 지녀 같은 크기의 검정 트러플보다 3~4배 높은 가격으로 팔린다.

종균은 5~30cm 땅속에서 자라며, 더러는 1m 깊이에서 발견되는 수도 있다. 수확할 때 암퇘지나 개를 훈련시켜 찾는다. 10월에 채취를 시작하는데 후각 집중력이 더 강한 한밤중에 채취한다. 떡갈나무 숲의 땅속에 자라며, 아주 못생겼고, 육안으로는 돌멩이인지 흙덩이인지 구분이 어렵다. 크기는 호두알만 한 것부터 작은 사과 정도까지 다양하며, 인공 재배가 안 되고 생산량도 적어 희소성이 높다. 땅속의 다이아몬드라고 불리는 송로버섯은 '캐비어(caviar)', '거위간(foie gras)'과 함께 세계 3대 식재료 중 하나이다.

■ 성분 및 효능

단백질 3.0%, 탄수화물 5.3%이고 비타민 B_6, C가 함유되어 있으며 철, 칼륨이 풍부하게 함유되어 있다. 송로버섯의 방향 성분 및 효능은 α-안드로스테론(α-androsterone)이다. 식이섬유가 풍부하고 저칼로리 식품으로 비만 예방에 효과적이다. 한방에서는 손발이 저리고 힘이 없는 사람이나 소화기장애가 있는 사람에게 좋다고 한다.

■ 선별 기준

송로버섯은 갓이 깨끗하고 기둥은 단단하며 향이 있는 것이 신선하다. 마른 행주로 표면을 닦아 주고, 기둥을 위로 해서 랩을 씌워 1~5℃의 온도에서 보관한다. 3일 정도가 최대 보관 기간이다.

■ 조리 및 가공

매우 강한 향을 지니므로 가루를 내어 음식에 뿌려 먹거나 스프, 소스, 샐러드, 전채요리, 고기요리 등에 곁들여 이용하고, 장식용으로 사용한다. 프랑스 트러플을 이용한 가장 전통적인 음식은 거위간 빠데(Pâté)가 있으며, 송아지고기나 바닷가재 요리에 넣기도 한다.

10 죽생(bamboo fungi)

■ 분류 및 특징

중국에서는 '죽손'이나, '망태버섯'이라고도 하며, 한국, 일본, 동남아시아 등에 분포한다. 여름~가을까지 주로 대나무밭이나 잡목림에서 자란다.

죽생은 갓의 내면과 자루 위쪽 사이에 흰 망사 모양의 형태가 펴져 내려오며, 밑부분은 땅 위까지 내려와서 화려한 레이스를 쓴 것같이 보인다. 갓은 주름 잡힌 삿갓 모양이고, 강한 냄새가 나며, 올리브색, 암갈색의 점액 포자로 뒤덮여 있다.

■ 성분 및 효능

단백질과 불포화지방산, 탄수화물, 아미노산, 무기질, 식이섬유가 풍부하다. 혈압 강하, 콜레스테롤을 저하하고, 통증을 멎게 하며, 기를 돋아준다. 또한, 복부비만, 신경쇠약에 효과가 있다.

■ 조리 및 가공

냄새 나는 부위는 깨끗이 씻어낸 후 사용한다. 죽생송이스프, 죽생버섯살스프, 불도장에 이용하며, 새우나 게살을 레이스 망토에 싸서 만드는 고급요리에 사용한다. 또한, 해물이나 채소를 죽생에 끼워서 사용한다. 일반적으로는 건조품을 많이 쓰며, 사용할 때는 1~2시간 물에 불려서 이용한다.

참고문헌

1. 김미리, 송효난. 2006. 현대인의 음식 보감, 교문사
2. 대한지역사회영양학회. 2007. 쉽게 보는 식품 칼로리와 영양성분표, 교문사
3. 배기환. 2000. 한국의 약용식물도감, 교학사
4. 식품재료 사전 편찬위원회. 1997. 식품재료사전, 한국사전연구소
5. 이영은, 홍승헌. 2004. 한방 식품재료학, 교문사
6. 장현기, 남궁석. 1999, 식품학개론, 유린문화사
7. 장현유, 이찬. 2008. 몸에 좋은 약용버섯, 푸른 행복
8. 정혜정. 2001. 조리용어사전, 도서출판 효일
9. 한국식품조리과학회. 2007. 식품조리과학 용어사전, 교문사
10. 한춘섭, 이순옥, 김은미, 장현유, 박순애, 정영상, 김오진. 2006. 광야의 만나 행복한 버섯요리. 문예마당. p24~41
11. 황재희, 박정은. 2006, 식품재료학, 도서출판 효일
12. 홍원식. 1999. 약초의 성분과 이용, 일월서각
13. 홍진숙, 박혜원, 박란숙, 명춘옥, 신미혜, 최은정, 정혜정. 2006, 식품재료학, 교문사
14. 홍태희, 김기연, 최옥수, 김대현, 정외숙, 김순희. 2000. 현대 식품재료학, 지구문화사

제7장

과일류(Fruits)

제7장 과일류(Fruits)

과일에는 일반적으로 수분 71~93%, 탄수화물 5~23%, 지질 0.1~0.4%, 무기질 0.2~3.8%와 약간의 단백질 및 비타민이 함유되어 있다. 탄수화물은 당분과 식이섬유가 대부분이며, 당분이 약 10% 정도 함유되어 있어 단맛을 나타낸다. 당의 종류나 함량은 과일의 종류나 성숙도에 따라 다르다. 무기질은 칼슘, 칼륨이 많이 함유되어 있어 알칼리성 식품이다. 비타민 C는 감귤류, 딸기류, 멜론류 등에 다량 함유되어 있고, 비타민 A의 급원인 β-카로틴은 과육이 등황색인 과일류에 풍부하다.

【표 7-1】 과일류의 영양 성분(100g당)

종류	에너지 (kcal)	수분 (g)	탄수화물 (g)	식이섬유 (g)	단백질 (g)	지질 (g)	칼슘 (mg)	철 (mg)	β-카로틴 (ug)	비타민 C (mg)	비타민 B_1 (mg)	니아신 (mg)
감	83.0	72.3	23.03	2.50	0.9	[0.0]	6.0	3.9	0.14	13.0	0.06	0.6
귤	38.0	89.0	9.9	1.10	0.7	0.1	13.0	0.0	0.04	44.0	0.13	0.4
대추	94.0	73.6	22.8	[3.94]	2.2	0.1	28.0	1.2	13	62.0	0.04	0.6
딸기	26.0	91.5	7.2	[1.55]	0.8	0.1	13.0	0.4	Tr	82.0	0.02	0.3
바나나	80.0	76.9	21.1	1.80	1.2	0.2	4.0	0.7	43	7	0.03	1.0
배	51.0	85.8	12.3	[1.64]	0.5	0.2	4.0	0.2	0	4.0	0.04	0.3
사과	57.0	83.6	15.8	–	0.3	0.1	3.0	0.3	19	4.0	0.01	0.1
수박	24.0	93.2	5.3	0.20	0.8	0.4	1.0	0.2	856	14.0	–	0.2
아보카도	187.0	71.3	6.2	5.30	2.5	18.7	9.0	0.7	75	15.0	0.10	2.0
키위	54.0	83.5	14.4	1.63	0.9	0.5	30.0	0.3	46	27.0	0.00	0.3
파인애플	23.0	92.9	6.3	1.59	0.4	0.1	10.0	0.4	0	15.0	0.11	0.2
포도	60.0	86.4	14.1	[0.90]	0.4	0.8	12.0	0.2	21	5.0	0.40	0.3

(자료 : 식품영양소 함량자료집 한국영양학회. 2009)

과일류의 색소는 클로로필, 카로티노이드, 플라보노이드, 안토시아닌, 탄닌이며, 이들은 천연적인 아름다운 색을 부여함으로써 시각적 즐거움을 줄 뿐만 아니라 식욕을 증진시킨다. 또한, 과일에는 여러 가지 종류의 유기산이 함유되어 있어 각종 과일의 맛을 내며, 방향성 화합물에 의해 독특한 향미를 나타낸다. 일부 과일의 영양 성분은 표 7-1과 같다.

과일의 구조는 그림 7-1과 같이 외과피, 종자, 과육부로 되어 있다. 과육의 발달된 형태에 따라 분류하면 다음 표 7-2와 같다.

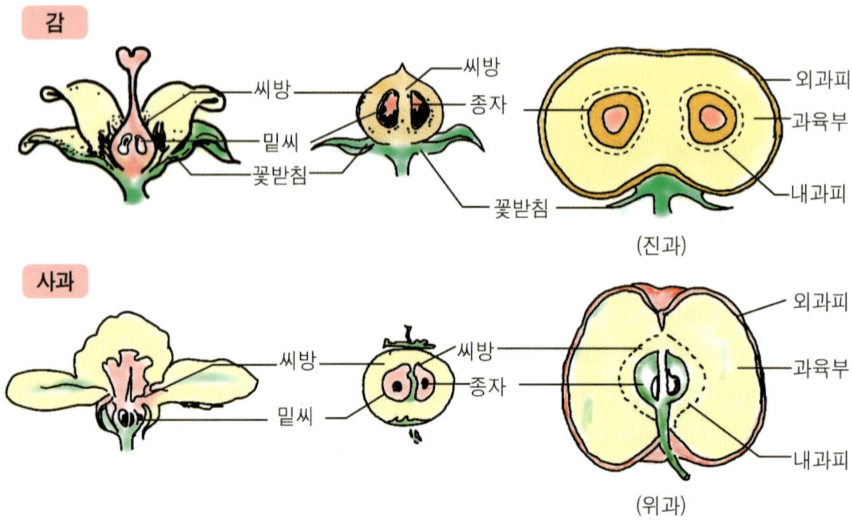

【그림 7-1】 과일의 구조

【표 7-2】 과일의 분류

분 류	특 징	종 류
핵과	내과피는 단단한 핵을 이루고, 그 안에 종자가 들어 있으며, 중과피가 과육을 이루고 있는 과실	대추, 매실, 버찌, 복숭아, 블루베리, 살구, 앵두, 자두
인과	꽃턱이 발달하여 과육부(果肉部)를 형성한 것. 씨방의 외측을 과육 부위가 둘러싸고 이 부분이 발달하여 과육부가 된 것으로, 중앙부에는 과심이 있고 그 안에 종자가 들어 있다. ※ 준인과류(準仁果類) 감, 감귤류 등과 같이 씨방이 발달하여 과육이	감, 감귤류, 사과, 배

	된 진과. 형태상으로는 인과와 다르지만 중심부에 종자가 모여 있는 점은 인과와 유사하다.	
장과	하나의 과실이 하나의 씨방으로 된 것으로 과육이 두꺼운 주머니형으로 되어 있고, 육질이 부드러우며 즙이 많은 과실	딸기, 멜론, 무화과, 석류, 수박, 참외, 포도
열대과일	열대지역에서 생산되는 과일	구아바, 두리안, 람부탄, 리치, 망고, 망고스틴, 바나나, 아보카도, 용과, 코코넛, 키위, 파인애플, 파파야

1 핵과(核果, stone fruits)

1) 대추[조(棗), 목밀(木蜜), jujube, date]

■ 분류 및 특징

중국계 대추(*Zizyphus Jujuba* MILLER)와 인도계 대추(*Zizyphus mauritiana* LAM)등 생태형이 전혀 다른 2종이 재배되고 있다. 중국계 대추는 우리나라를 비롯한 아시아 지역과 소련 남부, 독일 등의 유럽 지역 및 캘리포니아를 중심으로한 미국 대륙의 서남부 지역에서 재배되고 있다. 우리나라는 충청북도 보은 대추가 유명하다.

타원형의 열매는 껍질이 얇고 녹색을 띠나 익으면서 적갈색으로 변화된다. 과육은 향기가 별로 없으며, 단맛이 강하고 산미가 있어 상쾌한 느낌을 준다. 빨갛게 익으면 단맛이 증가한다.

■ 성분 및 효능

대추에는 탄수화물과 비타민 C가 다량 함유되어 있다. 과당, 포도당 및 자당 등의 가용성 당류가 다량 함유되어 있어 감미가 강하다. 약용 성분으로는 각종 스테롤(sterols), 알칼로이드(alkaloids), 사포닌(saponins), 비타민류, 유기산류, 아미노산류 등이 있다.

자양강장의 효과가 있고 이뇨제, 만성기관지염, 거담제, 결핵, 위의 허한증을 치료하는 효능 등의 약리 효과가 있어 우리나라 사람의 대부분은 약을 달일 때나 물을 끓일 때 감미를 내기 위하여 대추 1~2알씩은 꼭 넣어서 끓인다. 그뿐만 아니라 대추는 위경련, 소화불량, 항알레르기, 간 보호작용이 있으며, 그 밖에 대장암 등의 성인병 예방, 신경쇠약, 불면증, 대장하혈 등의 증상을 개선시키는 효과가 있다.

■ 선별 기준

껍질이 깨끗하며 윤기가 많이 나는 것이 좋다. 물에 담가 먼지를 씻은 다음 마른 수건으로 물기를 제거하여 사용한다.

생대추는 0~5℃ 냉장고에 보관하고, 마른 대추는 밀봉하여 냉동 보관한다.

■ 조리 및 가공

생으로 먹거나 과자, 약용, 요리에 이용되고 있다. 생대추는 저장성이 낮기 때문에 주로 건조하여 사용한다. 대추술, 대추차, 대추식초, 대추죽 등으로 활용하고, 약밥, 한과류 등의 조리에 이용된다.

2) 매실(japanese apricots)

■ 분류 및 특징

매실

돌복숭아

매화나무의 열매로 둥근 모양이고, 5월 말~6월 중순에 녹색으로 익는다. 원산지는 중국이며 3000년 전부터 건강보조식품이나 약재로 사용되었고, 우리나라에는 삼국시대에 정원수로 전해져 고려시대부터 약재로 사용된 것으로 알려져 있다. 우리나라 매실의 주산지는 남부지방으로 전라남도 광양과 경상북도 영천, 경상남도 하동 등지에서 많이 재배된다.

매실은 수확 시기와 가공법에 따라 여러 종류로 나누어진다. 껍질이 녹색이고 과육이 단단하며 신맛이 강한 청매, 향이 좋고 색이 노란 황매, 청매를 쪄서 말린 금매, 청매를 소금물에 절여 햇볕에 말린 백매, 청매의 껍질을 벗겨 연기에 그을려 검게 만든 오매 등이 있다.

■ 성분 및 효능

매실은 탄수화물이 8%이며 밀감산, 사과산, 호박산, 주석산 등의 유기산이 풍부하고 칼슘, 인, 칼륨 등의 무기질과 카로틴도 들어 있다. 그중 밀감산은 탄수화물의 대사를 촉진하고 피로를 풀어주며, 유기산은 위장의 작용을 활발하게 하고 식욕을 돋우는 작용을 한다.

알칼리성 식품으로 피로회복에 좋고, 산도가 높아 살균작용이 뛰어나 배탈이나 식중독 등을 치료하는 데 도움이 된다. 신맛은 위액을 분비하고 소화기관을 정상화하여 소화불량과 위장장애를 없애 준다. 이외에 항산화성, 항암성, 항균성, 항혈전, 아질산염 제거작용, 간기능 개선 효과 등이 보고되고 있다.

■ 선별 기준

색이 선명하고 알이 단단하며, 껍질에 흠이 없고 벌레 먹지 않은 것이 좋다. 흐르는 물에 여러 번 깨끗이 씻어 냉장 보관한다.

■ 조리 및 가공

매실주, 매실잼, 매실주스, 매실 농축액, 매실간장, 매실식초, 매실정과, 매실차를 만들거나 매실장아찌, 매실 절임 등으로 이용되고 있다. 그 외에 말려서 먹기도 한다.

3) 버찌(cherry)

■ 분류 및 특징

버찌는 단버찌와 신버찌의 2계통과 여기에서 비롯한 여러 품종이 있다. 단버찌의 원산지는 터키이며, 유럽 중남부에 걸쳐 야생하고 곧게 자란다. 신버찌는 남서아시아에서 남동 유럽을 원산지로 추정한다.

5~7월 상순에 걸쳐 수확한다. 열매는 둥글거나 심장형이며, 지름이 약 2cm이고 노란빛을 띤 검붉은 색이다. 한국 재래종은 즙이 적으며 검은빛이어서 '흑앵(黑櫻)'이라고 한다.

■ 성분 및 효능

버찌에는 항산화작용을 하는 안토시아닌 성분이 풍부하여 항암 효과가 있다. 열량이 낮아 비만인 사람에게 좋다.

■ 선별 기준

모양과 크기가 고른 것, 겉모양에 상처가 없고 단단한 것, 단맛이 뛰어난 것이 좋다. 버찌는 깨끗이 씻어서 물기를 제거한 후 냉장고에 보관한다.

■ 조리 및 가공

단버찌는 당분이 많아서 날로 먹거나 통조림을 만들며, 냉동하거나 양주에 넣기도 한다. 대표적인 품종으로는 자보레, 우드, 나폴레옹 등이 있다.

신버찌는 즙이 많고 당분이 적어 신맛이 강하므로 건과를 만들거나 냉동 저장하며, 과자, 아이스크림, 후르츠 펀치나 과일 칵테일에 중요한 재료로 이용된다. 꿀과 녹말을 넣고 조려 버찌편을 만들기도 한다.

■ 체리와 버찌

체리는 일반 벚나무 열매인 버찌보다 3~4배 크다.

버찌 　　 체리

4) 복숭아[도자(桃子), peach]

백도 　　 황도 　　 천도복숭아

【그림 7-2】 복숭아 종류

■ 분류 및 특징

전 세계에 약 3,000종의 품종이 있고, 보통 과육이 흰 백도와 노란 황도로 나눈다. 우리나라에서 재배되고 있는 복숭아의 34%는 백도이며, 6~8월 사이에 수확한다.

■ 성분 및 효능

주성분은 수분과 탄수화물이며, 총 당함량은 8~11.5%이고, 80% 이상이 자당이다. 당 알코올인 솔비톨이 있어 장내 유해균을 억제한다. 유기산은 주석산, 사과산과 밀감산으로 백도에는 적고 황도에는 조금 더 많다. 비타민 A는 황도가 백도보다 많다. 비타민 C는 4~7mg/100g로 다소 적다. 과육에는 유리 아미노산이 많이 들어 있으며, 특히 아스파라긴산이 많다. 특유의 향은 에스터, 알코올류, 알데히드가 어울려서 낸다.

복숭아는 펙틴질도 많이 함유되어 있어 잼이나 젤리에 이용되기도 한다. 수분과 식이섬유가 많고 지질이 적어 다이어트에 좋고, 체내에 흡수가 빠른 각종 당류와 비타민, 무기질이 많아 피로 회복에 도움이 된다.

알칼리성 식품으로서 면역력을 키워주고 식욕을 돋운다. 발육 불량과 야맹증에 좋으며, 장을 부드럽게 하여 변비를 없애고 어혈을 풀어준다. 껍질은 해독작용을 하고, 유기산은 니코틴을 제거하며 독성을 없애 주기도 한다. 발암물질인 니트로소아민의 생성을 억제하는 성분도 들어 있다.

■ 선별 기준

알이 크고 좌우 대칭이며, 상처가 없는 것이 좋다. 완전히 익으며 향기가 진해지기 때문에 향기가 강한 것을 고른다. 덜 익은 것은 떫은맛이 나지만 잘 익으면 떫은맛은 자연히 없어진다. 흐르는 물에 여러 번 씻어 털을 제거하고 먹는다.

■ 조리 및 가공

생과일로 많이 먹으며 수분이 많고 부드러운 백도를 선호하고 통조림, 넥타, 주스 등의 가공용으로는 단단한 황도를 많이 쓴다.

5) 살구(apricots)

■ 분류 및 특징

원산지는 아시아 동부로 둥근 모양이고, 지름이 약 3cm이며 털이 있다. 7월에 노란빛이나 노란빛을 띤 붉은색으로 익으며 한국, 일본, 중국, 유럽, 미국 등지에서 생산한다.

주로 신맛과 단맛이 나며, 재래종은 유기산이 많아 신맛이 강하고, 유럽종은 유기산이 적어 달고 크며 향이 좋다.

▪ 성분 및 효능

주요 성분은 당분이며, 밀감산, 사과산 등의 유기산이 1~2% 들어 있다. 무기질은 칼륨이 160mg/100g으로 가장 많이 들어 있으며, 비타민 A의 효과를 내는 β-카로틴이 말린 열매에 5000μg/100g이 들어 있다.

진해, 거담 효능이 있어 민간에서는 해소, 천식, 기관지염, 급성간염 등에 약으로 쓴다. 피부미용에도 좋아 주근깨, 기미 등을 없애는 데 효과가 있으며, 최근에는 항암식품으로도 인정받고 있다.

▪ 선별 기준

색이 곱고 껍질에 상처가 없는 것이 좋다. 흐르는 물에 깨끗이 씻어 사용한다. 상온에서도 보관가능하나 물러질 수 있으므로 냉장고에 보관한다.

▪ 조리 및 가공

과육은 생으로 먹거나 잼, 통조림, 건살구, 음료 등을 만들어 먹는다. 종자는 기름을 짜서 먹거나 한약재로 쓴다. 덜 익은 것은 아미그달린을 함유하여 독성이 있으므로 섭취에 주의해야 한다.

6) 앵두[앵도(櫻桃), Korean cherry]

▪ 분류 및 특징

6월에 붉게 익으며 새콤달콤한 맛이 난다. 중국이 원산지 이며 한국, 일본, 중국 등지에 분포한다.

■ 성분 및 효능

주요 성분은 단백질, 지질, 탄수화물, 식이섬유, 칼슘, 인, 철, 비타민 A, B_1, C 등이다. 포도당, 과당과 사과산, 밀감산 등이 많이 함유되어 있어 피로회복에 좋다. 안토시안계의 붉은색은 물에 녹아 나온다. 혈액순환을 촉진하고 부종을 치료하는데 좋고, 폐 기능을 도와주어 가래를 없애고, 소화기관을 튼튼하게 하여 혈색을 좋게 한다. 한방에서는 청혈(淸血), 보혈약(補血藥)으로 쓰인다.

■ 선별기준

알이 굵고, 광택이 나며 단단한 것이 좋다. 과육을 채반에 받쳐 흐르는 물에 깨끗이 씻어 사용한다. 상온에서 보관하면 물러지기 쉬우므로 냉장 보관한다.

■ 조리 및 가공

과육은 부드러워 생식을 많이 하지만 그 외에도 젤리, 잼, 정과, 앵두편, 화채, 주스, 과일주 등을 만들어 먹는다.

■ 블루베리(blue berry)

안토시아닌의 함량이 매우 높아 항산화력이 매우 우수하며, 뇌세포의 노화를 방지해 주는 역할과 망막세포를 생성 시키는 역할을 한다. 식이섬유가 풍부하고 저열량, 저지질로 다이어트에 좋다. 진한 청색이 선명하고, 팽팽하며 균일하게 흰가루가 묻어 있는 것이 좋다. 생으로 먹거나 건포도처럼 말리기도 하고 잼, 주스, 시럽조림, 과실주 등으로 섭취한다.

7) 자두(오얏, plum)

■ 분류 및 특징

중국이 원산지이며 유럽에는 2000년쯤 전에 전해져 로마를 중심으로 퍼졌고, 미국에는 17~18세기에 전해졌다.

자두는 크게 동양자두, 서양자두, 미국자두로 나눌 수 있다. 동양자두의 대표적인 품종은 과피가 빨갛고 과육이 노란색인 것과 껍질이 녹색이고 과육이 새빨간 것이 있다. 두 종류는 과즙이 많으며 새콤달콤하여 생과로 먹기에 적합하다. 서양자두는 풍만한 타원형이거나 달걀형이며 껍질은 보라색이 많고 과육은 보통 노란색으로 향이 좋다. 맛이 강해서 생과로 먹는 것보다 말리거나 잼, 젤리, 통조림 등 가공용으로 많이 이용되고 있다. 미국자두는 껍질이 빨갛거나 오렌지색으로 과육은 노랗고 즙이 많으며 신맛이 강하다.

▪ 성분 및 효능

당분이 약 10%, 산은 주로 사과산이며, 신맛은 약하고 비타민 함량은 적다. 자두는 식이섬유가 풍부하여 변비 예방에 효과적이다.

▪ 선별 기준

껍질에 상처가 없고 윤기가 나며, 모양이 좋은 것을 고른다. 손에 쥐었을 때 말랑말랑하고 부드러운 느낌이 들며, 꼭지 부분까지 색이 골고루 퍼져 있을 때가 가장 맛있다. 상온에서 4~5일은 괜찮지만 저장할 때에는 비닐백에 넣어 냉장고에 보관한다. 흐르는 물에 깨끗이 씻어 이용한다.

▪ 조리 및 가공

자두는 달고 즙이 많아 생으로 먹거나 잼, 젤리, 통조림, 과실주 등으로 이용된다. 말린 자두는 그냥 먹거나 양과자의 장식으로 쓴다.

2 인과(仁果, pomaceous fruit)

1) 배(pear)

▪ 분류 및 특징

현재 전 세계적으로 재배되고 있는 배는 서양배와 중국배, 남방형 동양배로 나뉘며 생김새와 맛이 각각 다르다. 서양배는 미국, 유럽, 칠레, 호주 등지에서 재배하고, 중국배는 중국, 남방형 동양배는 한국과 일본에서 주로 재배된다.

동양배

서양배

우리나라에서는 삼한시대부터 배나무를 재배한 기록이 있으며, 현재는 신고를 중심으로 하여 장십랑과 만삼길이 전체 재배 면적의 약 90%를 차지한다.

■ 성분 및 효능

수분이 85~90%, 열량은 약 51kal이다. 알칼리성 식품으로서 주성분은 탄수화물이고 과당 및 자당의 당분, 사과산, 주석산, 밀감산 등의 유기산, 비타민 B군과 C, 식이섬유, 지질 등이 들어 있다.

기관지 질환에 효과가 있어 감기, 해소, 천식 등에 좋으며, 가래와 기침을 없애고 목이 쉬었을 때나 배가 차고 아플 때 증상을 완화해 준다. 그밖에 배변과 이뇨작용을 돕고 해독작용이 있어 숙취를 없애준다.

■ 선별 기준

크기가 크고, 모양은 둥글며 상처가 없으면서 묵직하고 선명한 황갈색이 좋다. 껍질이 팽팽하며 너무 두껍지 않아야 한다. 수분이 많고 상큼한 향이 나면서 당도가 좋아야 한다. 아삭아삭하고 뒷맛이 개운하며 찌꺼기가 씹히지 않아야 한다. 성장 촉진제를 처리한 배는 꼭지 부분이 끈적거리나 바짝 잘라내면 구별이 어려우므로 주의한다.

배는 구입 즉시 하나씩 비닐 랩으로 싸서 냉장고에 보관한다. 배는 사과와 같이 보관하면 쉽게 상하므로 주의한다.

■ 조리 및 가공

생과일로 먹거나 주스, 통조림, 잼, 배숙 등을 만들어 먹는다. 연육효소가 들어 있어 고기를 연하게 할 때 갈아서 넣기도 한다.

■ 배숙

원래 시고 단단한 문배나 돌배를 사용하여 만든 후식류이나 지금은 배가 수분이 많고 달아서 배숙으로 이용하기보다 생과로 많이 먹는다.

2) 사과(apple)

■ 분류 및 특징

우리나라에서는 예로부터 재래종인 '능금'을 재배하였으나, 홍만선의 《산림경제》에 재배법이 실려 있는 것으로 보아 18세기 초에 많이 재배한 것으로 보인다. 품종은 모두 700여 종에 이르며, 1990년대 이후부터는 '후지'와 '쓰가루'가 주종을 이루고 있다. 수확 시기에 따라 조생종, 중생종, 만생종으로 나뉜다. 대표적인 생산지는 예산, 충주, 대구, 의성 등이다.

■ 성분 및 효능

알칼리성 식품으로서 주성분은 탄수화물이며, 단백질과 지질이 비교적 적고 비타민 C와 칼륨, 나트륨, 칼슘 등의 무기질과 식이섬유가 풍부하다. 긴장을 풀어주는 진정작용을 하여 불면증에 좋고 빈혈, 두통에도 효과가 있는 것으로 밝혀졌다. 사과껍질의 퀘세틴(quercetin)은 항산화작용이 뛰어나며 항바이러스, 항균작용에 도움이 된다.

■ 선별 기준

껍질에 탄력이 있고 착색이 고르고 밝은 느낌을 주는 것, 사과를 가볍게 두들겼을 때 맑은 소리가 나는 것이 좋다. 과실 꼭지가 녹색을 띠고 물기가 있는 싱싱한 것, 과피 표면에 끈끈한 왁스질이 없는 것이 좋다. 과피 표면은 다소 거칠어 좋지 않아도 자연 그대로의 약간 검은 건강한 색을 띠는 사과를 선택하는 것이 좋다. 잘 익은 후지사과의 과육에 솔비톨이 고이는 밀증상은 과육을 투명하게 보이게 하며 맛이 좋다.

사과는 냉장 보관한다. 다른 과일과 같이 보관하면 다른 과일이 쉽게 숙성되므로 따로 포장하여 보관해야 한다.

■ 조리 및 가공

생으로 먹거나 잼, 주스, 술, 식초, 파이, 타르트, 젤리, 무스, 샤베트, 샐러드 등의 여러 요리에 사용된다.

3) 감(persimmon)

■ 분류 및 특징

감은 동아시아 특유의 과수로서 한국, 중국, 일본이 원산지이고, 한국에서는 일찍부터 재배되었다. 감의 종류에는 단감과 떫은감이 있으며, 내한성이 약한 온대 과수이므로 중부 이북 지방에서는 단감 재배가 안 된다.

■ 성분 및 효능

감의 주성분은 탄수화물로서 23% 함유되어 있고, 포도당과 과당의 함유량이 많으며, 단감과 떫은감에 따라 약간의 차이가 있다. 또한, 비타민 A, B, C가 풍부하게 함유되어 있다.

떫은맛의 성분은 탄닌으로 수용성이기 때문에 쉽게 떫은맛을 나타낸다. 아세트알데히드가 탄닌 성분과 결합하여 불용성이 되면 떫은맛은 사라진다. 단감의 속이나 과피의 검은 점은 탄닌이 불용화한 탄닌세포의 변형이다.

과일의 색은 과피의 카로티노이드 색소에 의한 것이며, 짙은 주황색인 리코펜(lycopene)의 함유량은 가을의 일조 조건과 관계가 있다.

■ 선별 기준

껍질에 탄력과 윤기가 있는 것, 표면이 울퉁불퉁하지 않고 색이 짙으며 꼭지가 황색으로 볼록하게 튀어나온 것일수록 씨가 고르게 박혀 있어 맛이 좋다. 껍질은 얇게 깎는 것이 더 달다. 흐르는 물에 깨끗이 씻어 물기를 제거하고, 비닐백에 밀봉하여 0℃ 정도의 저온에서 보관한다.

■ 조리 및 가공

감은 주로 생식용으로 이용되며 샐러드나 홍시, 곶감, 감식초, 소스 등으로 가공하기도 한다. 곶감은 잼, 젤리, 떡, 케이크의 재료로 널리 이용할 수 있다.

4) 감귤류(citrus fruits)

(1) 감귤(온주밀감)

■ 분류 및 특징

감귤류의 원산지는 인도, 미얀마, 말레이반도, 인도차이나, 중국, 한국, 일본까지의 넓은 지역에 이른다. 조생종, 중생종, 만생종 등 10여 종류가 있으며, 맛은 달고 새콤하다.

한국은 세계의 감귤류 재배지 중에서 가장 북부에 있어 추위에 잘 견디는 귤나무가 주종을 이루고 있다. 1960년 초기에는 서귀포를 중심으로 한 제주도 일부만이 한국의 유일한 감귤류 생산지로 알려져 왔으나 현재는 남부 지방의 통영, 고흥, 완도, 거제, 남해, 금산 등지에서도 재배되고 있다.

■ 성분 및 효능

감귤류에 풍부한 비타민 C는 신진대사를 원활히 하고 피부와 점막을 튼튼하게 하는 작용이 있으며, 겨울철 감기 예방에 효과가 있다.

■ 선별 기준

껍질의 색이 담홍색을 띠고, 과피가 얇으며 눌러서 쑥 들어가지 않고 단단한 것, 크기에 비해 무거운 것, 꼭지가 붙어 있는 것이 상품이다. 과피와 육질 사이에 공간이 없이 완전히 밀착된 것이 당도가 좋으며, 과형이나 상하로 큰 것보다 좌우로 둥글 넙적한 것이 대체로 상품이다. 귤 껍질에는 농약이 묻어 있을 수도 있고, 신선도를 유지하기 위해 피막제를 발라 놓은 것도 있으므로 이것을 제거하기 위해 껍질에 소금을 발라 문질러 씻어야 한다.

귤을 겹쳐서 보관하면 잘 상하므로 통풍이 잘 되도록 하여 상온에 보관하거나 냉장고에 보관한다.

■ 조리 및 가공

껍질을 제거해 생으로 먹거나 통조림으로 가공해 제과·제빵에 쓰이고, 주스로 먹기도 한다. 진피는 귤껍질을 말린 것으로 차나 한약재로 이용된다.

■ **하우스 감귤**

제주의 하우스 감귤은 겨울철에 난방시설을 이용하여 인위적으로 수확기를 조절하여 재배한 것으로 한겨울에 꽃이 피고 5~9월까지 수확하며 당도는 120° Brix 이상이다. 특히 5월쯤에 수확하는 감귤(극조기)은 한여름에 출하되는 감귤과 달리 당도가 높고, 산이 낮으며, 속껍질과 과육이 부드럽고 과육에 즙이 많다.

(2) 금귤 [금감(金柑), swingle]

■ 분류 및 특징

중국이 원산지이며 동아시아에서 재배된다. 우리나라에서는 남부 지방에서 과수로 심는다. 열매의 길이는 2.5~3cm이고, 오렌지색으로 익는다. 관상용으로 보급되었으나 현재는 식용한다. 열매가 둥글고 나무가 금감보다 작은 것을 둥근 금감(japonica swingle)이라고 한다.

■ 성분 및 효능

금귤의 껍질에는 갈락탄, 펜토산, 플라보노이드 등의 성분과 함께 비타민 C와 유기산이 많이 들어 있어 감기 예방에 좋다.

■ 선별 기준

작은 타원형의 열매로 상처가 없고 선명한 노란색이나 붉은색이며, 반으로 갈랐을 때 씨가 적고 톡 쏘는 신맛이 나는 것이 좋다. 껍질째 먹는 과일이므로 금귤이 잠길 정도의 물에 소금을 넣고 잘 섞어 1~2분간 흔들어 씻어 농약을 제거한 다음 물기를 제거하고 보관한다.

■ 조리 및 가공

주로 껍질째 생과로 많이 이용하고, 설탕에 절이거나 설탕을 넣고 졸여서 먹으며, 술에 담구는 방법 등으로 다양하게 사용한다.

(3) 라임(lime)

▪ 분류 및 특징

인도 북동부 지방의 미얀마 북부와 말레이시아가 원산지이며, 추위에 약하므로 아열대·열대 지방에서 널리 재배한다. 태국, 말레이사아, 인도네시아에서 인기 있다. 라임은 넓은 타원 모양이고, 지름이 약 4cm이다. 열매가 익으면 껍질이 얇아지고 초록빛을 띤 노란 색이 된다. 열매의 과육은 황록색이고, 연하며 즙이 많고 신맛이 나며, 레몬보다 더 새콤하고 달다. 라임은 밀감산을 함유하고 있는 신라임(acid lime)과 구연산이 없는 단라임(sweet lime)으로 크게 나눈다. 신라임은 열대 지방에서 좋은 품질의 열매를 얻을 수 있다. 단라임은 열매 껍질이 매끈하고 신맛이 거의 없지만 약간 쓴맛이 있다. 열매는 익기 전에 수확한다.

▪ 성분 및 효능

라임에는 비타민 C가 풍부하여 괴혈병 예방에 효과적이다.

▪ 선별 기준

껍질이 단단하며 표면에 광택이 있고 무게가 있으며, 잘랐을 때 씨가 거의 없는 것이 좋다. 흐르는 물에 깨끗이 씻어 반으로 갈라 씨를 제거하고 요리에 이용한다. 상온에 보관하거나 신문지에 싸서 냉장 보관하고, 껍질을 벗긴 열매는 밀봉하여 보관한다.

▪ 조리 및 가공

라임 열매는 피클이나 처트니(chutny)를 만들 때 사용하고, 라임의 즙액은 음료수, 음식, 화장품 등의 향기를 내는 재료로 쓰인다. 또한 홍차, 샐러드, 프라이, 불고기와 생선구이 등에 양념으로도 사용한다.

(4) 레몬(lemon)

▪ 분류 및 특징

열매는 1년에 6~10번 수확하는데, 주로 10월 이후~다음해 봄까지 수확하고 11~12월에 가장 많이 수확한다. 캘리포니아에서는 연중 수확하며 1~5월에 가장 많이 수확한다. 열매는 타원 모양이고, 겉껍질이 녹색이지만 익으면 노란색으로 변하며 향기가 강하다. 완전히 익기 전에 껍질이 녹색일 때 수확하여 익힌다.

■ 성분 및 효능

비타민 C와 밀감산이 많기 때문에 신맛이 강하며, 피로회복을 돕는다. 비타민 C가 풍부하여 감기 예방에 좋다.

■ 선별 기준

향이 좋으며 표면에 광택이 있고 무게가 있는 것이 좋다. 흐르는 물에 깨끗이 씻어 반으로 갈라 씨를 제거하고 요리에 이용한다. 신문지에 싸서 냉장 보관하고 사용 후 남은 레몬은 절단면을 접시 쪽으로 해서 냉동실에 얼려놓는다. 레몬의 비타민 C는 파괴되기 쉽고 향기도 없어지기 쉬우므로 조리 직전에 즙을 짜도록 한다.

■ 조리 및 가공

과즙은 음료, 식초, 화장품의 원료로 사용하며, 파이, 빵, 과자를 만들 때 향료로도 사용하고, 젤리나 마멀레이드(marmalade)를 만든다. 껍질은 레몬유(油)를 짜서 음료, 향수 및 레모네이드의 원료로 사용한다.

(5) 오렌지(orange)

■ 분류 및 특징

인도가 원산지이며 세계 최대 생산국은 브라질이다. 모양이 둥글고 주황빛이며, 껍질이 두껍고 즙이 많다. 종류는 표 7-3과 같이 발렌시아오렌지, 네이블오렌지, 블러드오렌지로 나뉜다.

【표 7-3】 오렌지의 종류 및 특징

품 종	특 징	생 산 지
발렌시아오렌지	즙이 풍부하여 주스로 가공한다.	세계에서 가장 많이 재배하는 품종
네이블오렌지	껍질이 얇고 씨가 없으며 밑부분에 배꼽처럼 생긴 꼭지가 있다.	캘리포니아
블러드오렌지	과육이 붉고 독특한 맛과 향이 난다.	이탈리아, 에스파니아

■ 성분 및 효능

당분 7~11%, 유기산 0.7~1.2%가 들어 있어 상쾌한 맛이 난다. 비타민 C는 40~60 ㎎/100g이 들어 있고, 식이섬유와 비타민 A도 풍부하여 감기 예방과 피로 회복, 피부 미용 등에 좋다. 오렌지내 플라본 화합물은 콜레스테롤을 저하시키며 혈압 강하작용이 있다.

■ 선별 기준

모양이 둥글고 단단한 것, 무겁고 껍질이 부드러운 것이 좋다. 껍질을 깨끗이 씻은 다음 물기를 제거하고 비닐백에 넣어 냉장 보관한다.

■ 조리 및 가공

생으로 먹거나 주스, 잼, 마멀레이드를 만들어 먹는다. 각종 요리와 과자 재료로 이용되며, 고기 요리에 상큼한 맛과 향을 내는 오렌지 소스로도 쓴다. 껍질에서 짜낸 정유는 요리와 술의 향료나 방향제로 사용한다.

(6) 유자(柚子, citron)

■ 분류 및 특징

원산지는 중국 양쯔강 상류이다. 우리나라는 신라의 장보고가 중국 당나라 상인에게 얻어와 널리 퍼졌다고 한다. 밝은 노란색의 공 모양이며, 지름은 약 4~7cm이다. 껍질이 울퉁불퉁하고 신맛이 강하다. 종류에는 청유자, 황유자, 실유자가 있다. 한국, 중국, 일본에서 생산되며, 한국산이 가장 향이 진하고 껍질이 두껍다. 국내 주요 산지로는 전라남도 고흥, 완도, 장흥, 진도와 경상남도 거제, 남해, 통영 등이다.

■ 성분 및 효능

비타민 C가 레몬보다 3배나 많이 들어 있어 감기와 피부미용에 좋고, 노화와 피로를 방지하는 유기산이 많이 들어 있다. 그 밖에 비타민 B와 탄수화물, 단백질 등이 다른 감귤류 과일보다 많고, 모세혈관을 보호하는 헤스페리딘(hesperidine)이 들어 있어 뇌혈관장애와 중풍을 막아 준다. 또한, 배설작용을 해서 몸 안에 쌓여 있는 노폐물을 밖으로 내보낸다.

■ 선별 기준

껍질이 단단하고 울퉁불퉁하면서 상처가 없고, 향과 색이 짙은 것이 좋다. 흐르는 물에 깨끗이 씻어 이용한다. 껍질이 있는 채로 신문지에 싸서 냉장 보관한다.

■ 조리 및 가공

유자차로 즐겨 사용한다. 과육은 잼, 젤리, 양갱 등을 만들고, 즙으로는 식초나 음료를 만든다. 껍질은 동결 건조하여 즉석식품으로 이용하거나 분쇄하여 향신료로 쓴다.

(7) 자몽(grapefruit)

■ 분류 및 특징

원산지는 서인도제도의 자메이카로 여겨지며, 미국 플로리다주에서 많이 생산된다. 귤 모양으로 둥글며 지름이 10~15cm이다. 포도와 비슷한 향이 있고, 열매가 포도송이처럼 달린다고 하여 '그레이프프루트'라고 한다. 겉껍질은 가죽질이며 표면이 매끄럽고 노란색이다. 속껍질은 얇고 부드럽다. 과육은 옅은 노란색으로 즙액이 풍부하고, 맛은 시면서도 단맛이 강하며 쓴맛이 조금 있다. 최근에는 과육이 분홍색인 품종이 개발되었다. 우리나라에서는 1985년 수입 개방으로 많은 자몽이 수입되기 시작하였다.

■ 성분 및 효능

혈당을 조절하여 다이어트에 도움을 준다. 자몽에 풍부한 펙틴은 체내의 콜레스테롤을 낮춰 혈관질환을 개선해 준다.

■ 선별 기준

완전히 둥근 모양으로 눌러도 형태를 그대로 유지하고, 들어서 묵직한 것이 내용물이 알차게 들어 있다. 보관할 때는 신문지에 싸서 서늘한 곳에 보관한다.

■ 조리 및 가공

생과일로 먹거나 주스, 셔벗으로 만들어 먹는다.

(8) 한라봉(hallabong)

▪ 분류 및 특징

청견과 폰캉(중야 3호)의 교잡종으로 우리나라에는 1990년을 전후해 도입되었다. 이 품종이 제주도에서 재배되면서 '한라봉'이라 명명되었다. 껍질의 두께는 3.5~5㎜로, 크기에 비해 비교적 얇고 잘 벗겨진다. 당도가 높고 육질이 부드러우며 즙이 많다. 열매는 2~3월에 완전히 익는다. 1월경에 수확하여 4월말까지 판매가 가능하고, 4월 이후에는 겉마름 현상이 일어난다.

▪ 성분 및 효능

비타민 C가 풍부하여 피로 회복 및 감기 예방 효과가 뛰어나다.

▪ 선별 기준

한라봉은 껍질이 얇은 것이 당도가 높다. 껍질이 아주 들뜨거나 주름이 많은 한라봉은 신맛이 강하거나 싱거운 경우가 많다. 소금으로 문질러 껍질의 농약을 제거하여 이용한다. 서늘하고 통풍이 잘되는 상온에 보관하며, 보관할수록 맛이 좋아진다.

▪ 조리 및 가공

한라봉은 새콤달콤한 맛과 상큼한 향기까지 두루 갖추고 있어 껍질을 제거해 생으로 먹거나 차, 마멀레이드 등 가공식품으로 가공하여 먹는다.

(9) 천혜향

천혜향은 한라봉이 나온 이후 최근 개발된 품종으로 한라봉에 비해 산도가 낮으며, 감귤류 중에서 가장 단맛이 강한 고급 품종으로 평가받고 있다. 모양은 타원형으로 색상은 황등색이고, 껍질은 매끈하고 감귤보다 2~3배 크다. 껍질이 얇으며 육질은 부드럽고 과즙이 풍부하다.

'제주향, 미래향, 한라향, 백록향' 등 여러 이름으로 불리다가 명칭의 혼란으로 2006년부터 제주도청에서 천혜향으로 지정하였다.

3 장과[漿果, berry]

1) 딸기(straw berry)

■ 분류 및 특징

딸기

산딸기

과실의 모양은 공 모양, 달걀 모양이나 타원형이며, 대개는 붉은색이지만 드물게 흰색 품종도 있다. 깨와 비슷한 씨는 열매 속에 없고 과실의 표면에 있다.

■ 성분 및 효능

딸기는 비타민 C가 풍부해 항산화작용이 뛰어나며, 딸기 속의 엘라긴산(ellagic acid)은 암세포 억제에 도움이 된다.

■ 선별 기준

꼭지 부분까지 붉은색을 띠는 것이 잘 익은 딸기이다. 꼭지는 싱싱하고 진한 초록색을 띠는 것이 좋다. 딸기는 습도에 약하기 때문에 종이상자에 담아 보관하는 것이 좋다. 냉장고에 저장할 딸기는 꼭지를 떼지 말고, 비닐 랩을 씌워 보관한다. 딸기는 과육이 부드러우므로 흐르는 물에 가볍게 씻는 것이 좋고, 헹굴 때는 소금물로 재빠르게 헹구어 낸다.

■ 조리 및 가공

대부분 생식용으로 이용되고 일부는 잼, 젤리, 아이스크림, 냉동딸기, 딸기주 등의 원료로 사용된다.

2) 참외(melon)

■ 분류 및 특징

열매는 원주상 타원형이며 황록색, 황색 및 여러 가지 빛깔로 익는다. 인도산 야생종에서 개량되어 한국을 비롯하여 중국, 일본 등지에 퍼져 오랫동안 재배되어 왔다. 참외는 1950년대까지는 성환참외, 강서참외, 감참외 등 재래종들이 재배되었으나 1960년대부터 대부분 은천참외를 재배하고 있다. 은천참외는 단맛이 강하고 육질도 매우 좋다.

■ 성분 및 효능

다른 과일에 비해 영양 성분은 적으나 칼륨과 비타민 C의 함량이 높아 건강에 도움을 준다. 참외 꼭지를 말린 것은 체했을 때 한방에서 구토를 유발시키는 최토제(催吐劑)로 사용한다.

■ 선별 기준

껍질은 참외 고유의 맑은 노란색을 띠고 광택이 나며, 눌러봐서 육질이 단단하고 몸집에 흠이 없어야 하고, 소리는 맑은 것이 좋다. 골이 깊게 패여 있으며, 꼭지가 싱싱하고 향이 강한 것이 좋다.

■ 조리 및 가공

주로 생과일로 먹는다. 덜 익은 참외는 장아찌를 담근다.

3) 멜론(muskmelon)

■ 분류 및 특징

열매는 둥글고 과육은 백색, 담녹색 및 황등색 등이다. 표 7-4와 같이 여러 종류가 있다.

■ 성분 및 효능

멜론에는 β-카로틴, 비타민 C, 칼륨이 많아 항산화작용이 크다.

【표 7-4】 멜론의 종류와 특징

종 류	특 징
네트멜론(netted melon)	열매의 겉에 그물 모양의 무늬가 있고 향이 강하다.
캔털루프(cantaloupe)	열매의 겉에 그물 무늬가 없고 작은 돌기가 있으며 세로로 홈이 나있다.
겨울멜론(winter melon)	열매의 겉이 밋밋하거나 세로줄이 있으나 돌기나 그물무늬는 없다.
머스크멜론(musk melon)	강한 향을 사향(麝香:musk)에 비유한 것으로 향이 강한 네트멜론과 캔털루프에 붙인 이름이다.
참외(melon)	겨울멜론형에 속한다.

■ **선별기준**

그물 무늬(네트)가 촘촘하고 선명한 것, 손으로 눌러보아 쉽게 들어가지 않는 것, 꼭지가 싱싱한 것이 좋은 멜론이다. 바람이 잘 통하는 상온에 3~4일 정도 보관한 뒤 랩에 싸서 냉장고에 4~5시간 두었다 먹는다.

■ **조리 및 가공**

생과로 먹거나 요리에 이용한다. 냉동해서 먹거나 아이스크림, 주스 등에 사용한다.

4) 무화과(fig)

■ **분류 및 특징**

열매는 둥근 모양, 납작하면서 둥근 모양, 원뿔 모양 등이 있다. 과일의 껍질 색깔도 녹색, 노란빛을 띤 녹색, 노란색, 붉은빛을 띤 녹색, 자줏빛을 띤 갈색, 자줏빛을 띤 검은색 등 다양하다. 유럽과 미국에서는 말린 과일로 많이 쓰고, 한국과 일본에서는 주로 날로 먹는다. 전라남도 영암군에서 국내 총생산량의 90% 이상을 생산한다.

■ **성분 및 효능**

포도당과 과당이 약 10% 들어 있어 단맛이 강하다. 유기산으로는 사과산과 밀감산이 있으며, 암 치료에 효과가 있는 벤즈알데히드(benzaldehyde)와 단백질 분해효소인 피신(ficin)이 들어 있다. 그밖에 리파아제, 아밀라아제, 옥시다아제 등의 효소와 식이섬유 및 단백질이 풍부하다.

알칼리성 식품으로서 고대 이집트와 로마, 이스라엘에서는 강장제나 암, 간장병 등을 치료하는 약으로 사용하였다. 민간에서는 소화불량, 변비, 설사, 각혈, 신경통, 피부질환, 빈혈, 부인병 등에 약으로 쓴다. 한방에서는 말려 청열해독 치료제로 사용한다.

■ 선별 기준

갈라진 부분이 건조되지 않고 열매의 적갈색이 전체적으로 균일한 것이 좋다. 잘 익은 무화과의 표면을 마른 행주로 깨끗이 닦아 이용한다. 물로 씻을 때는 물기가 무화과 속으로 스며들지 않도록 조심해야 하며, 씻은 후에는 물기를 완전히 제거한다.

■ 조리 및 가공

단맛이 있어 생으로 먹거나 말려서 먹고 잼, 젤리, 술, 양갱, 주스, 식초 등으로 가공해 먹거나 각종 요리 재료로 이용한다.

5) 석류(石榴, pomegranate)

■ 분류 및 특징

원산지는 서아시아와 인도 북서부 지역이며, 한국에는 고려 초기에 중국에서 들어온 것으로 추정된다. 지름 6~8cm의 둥근 모양으로 단단하고 노르스름한 껍질이 감싸고 있으며, 과육 속에는 많은 종자가 있다. 종류는 단맛이 강한 감과와 신맛이 강한 산과로 나뉜다. 현재 중부와 남부 지방에서 정원수와 과수로 재배한다.

■ 성분 및 효능

주요 성분은 탄수화물이 약 16%를 차지하며 유기산으로는 새콤한 맛을 내는 밀감산이 약 1.5% 들어 있다. 껍질에는 탄닌, 종자에는 천연 식물성 에스트로겐이 들어 있다. 석류 추출액 중에는 안토시안과 페놀성 화합물을 포함한 폴라보노이드 성분이 풍부하여 항암, 항산화, 항염증, 항당뇨, 항미생물 활성이 있는 것으로 보고되고 있다.

■ 선별 기준

들어보았을 때 묵직하고 붉은색이 선명한 것, 외피가 단단하며 상처가 적게 난 것을 고른다. 1~5℃ 사이의 시원한 곳에서 15~20일 정도 보관이 가능하다.

■ 조리 및 가공

새콤달콤한 맛이 있어 생으로 먹거나 생과일 주스, 차로 끓여 먹는다. 과즙은 빛깔이 고와 과일주를 담그거나 농축 과즙을 만들어 음료, 잼, 시럽, 과자를 만드는 데 쓴다.

6) 수박(watermelon)

아프리카가 원산지로 고대 이집트 시대부터 재배되었다고 하며, 한국에는 조선시대 《연산군일기(1507)》에 수박의 재배에 대한 기록이 있는 것으로 보아 그 이전에 들어온 것이 분명하다. 오늘날에는 일반 재배는 물론 시설원예를 통한 연중 재배가 되고 있다.

수박의 품종은 과육의 빛깔에 따라 홍육종, 황육종 등으로 구분되며, 모양에 따라서는 구형, 고구형, 타원형 등으로 구분된다. 또한, 과피의 색에 따라 녹색종, 줄무늬종, 농록종, 황색종 등으로 구분되며, 열매의 크기에 따라서는 대형종, 중형종, 소형종, 극소형종 등으로 구분된다.

■ 성분 및 효능

수박의 주성분은 수분으로 이뇨작용 효과가 있어 몸이 자주 붓는 부종 환자와 다이어트 중인 사람에게 효과적인 과일이다. 한방과 민간요법에서는 구창, 방광염, 보혈, 강장 등에 쓴다고 한다.

■ 선별 기준

껍질이 얇고 탄력이 있으며 꼭지부위의 줄기가 싱싱한 것이 좋다. 껍질의 색은 선명하고 선이 확실한 것, 자른 단면의 색이 전체적으로 곱고 속살이 싱싱하고 당도가 높으며 씨가 없거나 적은 것, 씨가 검은 것이 좋은 상품이다. 과육의 조직은 치밀하며 속이 꽉 들어찬 것이 좋다.

하우스 조기 출하 수박은 짙은 녹색보다 연한 연두색이 좋고, 수박 특유의 검은 줄무늬가 뚜렷하며 색택이 짙은 것이 상품이다. 수박은 장시간 보관하면 감미가 떨어지므로 빠른 시일 내에 먹는 것이 좋다.

■ 조리 및 가공

껍질을 제거하고 생과일로 먹거나 주스로 만들어 마시기도 하며, 수박화채로 먹기도 한다. 수박 껍질은 나물이나 장아찌의 재료로 이용된다.

7) 포도(grape)

■ 분류 및 특징

원산지는 코카서스 지방과 카스피해 연안이며, BC 3000년 무렵부터 재배하였다. 한국에는 고려시대에 중국에서 들여온 것으로 추측된다. 품종은 크게 유럽종, 미국종, 교배종으로 나뉜다. 한국에서는 주로 추위와 병충해에 강한 미국종과 교배종을 심으며, 대부분은 교배종을 재배한다. 대표적인 품종은 거봉이며, 송이가 크고 씨가 적으며 단맛이 강하고 과즙도 풍부하다. 피오네(pione)는 짙은 자줏빛을 띤 검정색이다. 한국에서 가장 많이 재배하는 품종은 캠벌리(campbell's early)로서 자줏빛을 띤 검정색으로 알이 중간 크기이며 8월 중순~하순에 걸쳐 익는다. 신맛이 있으며 과즙도 많다. 그밖에 델라웨어(delaware), 머루포도(머스캣베일리 : muscat bailey A), 세리단(sheridan), 청포도(나이아가라 : niagara) 등이 있다.

■ 성분 및 효능

포도당, 과당이 많이 들어 있어 피로 회복에 좋고, 비타민 A, B_1, B_2, C, D 등이 풍부해서 신진대사를 원활하게 한다. 그밖에 칼슘, 철 등의 무기질도 풍부한 알칼리성 식품으로써 근육과 뼈를 튼튼하게 하며, 빈혈에 좋고 바이러스 활동을 억제하여 충치를 예방한다. 레스베라트롤(resveratrol)이라는 항암 성분이 있어서 암의 억제에도 효과가 있다. 신경세포를 만드는 신경 효소의 활동과 효능을 증진하여 알츠하이머병이나 파킨슨병 등의 퇴행성 질병을 예방하는 데도 도움을 준다.

■ 선별 기준

줄기가 초록색이고 알이 터질 듯이 꽉 차며 껍질에 하얀 것이 많을수록 달다. 포도알의 크기가 일정하며 탄력이 있는 것이 좋다. 씻을 땐 밀가루를 미리 살짝 뿌려두었다가 10분 후 씻어내면 유해 성분이 밀가루에 흡착되어 함께 씻겨나가 깨끗하고 안전하게 껍질째 먹을 수 있다. 포도송이 위쪽이 달고, 아래로 갈수록 신맛이 강하므로 아래쪽을 먹어보고 고른다. 저장할 때는 포도 봉지에 싼 상태로 보관하거나 폴리에틸렌 봉지나 신문지에 싸서 냉장 보관한다.

■ 조리 및 가공

단맛이 많아 생과로 먹거나 건포도로 만들어 먹고 병조림, 주스, 잼, 젤리, 셔벗, 샐러드, 식초, 술 등에 이용하기도 한다.

■ 거봉 [巨峰, Kyoho]

1945년 일본에서 개발한 포도 품종으로 중부 지방에서 9월 중순경에 수확한다. 포도알은 크고, 단맛이 강하며, 짧은 타원 모양으로 육질은 부드러우면서 과즙이 많고, 껍질은 자줏빛을 띤 검은색이다. 무기질이 풍부하고 비타민, 칼슘, 칼륨, 철 등 각종 영양소가 많아 체내의 신진대사와 혈액순환을 원활하게 하며 소화 촉진과 피로 회복에 좋다.

■ 청포도

포도송이가 적당하고 알맹이가 균일하게 달린 것이 좋다. 포도송이 끝에 달린 알을 먹었을 때 잘 익은 것이 좋다. 당도는 높은 편이지만 신맛이 강하게 느껴진다. 과육은 연하고 과즙이 많으며 과실 껍질이 약하기 때문에 구입한 후 바로 먹는 것이 좋다. 수입산 청포도는 국산 청포도와 비교하여 출하 시기가 일정치 않으며 과육이 단단하고 길다.

4 열대과일

1) 구아바(guava)

■ 분류 및 특징

원산지는 아메리카 열대지방이며, 아열대에까지 널리 분포되어 있다. 열매는 공 모양이나 달걀을 거꾸로 세운 모양이며, 길이는 5~12cm, 지름은 5~7cm 정도이다. 연한 주황색으로 익고, 속에 작고 단단한 종자가 여러 개 들어 있다.

■ 성분 및 효능

과육은 즙이 많고 달콤하며 비타민을 많이 함유하고 있다. 다량의 칼륨은 나트륨의 배설을 촉진한다.

■ 선별 기준

초록색은 신맛이 강하고, 잘 익은 노란색은 향긋하고 달다. 직사광선을 피하여 보관한다.

■ 조리 및 가공

껍질째 생식하거나 주스로 만들어 먹는다. 통조림, 구아바젤리, 구아바치즈, 구아바잼, 과일주 등의 원료로 쓴다. 잎은 말려서 차로 마시는데 쑥과 같은 약초 향이 난다.

2) 두리안(durian)

■ 분류 및 특징

인도, 미얀마, 말레이시아 등지에서 재배된다. 열매는 지름 20~25cm이고 타원형이거나 거의 둥글며, 7~8월에 갈색으로 익고 굵은 가시가 밀생한다. '과일 중의 왕자'라는 별명을 지닌 크고 맛있는 열매의 과육은 연한 황색이며, 양파 썩은 냄새가 나므로 싫어하는 사람도 있다.

■ 성분 및 효능

당분의 함량이 많아 포도당을 빨리 공급하므로 원기 회복에 좋다.

■ 선별 기준

만져보았을 때 단단한 것이 좋으며, 너무 익은 것은 껍질이 갈라지기 쉽다. 두리안을 잡고 꼭지에서 아래로 칼집을 깊게 내어 손으로 벌려가며 벗긴다. 밀폐 용기에 담아 냉장 보관한다.

■ 조리 및 가공

생과일이나 주스 등으로 섭취하거나 과자, 잼 등을 만든다.

3) 람부탄(rambutan)

■ 분류 및 특징

말레이시아가 원산지이고, 열매는 타원형의 작은 달걀만한 크기이다. 7~8월에 붉은색으로 익고, 길고 부드러운 돌기로 덮여 있다. '람부탄'이란 말레이시아어로 '털이 있는 열매'라는 뜻으로 돌기로 덮인 모양 때문에 생긴 이름이다. 과육은 흰색이고 과즙이 많으며 달고 신맛이 있다.

■ 선별기준

색깔이 선명하고 싱싱한 것을 고른다. 깨끗이 씻어 밀봉하여 냉장 보관한다.

■ 조리 및 가공

손에 힘을 주어 껍데기를 벗기면 달콤한 알맹이가 나온다. 과육을 생으로 먹거나 얼려서 먹는다.

4) 리치(lychee)

■ 분류 및 특징

원산지는 중국 남부이며, 새콤달콤한 맛이 나는 과일로 양귀비가 좋아했다고 알려져 있다. 인도, 타이, 베트남, 인도네시아 등지에서 많이 생산되는 열대과일이다.

■ 성분 및 효능

리치에 들어있는 폴리페놀계 화합물은 항산화작용이 뛰어나며 시력 보호, 혈류 흐름개선에 효과가 있다. 저열량, 저지방 식품이다.

■ 선별 기준

색깔이 선명한 것을 고른다. 껍질을 벗긴 후 칼로 반을 잘라 씨를 꺼낸다. 보관할 때는 깨끗이 씻어 밀봉하여 냉장 보관한다.

■ 조리 및 가공

과육을 생과나 얼려서 먹고, 통조림으로 가공한다.

5) 망고(mango)

■ 분류 및 특징

원산지는 말레이반도, 미얀마, 인도 북부 지역이다. 열매는 핵과로써 5~10월에 익으며 넓은 달걀 모양이고, 길이 3~25cm, 너비 1.5~10cm이나, 품종마다 차이가 크다. 익으면 노란빛을 띤 녹색이거나 노란색 또는 붉은빛을 띠며, 과육(果肉)은 노란빛이고 즙이 많다. 종자는 1개 들어 있으며, 원기둥꼴의 양끝이 뾰족한 모양으로 약으로 쓰거나 갈아서 식용한다.

일반 망고는 필리핀에서 재배되며, 과육이 치밀하고 단맛과 산미의 균형이 좋은 것이 특징이다. 애플 망고는 멕시코에서 재배되며, 사과를 닮은 색으로부터 이름이 붙여졌다. 과육이 부드러워서 먹기 쉽고, 향이 진한 것이 특징이며, 과육의 색깔은 오렌지색으로 단맛이 강하다.

■ 성분 및 효능

비타민 A, C, D가 많으며, 카로틴은 녹색잎 채소와 거의 같은 양이 들어 있다. 망고는 농후한 맛에 비해 칼로리는 68kcal/100g으로 낮으며, 피부 세포의 대사를 활발하게 하여 피부미용에 좋은 과일로 알려져 있다. 망고 1개는 1일에 필요한 비타민 C의 약 1/2~2/3를 함유하고 있다.

■ 선별 기준

검은 반점이 없으며 매끈하고 깨끗한 것을 고르며, 진한 황색에 향이 진한 것이 좋다. 깨끗이 씻어 실온에 보관한다.

■ 조리 및 가공

생으로 먹거나 주스, 통조림, 젤리로 만들어 먹는다. 아이스크림, 디저트와 과자 재료로 쓰며, 과육을 갈아 샐러드 드레싱이나 소스, 스프 등에 사용한다. 말려서 이용하기도 한다. 덜 익은 것은 채소와 같이 볶거나 절여서 먹는다.

6) 망고스틴(mangosteen)

■ 분류 및 특징

원산지는 말레이시아이며 인도네시아, 말레이시아, 타이완, 필리핀, 인도, 스리랑카 등지에 분포한다. 열매는 약간 납작한 공 모양으로 지름 4~7cm 크기로 꽃이 핀 다음 5개월 뒤에 짙은 자주색으로 익고 꽃받침이 붙어 있다. 꼭지를 따고 손가락으로 양쪽을 힘 있게 눌러 두 부분으로 가르면 마늘같이 생긴 알맹이가 방사상(放射狀)으로 늘어서 있으며, 알갱이 겉에 붙은 육질부를 먹는다.

■ 성분 및 효능

탄수화물인 당분이 많이 함유되어 있으므로 다이어트 시 과량 섭취는 피하는 것이 좋다. 과육의 색소에는 탄닌이 들어 있어 쉽게 색이 변하지 않아 염료로도 사용한다.

■ 선별 기준

진한 자주색으로 무겁고 향이 진한 것이 좋다. 깨끗이 씻어 껍질을 벗겨 이용한다. 실온에 보관하거나 냉동 저장한다.

■ 조리 및 가공

향기가 있고 새콤달콤하여 '열매 중의 여왕'이라고 할 정도로 맛이 뛰어나다. 생으로 먹거나 말려서 이용하기도 한다. 주스, 통조림, 젤리, 아이스크림으로 가공하기도 한다.

7) 바나나(banana)

■ 분류 및 특징

열대 아시아가 원산지다. 열매는 장과에 속하며, 과방(果房)에 계단 모양으로 달린다. 날것을 그대로 먹는 품종(common banana)은 길이가 6~20cm, 지름이 3.5~5cm이다. 요리용 바나나(plantain banana)는 길이가 30cm, 지름이 7cm이다. 열매의 색깔은 잿빛을 띤 흰색, 노란색, 귤색 등이 있고 향기와 단맛 등에도 변화가 많다.

■ 성분 및 효능

칼륨의 함량이 높고 나트륨은 매우 적어 고혈압 환자에게 좋다. 바나나는 특히 노인과 어린이 간식으로 적합하다.

■ 선별 기준

상처가 없고 윤기가 있는 것을 고른다. 바나나는 껍질에 갈색 반점이 한둘 나타났을 때가 맛이 제일 좋다. 상온에서 보관하며, 냉장 보관 시 껍질이 까맣게 변해버린다.

■ 조리 및 가공

생으로 먹거나 주스, 바나나 퓨레, 바나나 후레이크, 바나나 넥타, 건조 바나나 등으로 만들어 먹는다.

8) 아보카도(avocados)

■ 분류 및 특징

멕시코와 남아메리카가 원산지이다. 중앙아메리카와 서인도에서 많이 심으며, 미국의 캘리포니아주와 플로리다주에도 분포한다. 악어의 등처럼 울퉁불퉁한 껍질 때문에 '악어배'라고도 한다. 열매는 녹갈색, 자줏빛을 띤 검은색 등이고, 둥글거나 타원 모양 또는 서양배 모양 같다. 길이는 10~15cm이며, 종자는

1개씩 들어 있고 매우 크다.

■ 성분 및 효능

지질 19%, 다량의 탄수화물과 단백질이 들어 있고 비타민의 함량도 높다. 주로 올레인산(oleic acid)과 같은 단일 불포화지방산의 함량이 많아 심장질환, 암, 당뇨병 등의 위험성을 감소시키는 특성을 가지고 있다.

■ 선별 기준

껍질의 색이 녹색에서 약간 검게 변할 때 손으로 쥐어 봐서 조금 탄력성이 느껴지는 것을 고른다. 과육은 버터같이 부드럽고 노란색을 띠며 독특한 향기가 난다. 사용할 때는 씨를 따라서 칼을 넣어 좌우를 반대 방향으로 돌리면서 씨를 빼낸 후 껍질을 벗기고 원하는 요리에 맞는 크기로 자른다.

■ 조리 및 가공

생으로 먹거나 소스를 만들며 샐러드, 캘리포니아롤 등의 재료로 사용한다. 빵에 발라먹거나 아보카도 기름을 채취하기도 한다.

9) 용과(龍果, dragon fruit, pitaya)

■ 분류 및 특징

선인장 열매의 일종으로, 원산지는 중앙아메리카이다. 지금은 베트남, 타이완, 중국, 타이, 일본 등 아시아의 따뜻한 지역에서 널리 재배되고 있다. 우리나라의 제주도에서도 특산품으로 재배된다.

가지에 열매가 열린 모습이 마치 용이 여의주를 물고 있는 형상과 닮았다고 하여 붙여진 명칭이라고 한다. 열매는 타원형이며, 꽃잎이 진 뒤 30~40일이 지나면 수확할 수 있다. 품종은 백육종과 적육종, 황색종이 있다. 백육종은 과피는 붉은색이지만 과육은 흰 품종이고, 적육종은 과피와 과육이 모두 붉은 품종이다. 황색종은 과피가 노랗고 과육은 희다. 제주도에서는 백육종과 적육종만 재배되고 있다.

■ 성분 및 효능

칼륨 함량이 272mg/100g로 사과(95mg), 배(171mg)나 망고(189mg)보다 우수하며, 마그네슘, 칼슘, 철, 아연, 나트륨, 카로틴, 수용성 식이섬유, 탄수화물, 단백질, 지질, 비타민 C, B_1, B_2 등 인체에 유익한 영양 성분과 항산화 물질을 풍부하게 함유하고 있다. 당도는 16~18° Brix로 사과(8~16°Brix), 복숭아(7~15° Brix)나 밀감(7~16° Brix)보다 높다.

■ 선별 기준

색이 선명하며 무거운 것이 좋다. 깨끗이 씻어 실온에 보관한다. 껍질을 벗겨 이용한다.

■ 조리 및 가공

백육종은 여러 조각으로 잘라서 바나나처럼 껍질을 벗겨 먹을 수 있다. 적육종은 과일의 색소가 손에 묻으므로 숟가락으로 떠먹는 것이 좋다. 물이나 우유, 요구르트, 꿀물 등을 섞어서 믹서에 갈아 먹어도 좋다. 그 외에 화채나 젤리를 만드는 데 주재료로 사용되기도 한다.

10) 코코넛(야자, coconuts)

■ 분류 및 특징

코코넛은 인도, 인도네시아, 남태평양 연안 등 열대 지방에서 잘 자라고, 심은지 6~9년 만에 결실한다.

■ 성분 및 효능

코코넛은 영양가가 많고 식이섬유가 풍부할 뿐 아니라 비타민과 무기질이 많이 함유되어 있어서 기능성 식품과 약으로 이용된다. 코코넛 오일에는 포화지방산이 92%나 되고, 그 중 중간 사슬 지방산(MCT)이 62%로 많이 함유되어 있다. 이 지방산은 그 구조가 간단하여 소화, 흡수가 잘되고 세포 기능의 정상화, 효소 분비의 정상화, 호르몬 분비의 정상화, 면역체계 증강의 효과가 있다. 특히 라우린산(lauric acid)은 항균 효과가 탁월하여 피부에 바르면 여드름, 건선, 포진, 습진 등에 좋다.

■ 선별 기준

미숙과는 저장성이 불량하여 생산지에서만 이용되고, 성숙과는 저장성이 있으나 과육이 단단하여 분쇄한 후 사용한다.

■ 조리 및 가공

과즙은 냉장고에 넣어 차게 한 코코넛 윗부분의 꼭지 부분에 있는 3개의 점 중 제일 큰 곳에 빨대를 꽂아 마신다. 코코넛 과일은 미숙과로 과육을 그냥 먹거나 아이스크림, 파이, 케이크, 쿠키 등에 이용한다. 코코넛 오일은 포화지방산이 많아 산화에 안정하고 제과, 제빵, 튀김용으로 사용된다. 코코넛 분말은 쿠키와 케이크를 만들 때 사용되고, 떡의 고물로도 이용된다.

11) 키위(양다래, kiwi)

■ 분류 및 특징

중국이 원산지이며 뉴질랜드와 캘리포니아에서 주로 재배한다. 열매가 뉴질랜드에 서식하는 키위새처럼 생겼다고 하여 '키위'라 한다. 6~7월에 흰 꽃이 피고 8~9월에 익는다. 단맛과 함께 상큼한 신맛이 나며, 덜 익으면 신맛이 강하고 익을수록 단맛이 강하다. 원기둥이나 달걀 모양이며, 껍질은 갈색을 띤 녹색으로 털이 나 있다. 단단하고 투명한 과육의 가운데 부분은 크림색이고, 그 둘레는 연한 녹색이며, 과육의 가운데에 자줏빛이 도는 검은색의 식용 가능한 씨가 동심원상으로 배열되어 있다.

한국에서는 1977년에 뉴질랜드에서 묘목을 도입해 제주도, 전라남도, 경상남도에서 주로 재배하고 있다. 2006년에 '제시골드(jecy gold)'라는 골드키위를 국내 기술로 개발하여 생산하고 있다.

■ 성분 및 효능

키위는 단백질 분해 효소인 액티니딘(actinidin)을 많이 함유하고 있기 때문에 육질을 부드럽게 한다. 비타민 C가 풍부하다.

■ 선별 기준

껍질 색깔이 윤기 있는 갈색을 띠고, 예쁜 달걀 모양을 한 것으로 모양이 고르며, 손가락으로 눌렀을 때 약간 말랑말랑한 느낌이 드는 것을 고른다. 딱딱한 것은 15~20℃의 상온에서 계속 숙성시킨다. 물에 씻어 잔털을 제거하고 껍질을 벗겨 이용한다.

■ 조리 및 가공

생과로 껍질을 제거한 후 먹거나 샐러드나 디저트, 제빵, 음료, 잼, 아이스크림에 이용한다.

■ 골든키위(golden kiwi)

골드키위는 그린키위에 비해 단맛이 강하고 비타민 C가 하루 권장량보다 2배나 많은 것이 특징이다.

12) 파인애플(pineapple)

■ 분류 및 특징

원산지는 중앙아메리카와 남아메리카 북부 지역이다. 열매는 길이 15~20cm, 지름 10~12cm이며, 큰 품종은 길이 약 30cm, 지름 약 17cm에 이르는 것도 있다. 열매 모양은 원통 모양, 원뿔 모양, 달걀 모양 등이 있으며, 익으면 주황색에서 노란색으로 되고 향기가 있다. 하와이, 필리핀, 타이완, 말레이시아, 타이 등지에서 많이 생산한다. 한국에는 1960년대 이후부터 제주도 등에서 비닐하우스로 재배되고 있다.

■ 성분 및 효능

열매는 즙이 많고 서당, 밀감산이 다량 들어 있어 상쾌한 단맛과 신맛이 있다. 비타민 C와 신진대사를 원활하게 하는 비타민 B_1을 함유하고 있어 피로 회복에 효과가 있다. 브로멜린(bromelin)이라고 하는 단백질 분해효소도 들어 있어서 육류의 소화를 돕는다.

■ **선별 기준**

잎이 작고 단단한 것이 좋다. 껍질 색의 1/3 정도가 녹색에서 노란색으로 바뀐 것이 좋다. 잘라 보아 달콤한 향이 강할수록 당도가 높다. 일반적으로 열매를 수확한 뒤 2~3일 후숙하면 단맛이 강해진다. 과즙이 바닥 부분에 모여 있기 때문에 잎 부분을 아래로 하여 하루쯤 두었다가 먹는 것이 좋다.

■ **조리 및 가공**

껍질과 과육을 분리하고 가운데 심을 제거하여 생과로 섭취한다. 과실주나 주스, 통조림을 만들기도 한다.

13) 파파야(papaya)

■ **분류 및 특징**

원산지는 열대 아메리카이고, 전 세계의 열대 지방에 분포하며, 한국에서는 온실에서 재배한다. 열매는 공 모양, 달걀을 거꾸로 세워놓은 모양, 타원형 등이고 무게는 0.2~3kg이다. 빛깔은 녹색을 띤 노란색에서 붉은색을 띤 노란색으로 변하고, 과육은 짙은 노란색이나 자줏빛을 띤 빨간색이며, 두껍고 콩알만 한 많은 종자가 젤리 같은 것에 싸여있다.

■ **성분 및 효능**

어린 열매에 상처를 내고 얻는 파파인(papain)은 단백질의 소화를 돕는다.

■ **선별 기준**

껍질이 깨끗하고 노란색을 띠는 것, 속은 오렌지나 연어 속살과 같은 색을 띠는 것이 좋다. 흐르는 물에 깨끗이 씻어 머리와 밑동을 자른다. 세로로 반을 자른 후 씨를 긁어내고 숟가락으로 떠먹는다.

■ **조리 및 가공**

열매는 식후 디저트용으로 날로 먹거나 샐러드, 파이, 셔벗, 주스, 잼, 당과 등을 만드는데도 쓰인다. 초록색을 띠는 덜 익은 열매는 채소 대용으로 볶음 요리에 쓰거나 소금에 절여서 사용한다. 잎과 꽃은 채소로 활용하고, 종자는 독특한 맛이 있으므로 향신료로 이용한다.

참고문헌

1. 고범석, 이수진. 2005. 바나나의 품질 특성 및 한일 양국의 소비 현황에 관한 연구 관광식음료경영연구 16(1) : 71~92
2. 김병삼, 김민정, 최정희. 2003. 예냉처리가 복숭아(미백)의 품질에 미치는 영향. 한국식품과학회지 35(6) : 1233~1236
3. 김은실 외. 2005. 21C 웰빙 가공 저장 음식. MJ미디어
4. 김지강, 홍성식, 정석태, 김영배, 장현세. 1998. CA저장조건에 따른 여봉 딸기의 품질변화. 한국식품과학회지 30(4) 871~876
5. 박경태, 싱선엽, 전순실. 2008. 석류 추출물에 의한 인간호염구(KU812F 세포)의 탈과립 억제효과. 한국식품과학회지. 40(6) : 702~706
6. 배은경, 김건희. 2008. 분무건조를 이용한 아보카도 오일의 캡슐화. 한국식품과학회지 40(3) : 303~310
7. 송진, 이가순, 강현아, 장규섭. 1998. 생대추(*Zizyphus Jujuba* MILLER) 저장성 연구 한국식품과학회지. 30(2) : 272~277
8. 완준권. 2003. 웰빙식품 38가지. 청연출간
9. 유미회, 임효권, 이효정, 지영주, 이인선. 2006. 생대추(풋대추) 과육 및 씨 추출물의 항산화 효과 및 항산화 성분. 한국식품과학회지 38(1) : 128~134
10. 이영림. 2006. 몸이 예뻐지는 건강 웰빙법. 이지북
11. 이영은, 홍승헌. 2003. 한방식품재료학. 교문사
12. 이윤정, 이기택. 2009. 팜유와 아보카도유로부터 효소적 interesterification을 통한 trans free margarine stock 제조 및 이화학적 특성 연구. 한국식품과학회지. 41(3) : 231~237
13. 이종임. 2004. 식탁위의 혁명. 시공사
14. 이주현, 권광일, 배종호. 2005. 대추 추출액을 첨가한 빵반죽의 이화학적 특성. 한국식품과학회지. 37(4) : 590~596
15. 임계택, 이세중, 고정현, 오필선. 2005. 무화과 당단백질의 혈중지질 저하 효과. 한국식품과학회지. 37(4) : 624~630
16. 전경원. 2005. 몸에 좋은 색깔 음식. 고려원북스
17. 한국식품영양학회 감수. 2003. 식품개요사전

18. 한국식품영양학회 편. 2003. 식품영양학사전
19. 한국영양학회(2009) 식품 영양소 함량 자료집
20. 황자영. 2005. 매실의 건강 기능성. 한국식품과학회지 38(4) : 112~119
21. 황호선, 김중만, 송영애, 전예정. 2001. 앵두과즙과 Ethanol 추출액의 In vitro에서 Tyrosinase 활성 저해효과. 한국식품과학회지 33(6) : 760~763

제8장

육류(Meats)

제8장 육류(Meats)

육류는 인간에게 있어서 중요한 영양원으로 오랫동안 가축으로 키우고 식용하여 왔다. 우리나라에서는 시대별로 다양한 변화와 발달을 거쳐 육식문화가 형성되었다.

고기(viande)는 '생명에 도움이 되는 것'이란 의미를 가진 라틴어 '*vivanda*'에서 유래되었으며, 이 단어는 17세기에 정육점의 동물이나 수렵물, 가금류의 살을 지칭하는 것으로 모든 종류의 음식을 가리키는 말이었다. 이러한 어원에서와 같이 고기는 영양적으로 단백질을 제공해주고, 이 단백질에 의해 에너지가 생성되며 생명 유지에 중요한 역할을 하게 된다.

1 구조 조직

육류의 구조 조직으로는 근육조직(muscle tissue), 결체조직(connective tissue)과 지방조직(adipose tissue), 골격(bone), 내장(intestine) 등의 부산물로 구성된다. 어린 동물은 뼈에 비해 살이 많으며, 결체조직의 비율은 높고, 지질 함량은 낮다. 성숙한 동물은 지질 함량과 결체조직의 함량은 많으나 그 비율은 어린 동물에 비해 적어진다. 지질 함량이 많을수록 수분이 적어지고, 고기의 육즙(juiciness)은 더 증가한다. 성숙될수록 고기의 색은 짙고 붉어진다.

뼈의 상태는 동물의 연령과 암수에 따라 다르다. 어린 동물의 뼈는 작고 가늘며, 연하고 분홍빛을 나타내고, 성숙한 동물의 뼈는 단단하고 흰색이다. 뼈에는 황색 골수

(yellow marrow)가 들어 있는 것과 해면체형으로 적색 골수(red marrow)가 채워져 있는 것이 있다.

쇠고기의 부산물인 쇠머리, 양은 탕류에 이용되고, 간, 위(막창), 소장(곱창), 허파(부아), 염통(심장) 등은 구이에 많이 이용되며, 뇌는 전이나 찜 등에, 소 혀는 편육과 전골에 많이 사용한다. 이들은 특유의 냄새가 나므로 이를 제거하기 위해 소금이나 밀가루를 이용하여 문질러 씻거나 우유 등을 이용하여 냄새를 제거한다.

■ **소 위의 명칭**

첫 번째 위는 '양'(tripe-scaled), 두 번째 위는 '벌집 위'(honey comb), 세 번째 위는 보통 간과 같이 날로 먹는 '처녑'(omasum), 네 번째 위는 막창(abomasum)이다.

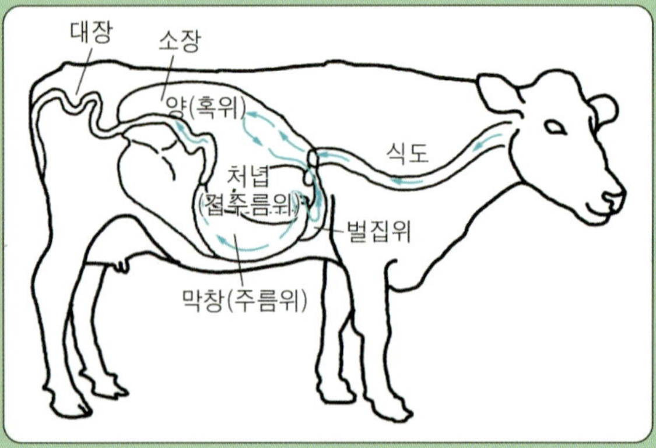

양

벌집위

처녑

막창(홍창)

2 사후경직과 숙성

사후경직(사후강직, rigor mortis)은 동물이 도살 후 시간이 지남에 따라 근육이 여러 변화에 의해 단단해지는 현상을 말한다. 해경(thaw rigor)은 경직 상태가 시간이 지남에 따라 수축되고, 굳은 근육이 이완되어 부드러운 상태로 연화되어 경직의 해제가 일어난 것을 말한다. 숙성(aging, ripening)은 해경한 후 냉장 온도에서 저장하면 근육 자체의 단백질 효소인 카텝신(cathepsin)에 의해 자가소화(autolysis)가 일어나 근원섬유 및 결제조직의 단백질이 일부 분해되어 경직이 풀리며, 고기의 근육 길이가 짧아져서 연해지고 맛이 증가하는 과정을 말한다.

근원섬유 단백질과 결합된 2가 양이온들이 1가 양이온으로 치환됨으로 근육단백질은 물 분자와의 결합 능력이 좋아진다. 즉, 보수력이 생겨서 핵산은 이노신산(inosinic acid), 리보스(ribose), 하이포산틴(hypoxanthine) 등의 향미 성분으로 분해된다.

육류의 사후경직과 숙성은 냉장온도에서 이루어져야 안전하다. 숙성 온도를 높이면 숙성 속도는 빨라지고, 실온에서 숙성시키면 세균에 오염되어 고기가 상하게 된다. 경직 중에 있는 고기는 가열 조리하여도 연해지지 않고 질기므로 조리 시에는 해경 후의 고기를 사용한다.

고기를 삶을 때 국물에는 유기・무기화합물이 우러나오며, 특히 유기염류가 많다. 구수한 맛 성분으로서는 글루탐산, 이노신산, 크레아틴, 퓨린 염기류 등이 있다. 육류의 소화율은 대략 95% 정도이나 조리방법에 따라 조금씩 다르다. 소화율은 생육일 경우 94.0%, 불고기 95.2%, 소금 절임고기 94.3%, 버터 구이 75.5%, 정도이다.

쇠고기와 양고기의 지질에는 포화지방산이 많아 녹는점은 높다. 돼지고기가 쇠고기에 비해 혀에 닿는 촉감이 좋게 느껴지는 것은 녹는점이 사람 혀의 온도에 가깝기 때문으로 보인다.

■ 육류의 포화지방산과 불포화지방산 함량 및 녹는점의 차이는?

- 포화지방산의 함량 :

- 불포화지방산의 함량 :

- 녹는점 :

3 가축류

1) 쇠고기(beef)

■ 분류 및 특징

소는 서부아시아가 발상지이며, 유목생활 시대에는 야생이었으나 농경생활이 정착되면서 사육되기 시작하였다. 소는 전 세계적으로 식육 자원에 이용되는 가축으로 보통 육우, 유우, 역우, 젖과 고기를 얻는 병용종으로 이용된다. 육우는 고기를 얻기 위해 사육되는 품종이고, 외형상의 특징은 다리가 짧으며, 어깨 부위와 앞가슴 부위, 뒷다리 부위의 근육이 잘 발달되어 있다. 한우, 유럽종, 아세아종으로 구분된다. 한우(韓牛)는 한국 소로 영양가도 높고 향과 질감이 좋은 육우이며, 우리나라에서 쇠고기는

1년 이상 된 소의 고기이다. 국내산 쇠고기는 외국의 소가 국내에 들어와 6개월 이상 풀을 뜯어 먹은 후에 도살된 쇠고기를 말하며, 냉동으로 수입이 되는 수입 쇠고기와 구별된다. 젖소고기는 영양소가 우유로 빠져나간 늙은 젖소를 도살한 고기이며, 육질이 질기고 맛이 떨어져 가격이 저렴하다.

■ 성분 및 효능

쇠고기의 영양 성분은 품종, 연령, 부위, 곡물이나 풀 등의 사료에 따라 차이가 있으며, 부위별 영양성분은 표 8-1과 같다. 육류의 단백질 함량은 근섬유의 양에 따라 다르며, 보통 20% 정도 함유되어 있다.

식육의 성분은 60~80%가 수분이고, 수분을 제외하면 단백질이 주성분이다. 단백질에 이어 중요한 것은 지방으로 피하, 장강(腸腔), 근육에 축적되는데 부위에 따라 함량이 다르다. 고기에는 소량의 글리코겐, 포도당, 갈락토스 등의 탄수화물이 들어 있다. 글리코겐은 새로 잡은 고기에 많이 있고 숙성할수록 분해되어 양이 감소한다.

【표 8-1】 쇠고기의 영양 성분(100g당)

종류	열량 (kcal)	수분 (%)	단백질 (g)	지질 (g)	콜레스테롤 (mg)	탄수화물 (g)	무기질(mg)					비타민(mg)			
							칼슘	인	철	나트륨	칼륨	A(RE)	B_1	B_2	니아신
등심	192	67.4	20.1	11.3	64.0	0.2	22	172	4.6	442	415	7	0.07	0.20	5.4
사태	130	74.1	20.2	4.7	49.0	0.1	3	156	2.1	75	344	12	0.04	0.14	1.4
안심	148	71.6	20.8	6.3	49.0	1.1	23	175	4.7	453	381	12	0.08	0.25	5.2
양지	167	69.3	21.3	8.1	51.0	1.0	16	158	5.0	361	372	14	0.06	0.18	5.2
우둔	132	73.1	21.0	24.5	47.0	1.1	20	180	5.8	449	386	7	0.07	0.22	5.3
갈비	307	56.4	16.5	24.4	55.0	1.9	9	110	3.0	127	194	7	0.03	0.27	0.9

자료 : 식품영양소 함량 자료집 2009

■ 선별 기준

육류는 수급 상태, 고기의 부위, 사료의 가격에 따라 육류 가격이 다르며, 조리 목적에 따라 고기의 종류와 부위를 선택하게 된다.

1) 쇠고기의 선택

신선한 쇠고기는 육색이 선홍색을 띠며, 조직이 치밀하고 단단하다. 썰었을 때 육즙이 나오지 않는 것이 좋은 것이며, 지방의 색은 흰색이나 연한 크림색으로 광택이 있는 것을 선택한다. 한우는 근내지방도, 육색, 지방색, 조직감, 성숙도에 따라 질 등급과 양 등급을 평가하여 구분한다. 한국, 미국, 캐나다의 품질 등급은 표 8-2와 같다.

【표 8-2】 나라별 쇠고기 품질등급

한국	미국	캐나다
1^{++}등급	Prime	Prime
1^{+}등급	Choice	AAA
1등급	Select	AA
2등급	Standard	A

(1) 근내지방도(마블링)

쇠고기는 근내지방이 섬세하고 고르게 분포되어 있는 것이 부드럽고 맛이 좋다. 흔히, 고급육이라고 부르는 것은 연한 정도, 다즙성, 향미에 의해 좌우되며, 근내지방이 많을수록 좋다.

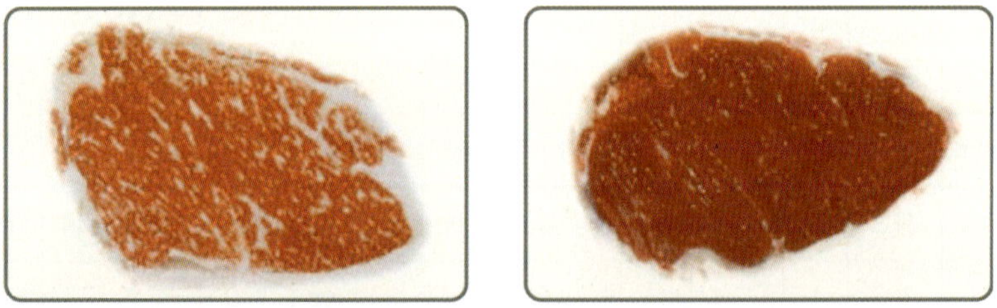

좋은 등급의 근내지방　　　품질이 떨어지는 근내지방

【그림 8-1】 근내지방에 따른 품질

(자료 : 축산물 등급 판정소)

(2) 육색

쇠고기의 색깔은 선홍색을 띠면서 윤기 있는 것이 좋다. 고기를 썬 직후에는 암적색을 나타내며, 공기 중에 노출되면 미오글로빈이 산소와 결합하여 선홍색이 되고, 시간이 오래될수록 육색은 갈색으로 변화된다. 그리고 나이가 많거나 운동량이 많은 부위일수록 육색은 짙어진다.

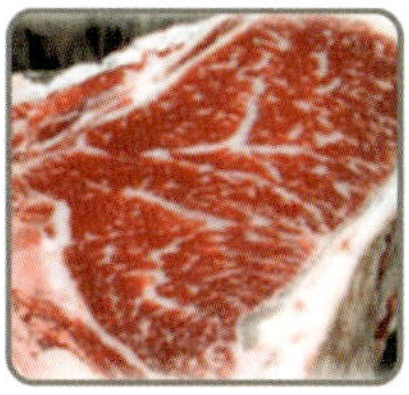

정상 육색

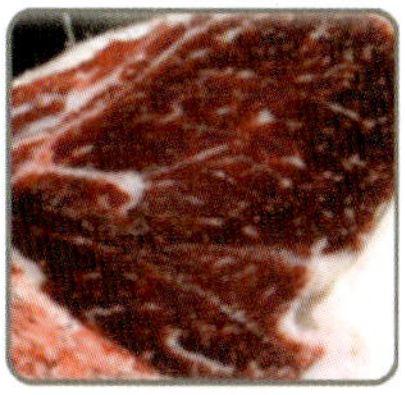

DFD 육색

【그림 8-2】 쇠고기의 육색

(자료 : 축산물 등급 판정소)

■ DFD육

DFD육은 색이 지나치게 검고(dark), 고기가 단단하며(firm), 건조한(dry) 고기를 말한다. 돼지보다 소, 특히 수컷에서 더 많다. 가축이 스트레스 등으로 인하여 글리코겐이 감소된 상태에서 도축될 경우 사후 pH는 높지만 근육 중의 낮은 글리코겐 함량으로 인하여 해당작용이 정지되고, 그 결과 육색소(myoglobin)는 산소결합력이 낮아져 암적색 색깔을 지니게 된다. 최종 pH가 6.0~6.5 이상(정상육 5.6 내외)이 되어 보수력이 높아진 결과 고기 표면이 건조해 질뿐만 아니라 세균번식의 최적 pH에 가까워져 세균오염 가능성이 커진다. 이러한 이유로 가정에서 이용하는 고기로서의 가치가 크게 저하될 뿐만 아니라 가공육의 원료로도 부적합해진다. 그러므로 가축 운송과정에서의 스트레스를 최소화 하고, 도축장에서의 충분한 휴식 등을 실시해 DFD육 발생을 최소화해야 한다.

(3) 지방색

쇠고기의 지방색은 흰색이나 연한 크림색을 나타내면서 윤기 나는 것이 좋다. 지방색은 사료, 나이, 영양섭취 상태 등에 따라 진한 노란색을 보이거나 푸석해진다.

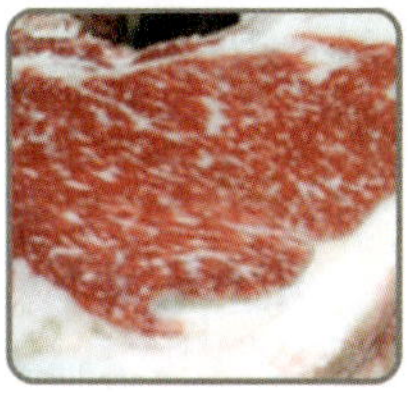

정상 지방

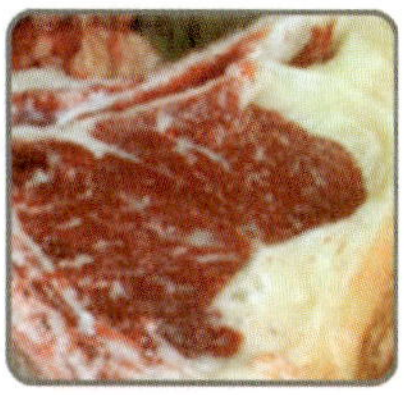

황색 지방

【그림 8-3】 쇠고기의 지방색

(자료 : 축산물 등급 판정소)

2) 재료의 손질 및 보관

쇠고기는 냉장이나 냉동 보관을 한다. 냉장 보관된 쇠고기는 숙성이 잘 되어 풍미가 좋게 된다. 쇠고기는 수분, 단백질, 지질 등 다양한 영양성분을 함유하고 있어 높은 온도에서는 변패되기 쉽고, 냉동시키면 세포조직이 파괴되어 육즙이 빠져서 고기 맛이 떨어지게 된다.

■ 조리 및 가공

쇠고기의 부위별 절단에 따른 명칭은 나라마다 차이가 있다. 우리나라와 미국의 부위별 명칭은 그림 8-4와 같다. 운동량이 많은 목심, 양지, 사태 등의 부위는 결체조직이 많아 질기나 움직임이 적은 안심, 등심 등의 부위는 결체조직이 적어 연하다. 질긴 부위는 물과 함께 장시간 가열하는 습열조리법이 적당하고, 연한 부위는 건열조리법이 적당하다. 쇠고기의 부위별 조리법은 표 8-3과 같다.

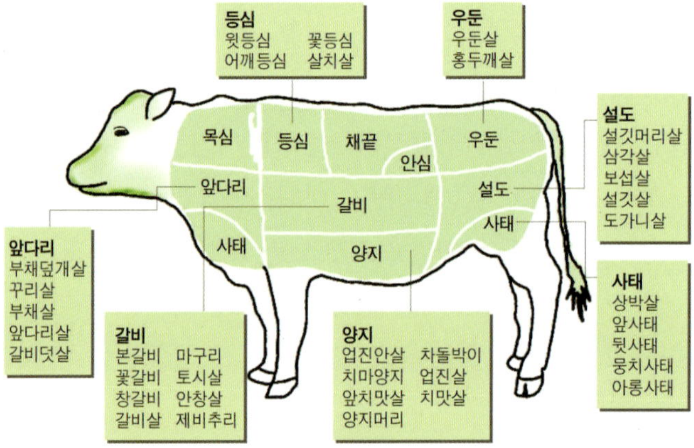

한국

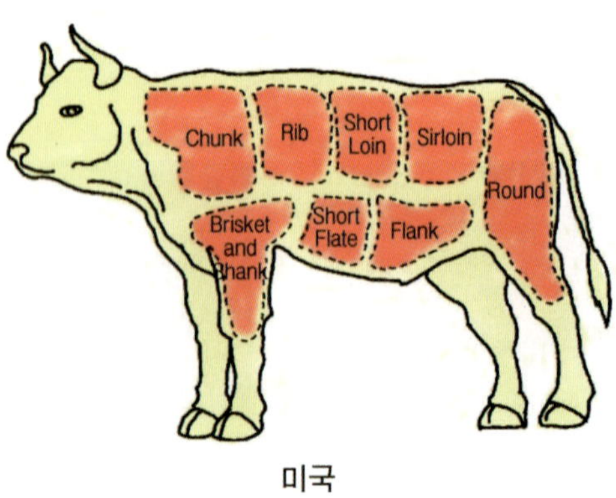

미국

【그림 8-4】 쇠고기의 부위별 명칭
(자료 : 축산물등급판정소, 2008)

【표 8-3】 쇠고기의 부위별 조리법

부위명	세부명칭	특징	조리법
목심, 장정육 (chuck) 	목심살 어깨살 (장정육)	다양한 근육이 모여 있고, 운동량이 많아 지방이 적고, 결체조직이 많아 약간 질기며, 젤라틴이 풍부하다.	스튜, 편육 스테이크나 구이(고급육) 불고기, 장조림(2등급이하)
등심 (loin) 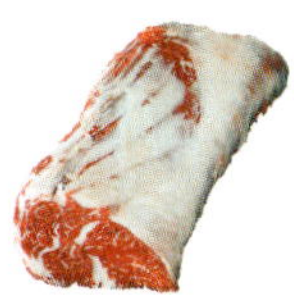	윗등심살 꽃등심살 어깨등심살 살치살	살이 두껍고 마블링이 잘 발달되어 있어 육질이 곱고 연하며, 지방이 적당히 섞여 있어 맛이 좋다.	불고기, 전골 (저급육) 구이나 스테이크(고급육)
채끝살 (striploin) 	채끝살	등심과 비슷한 모양으로 등심보다는 지방이 적고, 살코기가 많으며, 육질이 연하고 지방이 적당히 섞여있다.	로스구이·샤브샤브(고급육) 불고기와 국거리(저급육)
안심 (tenderloin) 		육질이 부드럽고 연하며, 육즙이 많고 고기 두께가 얇으며, 저지방으로 담백하다.	로스구이 고급 스테이크 및 구이용
우둔 (round) 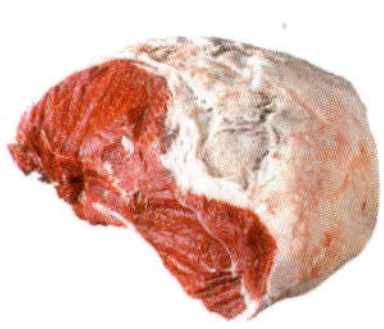	우둔살 홍두깨살	다리살 바깥부분으로 약간 질기고, 지방이 적고 살코기와 젤라틴이 많다.	산적, 육포, 불고기용 육회나 장조림
앞다리 (plate flank) 	앞다리살 갈비덧살 꾸리살 부채살 부채덮개살	갈비 바깥쪽에 위치하며 지방층과 근막이 많아 연한 부위와 질긴 부위가 서로 섞여 있으며, 운동량이 많아 육색이 짙다. 설도, 사태와 비슷한 특징이 있다.	부채살, 갈비덧살 : 구이용 꾸리살 : 육회 그 외는 불고기, 장조림용

부위	세부 부위	특성	용도
갈비 (rib) 	본갈비 갈비살 꽃갈비 참갈비 마구리 토시살 안창살 제비추리	근막이 많아 단단하지만 근내지방이 많아 맛이 있으며, 육즙과 골즙이 어우러진 부위로 풍미가 있다.	갈비살, 토시살, 안창살, 제비추리 : 구이용 마구리살, 통갈비, 상하단 부위 : 갈비탕용 그 외에는 찜갈비, 갈비구이
설도 (flank steak) 	도가니살 설깃살 설깃머리살 보섭살 삼각살	결이 거칠고 질긴 편으로 우둔과 비슷하며, 부위별 육질차가 크다. 도가니살은 가장 근육이 얇고 가늘고 부드럽고, 설깃살은 가장 운동량이 많은 부위이며, 보섭살은 막이 적고 맛이 좋다	도가니살 : 육회, 불고기 설깃살 : 산적, 편육, 불고기 설깃머리살과 삼각살 : 구이, 불고기, 전골 보섭살 : 스테이크
양지 (brisket) 	양지머리 차돌박이 업진살 업진안살 치마양지 치맛살 앞치마살	결합조직이 많아 육질이 질기며, 지방과 근막이 많다. 업진살과 치마살은 양지의 뒤쪽 부분으로 지방과 살코기가 교차하여 풍미가 좋다.	양지 : 국거리, 장조림 차돌박이 : 구이 업진안살, 치마양지, 치마살 : 구이
사태 (fore shank) 	앞사태 뒷사태 뭉치사태 아롱사태 상박살	근막이 많으며 운동량이 많아 근육이 모여 있으며, 콜라겐이나 엘라스틴이 들어 있어 질기나 물에 넣어 가열하면 젤라틴이 되어 연해진다.	탕, 장조림, 찜, 육회

자료 : 축산물등급판정소

2) 돼지 (pork)

▪ 분류 및 특성

돼지는 번식력이 우수해 생산성이 좋으며, 다른 가축보다 도축률이 좋아 다른 육류보다 중요한 식육 자원이다. 돼지는 신석기 시대의 농경정착과 함께 가축화된 것으로 거의 모든 부위가 다 사용된다. 돼지고기는 신선한 고기뿐만 아니라 베이컨이나 햄과 같은 육가공품 생산에 사용되며, 성분조성은 품종과 성별, 연령, 영양상태와 부위 등에 따라 차이가 크다.

어린 돼지의 고기는 수분함량이 높으며, 지질함량이 적고, 육질이 연하며, 맛은 단백하다. 또한, 수돼지는 근섬유가 굵으며, 특유의 냄새가 있어 육가공용으로 적당하지 않으며, 암돼지고기는 수돼지보다 지질함량이 높고, 육질이 연하며 맛이 더 좋다.

■ 성분 및 효능

돼지고기의 영양성분은 표 8-4와 같이 50-70%정도의 수분을 함유하며, 수분함량이 육질에 대해 미치는 영향이 가장 크다. 즉, 수분함량의 상태가 가공성, 저장성, 맛, 색 등에 관여하므로 중요한 성분이다. 수분함량이 많으면 지질함량은 상대적으로 적고, 보수성(water holding capacity, WHC)이 높은 것이 풍미가 좋다. 지방산 100g 중 팔미트산 26.6mg, 올레산 44.7mg 리놀레산 10.1mg으로 조성되어 있다. 탄수화물은 소량 함유하고 있으며, 대부분 글리코겐으로 존재한다. 글리코겐의 분해속도와 함유량은 고기의 보수력, 색, 결착성의 물리적 특성을 나타낸다. 무기질은 세포액의 염류 농도를 유지하고, 효소작용과 생체의 구성 대사에 중요역할을 한다. 또한, 축육의 보수성, 산패에도 영향을 미친다. 비타민은 상당량이 육즙으로 빠져나온다.

■ 선별기준

돼지고기는 색깔이 선명하고 윤기가 있는 담홍색이 좋으며, 기름지고 살코기가 두꺼운 것이 좋다. 육질등급은 삼겹살의 상태, 고기의 색깔, 지방의 침착정도 등에 따라 1+, 1, 2, 3의 4개 등급으로 구분한다.

규격등급은 도체의 중량, 등부위 지방두께, 비육상태 등에 따라 A·B·C·D의 4개 등급으로 구분된다.

돼지고기는 쇠고기와 마찬가지로 냉장 보관한 고기가 냉동된 고기보다 맛이 좋으며, 돼지고기는 소비자의 선호 부위가 다르므로 조리 용도에 맞추어 고기를 구입한다.

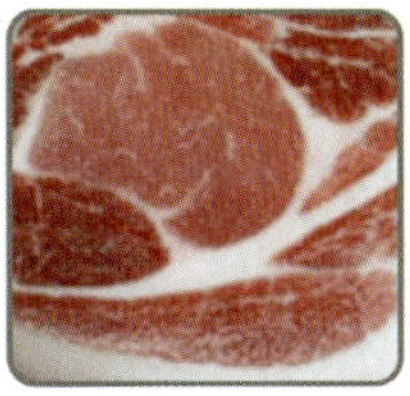

정상육

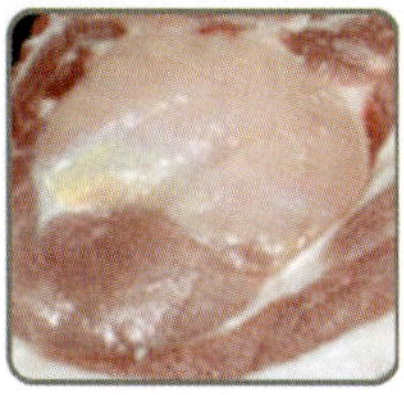

비정상육

【그림 8-5】 정상육과 비정상육 비교

(자료 : 축산물 등급 판정소)

【표 8-4】 돼지고기의 영양 성분(100g당)

종류	열량 (kcal)	수분 (%)	단백질 (g)	지질 (g)	포화지방산 (g)	불포화지방산 (g)	콜레스테롤 (g)	탄수화물 (g)	무기질(mg)					비타민(mg)				
									칼슘	인	철	나트륨	칼륨	A(RE)	B_1	B_2	나이아신	C
갈비	208	65.8	18.5	13.9	–	–	–	0.8	12	196	0.4	61	210	6	0.74	0.16	6.1	2
뒷다리	235	63.6	18.5	16.5	5.88	9.2	60	0.3	1	179	1.7	59	300	2	0.92	0.18	4.9	0
삼겹살	331	53.3	17.2	28.4	15.47	20.75	64	0.3	8	132	0.7	44	202	6	0.68	0.30	4.4	1
안심	223	70.8	14.1	13.2	–	–	–	0.5	2	227	1.6	49	117	2	0.91	0.18	4.1	0

[자료 : 식품영양소 향장 자료집 2009]

(1) 육색

돼지고기의 육색은 옅은 연한분홍색을 띠면서 윤기가 나는 것이 좋다. 스트레스를 많이 받은 돼지고기(PSE육 : 물돼지고기)는 육색이 창백하고 탄력성이 적어 물렁거리며, 육즙이 많이 흘러나오므로 구입 시 주의가 필요하다.

(2) 지방색

비육이 잘된 돼지고기는 지방색이 희고, 단단할 뿐만 아니라 육질이 연하고, 향미가 좋다. 반면, 지방이 지나치게 무르거나 노란색을 띠는 고기는 좋지 않다.

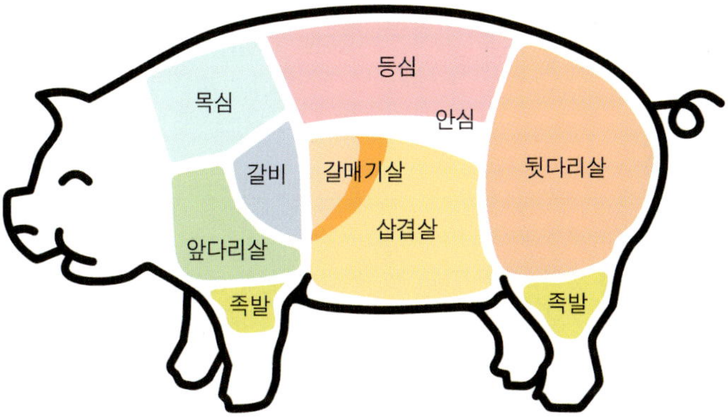

【그림 8-6】 돼지고기의 부위별 명칭

■ 조리 및 가공

돼지고기는 쇠고기보다 육색이 담홍색이나 회적색을 띠며 광택이 있다. 지방은 흰색으로 특유의 향이 있으며, 고기 사이에 적절히 분포되어 있다. 돼지고기의 지방은 음식을 연화시키며 풍미를 좋게 한다. 돼지고기의 부위별 명칭과 조리법은 표 8-5와 같다.

그 외 부산물로 돼지등뼈와 목뼈는 감자탕용으로 사용하고, 다리 중에서 맨 아래인 목과 발 부위인 장족은 족발용으로 사용한다. 돼지껍데기는 구워서 먹으며 단백질과 콜라겐 함량이 높아 다이어트 용으로 이용되기도 한다. 또한 돼지의 창자, 간, 허파는 순대로 사용한다.

【표 8-5】 돼지고기 부위별 조리법

부위명	특징	조리법
목심 (Boston butt) 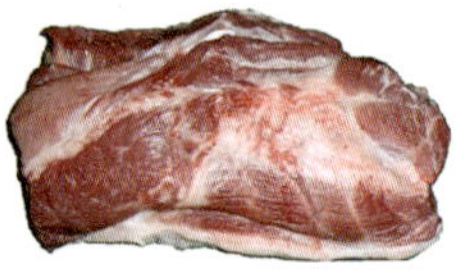	등심에서 목으로 이어지는 부위로서 여러 개의 근육 사이에 지방이 있어 맛이 좋다.	구이, 수육, 찜, 김치찌개용
항정살 	목과 앞다리 사이의 근육으로 섬세한 지방이 근육 내에 고르게 분포되어 아주 부드럽다.	로스, 수육용
가브리살 	일명 '황제살'이라고도 하며, 목심과 등심 사이의 근육으로 고기의 결이 곱고 지방도 적당하여 부드러울 뿐만 아니라 풍미가 좋다. 미식가들이 즐겨 찾는 가브리살은 돼지 특유의 비린 맛이 없다.	구이
등심 (loin) 	두꺼운 지방층이 덮인 단일 근육으로 결이 곱고 부드러우며, 지방이 적어 담백하다.	스테이크, 구이, 돈가스
안심 (tenderloin) 	갈비 안쪽에 있으며, 약간의 지방과 근막이 있어 육질이 부드럽고 연하다.	탕수육, 돈가스, 스테이크,
갈비(rib) 	늑골(갈비)부위이며, 근육 내 지방이 있어 향미가 좋다.	찜, 구이, 바비큐

삼겹살 (pork belly) 	갈비를 떼어낸 부분에서 복부까지의 넓고 납작한 모양의 부위로 살코기와 지방이 3겹의 막을 형성하는 특징이 있으며, 약간 거칠지만 향미와 맛이 우수하다.	구이, 수육, 베이컨
앞다리 (shoulder) 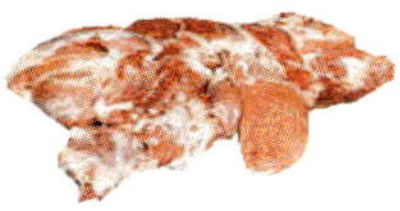	앞다리 위쪽으로 어깨부위의 고기로 색이 진하며, 약간 질기지만 지방이 적다.	장조림, 불고기, 찌개, 수육
뒷다리 (ham) 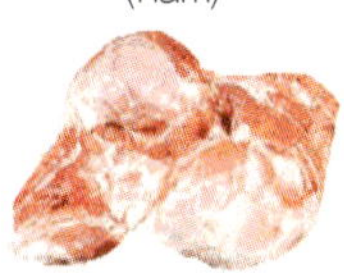	볼기부분의 고기로 두껍고 지방이 적다.	구이, 햄, 장조림

3) 멧돼지고기(brawn)

돼지고기보다 선홍빛이 강한 멧돼지고기는 혀에서 녹는듯한 비계와 쫄깃한 살의 맛이 어우러져 감칠맛이 풍부하다. 지방의 질이 좋으며, 고기 안에 퍼져 있는 지방의 분포와 양이 적당해 고소하면서도 담백한 맛을 내 돼지고기와는 전혀 다른 고급스러운 맛을 낸다. 육류 특유의 누린내가 없으며, 구운 후 시간이 좀 지나도 다른 고기처럼 딱딱해지지 않고 야들야들한 특징을 가지고 있다. 영양성분은 수분 60.1%, 단백질 18.8%, 지질 19.8% 회분 0.8%, 비타민 B_1 0.24mg/100g, 비타민 B_2 0.29mg/100g으로 이루어져 있다.

4) 양고기(mutton)와 염소(goat)

양고기

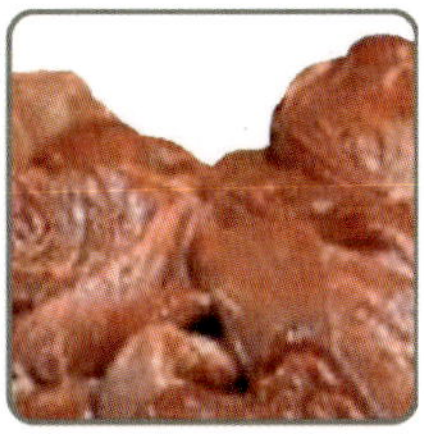

염소고기

생후 1년 7개월 이상 된 양의 고기를 양고기(mutton)라 하며, 생후 1년 7개월보다 어린 새끼 양고기를 'lamb'이라 한다. 양은 외국에서는 유사 이전부터 길렀으나 한국에서는 백제 때부터 사육한 것으로 알려졌다. 양고기의 색은 돼지고기 보다 더 붉은 진한 벽돌색이다. 섬유질이 연하고 소화가 잘되며, 맛도 좋아 돼지고기의 대용으로 사용되지만 특유한 냄새가 난다. 냄새를 없애는 데는 생강, 마늘, 파, 후춧가루, 카레가루, 포도주 등이 사용되며, 끓는 물로 데쳐도 된다.

염소고기는 소목 소과에 속하며, 초식성 동물로 가축염소(Capra hircus)의 몸무게는 수컷 60~90kg, 암컷 45~60kg이다. 주로 고아서 건강식품에 많이 이용하고 구이, 탕, 전골 등으로 먹는다.

5) 사슴(deer)

사슴은 몸길이 약 30cm, 어깨높이 약 20cm의 소형 종에서부터 몸길이 3.1m, 어깨높이 2.35m의 대형 종까지 여러 가지이다. 사슴고기는 담백하고 연하며, 별다른 냄새도 나지 않으므로 예로부터 식용으로 애용되어 왔다. 사슴은 늦가을~겨울이 되면 번식기가 가까워져 독특한 냄새가 심하여 풍미가 떨어지므로 고기맛은 봄~여름에 걸쳐 맛이 최고이다. 다른 육류에 비해 비타민 B군, 인, 칼륨, 철분이 많이 들어 있다(표 8-8 참조). 주로 불고기, 로스구이, 전골요리를 해서 먹는다. 사슴의 뿔, 특히 대각은 '녹용(鹿茸)'이라 하며, 피의 순환을 돕고, 심장을 강하게 한다고 하여 한방에서는 강장제로 귀중하게 쓰인다.

6) 말(horse)

말고기는 이탈리아, 프랑스, 벨기에, 네덜란드 등의 유럽 국가에서 중요한 식품자원으로 이용되어 왔으며, 일본의 경우 말고기 생산 및 소비시장이 남부 큐슈지방의 구아모토와 후꾸오까현을 중심으로 형성되어 있다. 한국에서의 말 사육은 선사시대부터 이루어졌을 것으로 짐작되나, 교통, 운반, 교역용(交易用) 등으로 다양하게 사용되었을 뿐만이 아니라 식용으로도 큰 비중을 차지하였다. 우리나라에서는 주로 제주도와 경기도에서 사육하고 있다.

말고기 색은 암적색 내지 적색을 띠며, 육질이 부드럽고 특유의 향이 있다. 성장에 필요한 필수아미노산이 풍부하며, 쇠고기에는 포화지방산이 많으나 말고기에는 불포화지방산이 많아 혈중 콜레스테롤 함량을 저하시키고, 다른 육류에 비해 글리코겐 함량이 높아 달콤한 맛이 있어 횟감으로도 적당하다.

주로 육회, 무침, 샤브샤브, 불고기로 사용되고, 햄, 소시지, 훈제육, 육포 등으로 가공된다. 카자흐스탄의 말고기로 만든 소시지(kazi and chuzhuk), 구운 양의 간과 신장, 폐와 지방으로 만드는 쿠이르닥(kuirdak), 고기를 삶아서 얇게 한 반죽과 같이 먹는 베스바르막(Besbarmak)이나 고급 음식으로 손꼽히는 말요리인 잘(zhal)도 있다.

7) 토끼(hare)

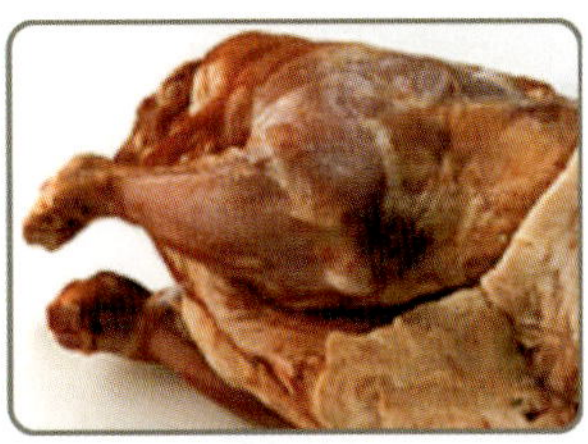

토끼고기는 영양가가 높고 지질이 적으며, 단백질 함량이 풍부하다. 한방에서 토끼고기는 중초(中焦, 배)를 보하고, 혈압을 내릴 뿐 아니라 변비를 완화시키고 해독작용이 있는 것으로 알려져 있다.

토끼고기는 보양식 주재료로 많이 이용하며, 대표적인 음식으로 토끼고기 볶음, 토끼고기찜, 토끼고기국 등이 있고, 토끼고기로 장조림이나 잡채, 냉채 등을 해서 먹기도 하였다. 그러나 토끼고기는 노린내가 심하므로 조리할 때 술, 생강, 후춧가루, 참기름 등을 많이 넣고 조리하는 것이 좋다. 토끼고기를 끓일 때에는 미나리, 쑥갓, 깻잎 등의 향이 강한 채소를 넣어 조리하면 냄새가 쉽게 제거된다.

8) 개(dog)

포유류 중 가장 오래된 가축으로 거의 전 세계에서 사육되며, 200여 품종이 있다. '단고기'라고도 하며, 단고기는 전 세계 일부 나라에서 먹는 개의 고기로서 한자로는 '구육(狗肉)'이라고 한다. 우리나라에서는 신석기 시대부터 개고기를 먹어왔다. 조선 후기에는 삼복더위에 먹음으로써 여름을 견디게 해주는 음식으로 사용되었다. 《동의보감》에 의하면 누렁이개 고기가 가장 좋고 검둥이개가 중간, 흰둥이개가 그 다음이고 누렁이개는 여자에게 좋고, 검둥이 개는 남자에게 좋다고 하였다. 개고기는 소화가 잘 되어 한여름 뜨거울 때 피로에 지친 몸을 회복시키는 데 좋으며, 지방질에는 불포화지방산이 많고 콜레스테롤이 적어서 동맥경화증과 고혈압을 예방한다고 하여 많은 사람들이 먹고 있다. 한방에서 개고기는 소음인에게 좋다고 하며, 개소주로도 이용한다. 18세기의 책 《동국세시기》의 삼복조에는 '개를 삶아 파를 넣고 푹 끓인 것을 개장이라고 부르고, 고추가루를 타서 밥을 말아 먹는다.'고 기록되어 있다. 주로 보신탕, 수육, 전골, 두루치기(무침) 등의 음식으로 먹는다.

■ **개고기와 식품위생법**

식품위생법에서는 식품에 쓸 수 있는 동물성 원료로서 개고기를 허가하지도 금지하지도 않는다. 축산법에는 개를 가축에 포함시키고 있지만, 축산물가공처리법에는 개를 포함시키고 있지 않다. 이런 논란 때문에 우리나라의 개고기 식용은 개를 부적절한 방법으로 도축하고, 병에 걸리거나 약물 실험한 개를 유통시키고, 식용 견뿐 아니라 애완견도 잡고, 도축 폐기물과 분변으로 환경을 오염시킨다는 나쁜 면만 부각되어, 축산법상 개는 가축인데도 소, 돼지, 닭과 같이 지원을 받지 못하고 있다. 또한, 개고기는 자가 도축하기 때문에 검인을 찍을 수 없어서 식품위생법 시행규칙 제55조 별표 16 '식품 및 식품첨가물 제조・가공영업자 및 종업원의 준수사항' 8항에는 '식품제조・가공영업자는 「축산물가공처리법」 제12조에 따라 검사를 받지 아니한 축산물 또는 실험 등의 용도로 사용한 동물을 식품의 제조 또는 가공에 사용하여서는 아니 된다.'고 되어 있으므로 개고기를 통조림, 햄, 육포, 인스턴트 보신탕 등의 식품으로 가공 판매할 수 없지만, 음식으로 파는 데는 규제가 없다. 이런 점을 개선하기 위하여 개 도축장을 허가하고 개를 도축장에서만 잡아 위생적으로 처리하도록 해야 한다. 그리고 축산물가공처리법에 의해 자가 도축한 개도 도축장의 검인이 없으면 음식점과 건강원에서 사용할 수 없도록 식품위생법을 개정하면 위생문제는 해결될 것으로 본다.

4 가금류

1) 닭 (chicken)

■ 분류 및 특징

닭은 원래 '야계[野鷄]'이었으나 B.C. 1700년경 인도에서 기르기 시작하였으며, 처음에는 신성시되었으나 점차 달걀을 먹으면서 닭도 식용하게 되었다. 닭은 극지방을 제외한 전 세계에 분포되어 있다. 집닭은 품종개량이 다양화되면서 육용종과 산란종, 겸용종, 애완종으로 나누어져 있다.

닭고기의 근섬유는 얇고, 길이가 짧아 부드러우며 껍질에 지방이 많이 존재하고, 부위에 따라 지방함량과 색이 다르다. 닭고기의 가슴살은 흰색으로, 단백질이 많고, 지방이 적어 맛이 담백하고 퍽퍽하며, 닭고기의 날개살은 지방이 많아 맛이 좋다. 다리살은 근섬유가 적당히 발달되어 질감이 좋아 선호한다.

닭고기의 부위별 명칭은 그림 8-6과 같이 다리살, 안심, 날개살, 가슴살로 나눠진다.

【그림 8-6】 닭고기의 부위별 명칭

■ 성분 및 효능

닭고기는 짐승의 고기에 비해 연하고 맛과 풍미가 담백하며, 조리하기 쉽고 영양가도 높아 전 세계적으로 폭넓게 요리에 사용된다. 닭고기의 성분은 단백질 19%, 지질 10.6%, 칼슘 10mg/100g, 인 170mg/100g, 비타민 A 50 RE/100g, 비타민 B_1 0.20 mg/100g, 비타민 B_2 0.21mg/100g 등을 함유한다. 또한, 닭고기에 맛을 내는데 영향을 주는 성분으로 이노신산, 글루타민은 좋은 맛과 짠 맛에 영향으로 주며, 칼륨은 단맛에 영향을 준다. 고기의 맛을 형성하는 숙성은 보통 닭이 1일 정도이며, 숙성에 의하여 맛이 더 좋아지고 글루타민산 함유량도 많다.

■ 선별 기준

살붙임과 도계상태 등을 고려하여 품질을 판정하며, 등급판정일자를 확인한 후 신선도를 보고 선택한다. 또한 위생적으로 가공, 포장되었는지 살펴보아야 한다. 시중에서 유통되는 닭고기는 표 8-6과 같이 품질등급은 1^{+}, 1, 2 등급이 있으며, 중량규격은 5개로 구분되어진다.

【표 8-6】 닭고기의 품질등급

구분					
품질등급	 				
중량규격	 특대 17~15호 (1.45kg이상)	대 14~13호 (1.45~1.25kg이상)	중 12~10호 (1.25~0.95kg이상)	중소 9~7호 (950~650g이상)	소 6~5호 (650~450g이상)
등급표기 예	 				

자료 : 축산물품질 평가원 http://www.kormeat.co.kr

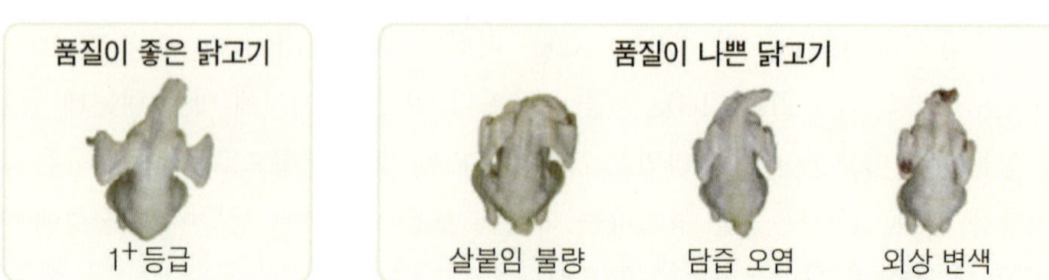

【그림 8-7】 품질이 좋은 닭고기와 품질이 나쁜 닭고기

(자료 : 축산물 등급 판정소)

■ 조리 및 가공

닭을 잡아 바로 사용하기로 하나 1일 정도 경과하여 숙성된 것이 맛도 좋고, 고기도 더 연하므로 냉동된 것을 선택하는 것이 좋다. 단, 중국요리의 경우는 잡아서 바로 쓰는 것이 가장 좋다고 한다. 닭고기의 부위별 조리법은 표 8-7과 같다.

【표 8-7】 닭고기의 부위별 조리법

부위명		소분류	특 징	조리법
근위 			모래주머니로 두꺼운 근육과 강한 점막이 있다.	구이 조림 볶음
가슴살	가슴살 		다른 부위보다 지방이 적어 열량이 적으며, 맛이 담백하고 근육섬유로만 되어 있어 색이 희다	튀김 볶음 조림
	안심 		가슴살 안쪽의 고기로 지방이 거의 없어 부드러우며 담백하다.	튀김 육개장
날개살 		통날개  닭봉 	어깨에서 연결된 날개부위로 윗부분은 살이 많고, 지방이 많아 맛이 부드럽다 날개아래는 살은 적으나 콜라겐 성분이 다량 함유되어 있으며 뼈 주위에 펙틴질이 많아 육수를 만들면 감칠맛이 있다.	튀김 볶음 조림

다리살 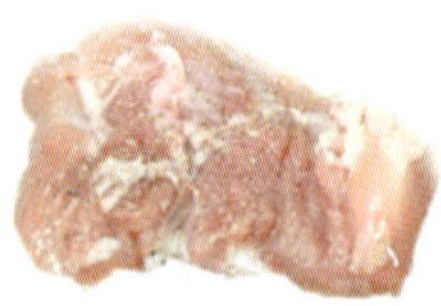	통다리  넓적다리  북채 	다릿살은 운동을 많이 하는 부위로 근육이 많으며 색과 맛이 진하고 육질이 단단하다.	튀김, 볶음, 찜 조림, 구이용

2) 오리(duck)

오리고기는 육류 중 드문 알칼리성식품이며, 불포화지방산이 다른 고기보다 월등히 많다. 리놀레산, 리놀렌산, 아라키돈산 등의 필수지방산을 다량함유하고 있어 혈액 속의 콜레스테롤을 억제하고, 체내의 산소공급과 혈액순환을 원활하게 하여 동맥경화증 및 고혈압과 같은 성인병 예방에 효과가 좋다.

많이 섭취하면 대사조절 기능이 높아져 몸 안에 쌓인 각종 독을 풀어준다. 영양성분은 표 8-8과 같이 칼슘, 인, 철, 칼륨 등의 무기질과 양질의 단백질 공급원이며, 지질 중 불포화지방산의 함량이 많아 성장기 어린이, 임신 중 여성에게 좋다. 비타민 C, B_1, B_2의 함량이 많아 집중력을 높이고, 지구력의 저하를 막고 쉽게 피곤해지는 증상을 없애며, 각기병, 신장병을 예방하는 데 도움을 준다.

《동의보감》에는 '오리는 맛이 달고 짜며, 성질은 평하고, 허한 것을 돕고 열을 덜어주며 장부를 편하게 한다'고 하였으며, '갑자기 일어나는 번열과 복수 차는 것을 치료하며, 부은 것을 내리게 하고 기침, 폐결핵을 다스린다'고 한다. 《본초강목》에는 '오리고기는 고혈압, 중풍, 신경통, 동맥경화 등의 순환기질환에 효력이 있고, 비만증, 허약체질, 병후회복, 음주 전후, 정력증강, 위장질환에 효험이 있으며, 몸 안의 해독작용과 혈액순환에 좋다'고 하였다. 오리는 탕, 훈제, 백숙, 구이 등으로 이용된다.

【표 8-4】 기타 고기와 가금류의 영양 성분(가식부 100g당)

종류		열량 (kcal)	수분 (%)	단백질 (g)	지질 (g)	포화지방산 (g)	불포화지방산 (g)	콜레스테롤 (g)	탄수화물 (g)	무기질(mg)					비타민(mg)				
										칼슘	인	철	나트륨	칼륨	A(RE)	B_1	B_2	나이아신	C
기타고기	개고기	262	60.1	19.0	20.2	–	–	44	0.1	9	168	2.8	72	270	12	0.12	0.18	1.9	3
	멧돼지고기	268	60.1	18.8	19.8			55	0.5	4	170	2.5	45	270	4	0.24	0.29	5.2	1
	사슴고기	120	73.6	23.0	2.4			53	0.0	5	202	3.4	51	318	0	0.22	0.48	6.4	0
	양고기(갈비)	236	64.2	17.9	17.0	6.55	6.53	75	0.8	5	120	2.3	55	220	12	0.06	0.22	3.8	1
	염소고기	107	75.4	21.9	1.5			57	0.2	7	170	3.8	45	310	3	0.07	0.28	6.7	1
	토끼고기	135	72.2	21.7	4.4	1.91	2.58	65	0.6	12	231	2.4	56	360	6	0.07	0.11	7.9	0
가금류	거위고기	161	68.3	22.8	7.1			77	0	13	312	2.6	87	420	12	0.13	0.38	4.3	7.0
	꿩고기	124	70.4	27.5	0.8			93.9	0	35	244	2.3	125	234	2	0.07	0.20	8.6	0
	닭고기	180	69.4	19.0	10.6	–	–	75	0.1	10	170	0.9	66	59	50	0.20	0.21	2.7	0
	메추라기고기	208	65.4	20.5	12.9			76	0.1	15	100	2.9	35	280	45	0.12	0.50	5.8	0
	오리고기	318	55.3	16.0	27.6	7.95	17.91	89	0.1	15	180	1.7	85	233	6	0.21	0.31	3.9	3.9
	칠면조	119	74.2	21.8	2.9			50	0	14	195	1.5	70	296	0	0.07	0.17	4.5	0

[자료 : 식품영양소 향장 자료집 2009]

3) 거위(鵝, goose)

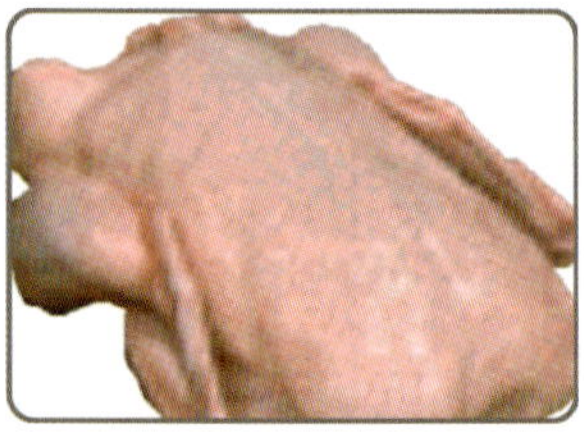

야생 기러기를 길들여 식육용으로 개량한 가금이다. 품종에는 유럽계와 중국계가 있다. 유럽계에는 회색기러기를 개량한 엠덴종(Emden)과 프랑스에서 개량한 툴루스종(Toulouse)이 있다. 거위고기의 색은 선홍색을 띠며, 특유의 냄새가 있다.

거위고기는 기름기가 많지 않고, 닭고기와 오리고기보다 연하고 부드럽다. 거위고기는 수분 68.3%, 단백질 22.8%, 지질 7.1%, 콜레스테롤 77mg/100g이 함유되어 있고, 칼슘, 칼륨, 인, 철, 구리, 셀레늄 등을 함유하고 있다. 오리고기에는 불포화지방산이 많으나 거위고기는 필수아미노산이 풍부하다.

4) 칠면조(wild turkey)

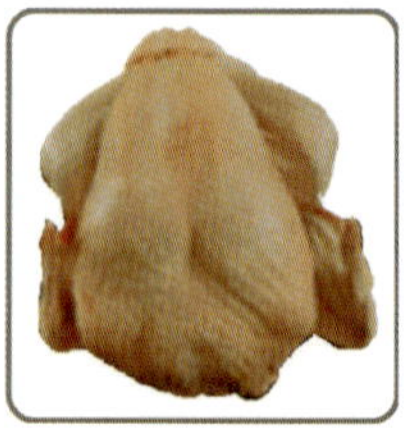

칠면조는 오래 전부터 북아메리카의 원주민들에 의해 사육되어 왔으며, 콜럼버스가 북아메리카대륙을 발견한 1492년 이후 전 세계에 보급되었다. 육질이 매우 부드러우며, 독특한 향이 있고, 닭고기 보다 맛이 좋으며, 소화율이 좋아 통째로 굽는 요리에 많이 사용한다.

5) 타조 (ostrich)

조류의 육색은 백색인데 반해 타조고기는 쇠고기와 같은 적색육(red meat)이다. 단백질은 쇠고기나 돼지고기와 거의 같으며, 고기에 들어있는 지질은 1.22%로 돼지고기 지질의 약 1/20에 지나지 않는다. 또한 콜레스테롤은 돼지고기에 함유된 콜레스테롤의 1/2이하이다.

6) 메추리(메추라기, common quail)

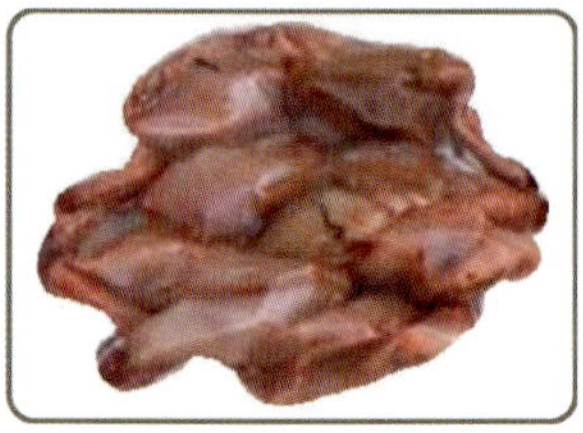

꿩과의 한 종으로 몸길이는 20cm정도이며, 대체로 갈색을 띤다. 메추리는 그 자체를 먹기도 하고, 메추리알로도 먹는다.

메추리의 효능은 《동의보감》에 의하면 '순육은 오장을 보호하고 힘줄과 뼈를 튼튼히 한다'고 하였다. 닭고기 보다 단백질,

지질, 칼슘, 칼륨의 성분은 많으나 철과 나트륨 함량은 낮다. 시력보호, 심장병, 노인성 치매 예방에도 좋고, 비타민 B 결핍증을 예방한다.

7) 꿩(pheasant)

꿩은 꿩과에 속하는 동물로 암컷은 '까투리', 수컷은 '장끼', 새끼는 '꺼병이'라고 한다. 꿩고기는 기력을 증강시키고 소화기능을 도와주며, 간 기능을 원활하게 하고 피부의 염증을 제거하는 효과가 있다. 주로 구이, 만두, 찜, 탕 등으로 사용된다.

5 육가공품

육가공품은 식육을 가공하여 육류 특유의 맛을 살리면서 보존성을 높이고, 독특한 향미를 부여한 제품으로 사용원료나 제조법에 따라 다양한 종류의 제품들이 있다.

1) 햄(ham)

햄은 돼지고기의 넓적다리 살을 일컫는 말이며, 그 가공품도 햄이라고 한다. 현재는 다리살 이외의 고기를 사용한 제품도 햄이라고 한다. 햄은 훈연과정에서 연기 속에 포함된 알데하이드류나 페놀류가 고기 속에 침투하여 방부효과가 증가되는 동시에 독특한 풍미를 가지게 된다. B.C 1000년경 그리스에서는 고기를 훈연한 것이나 소금에 절인 고기를 먹었으며, 시대를 거치면서 이것이 유럽에서 점차 가내공업으로 발달하였고, 근대에 와서는 대규모 공장공업으로까지 발전하였다.

햄의 제조는 돼지고기를 아질산 및 질산의 나트륨 또는 칼륨염과 같은 발색제와 설탕 등을 가한 소금물에 담그거나 발색제를 가한 소금을 직접 고기에 뿌리는 방법으로 만들어진다.

햄의 주성분은 단백질과 지질이며, 필수아미노산을 골고루 함유하지만 비타민류의 함유량은 적다.

햄을 선택하는 기준으로는 제품에 기재된 중량, 제조연월일, 사용첨가물 등을 확인해야 하며, 냉장보관하고 손가락으로 눌러 탄력이 있는 것이 좋고, 표면에 곰팡이나 점액이 붙어 있지 않은 것이어야 한다. 주로 샌드위치, 바비큐, 볶음음식에 사용된다.

2) 소시지(sausage)

정육 이외의 먹을 수 있는 부분, 즉 골, 혀, 귀, 염통, 콩팥, 코, 창자, 혈액 등의 부산물을 이용 가능하게 하기 위해 만들게 된 제품으로 오래 전부터 있었던 고기의 가공품이다. 보통 원료로서는 햄을 만들 때 나오는 부스러기 고기를 사용하며, 돼지기름을 많이 넣으면 유연성이 증가되고, 입에 닿는 촉감이 좋아진다. 소시지는 영양적으로는 햄보다 단백질이 적은 반면 지질이 많으므로 칼로리가 높다.

3) 베이컨(bacon)

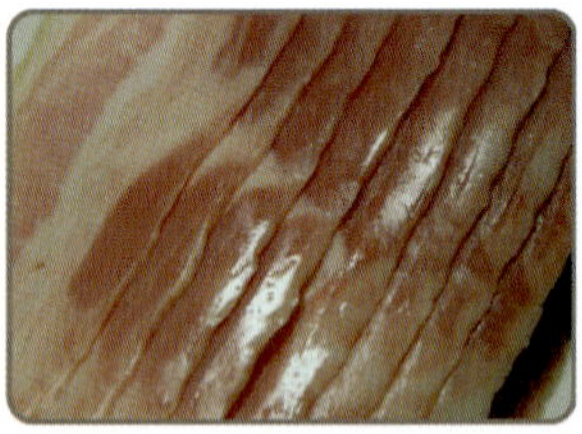

돼지의 뱃살을 소금에 절인 후 훈연시킨 가공품으로 제조법은 햄과 거의 같으나 소금 절임의 방법이나 사용하는 부위가 조금 다르다.

베이컨에는 돼지의 뱃살을 사용한 정상적인 제품 외에 옆구리살을 원통형으로 만든 롤드 베이컨, 훈연을 하지 않고 삶기만 한 보일드 베이컨, 로스 고기를 사용한 로스 베이컨(덴마크식 베이컨), 뼈 있는 로스를 사용한 캐나다식 베이컨 등 여러 가지가 있다.

베이컨과 같이 지질이 많은 식품에서는 훈연에 의하여 독특한 풍미와 지질의 산화방지작용이 이루어지므로 조리에 널리 이용된다.

4) 콘비프(corned beef)

콘비프는 아일랜드 사람들이 즐겨먹는 음식으로 소금물에 절인 쇠고기(Brisket 뱃살, 가슴살)를 말한다. 콘비프에서 'corned'는 '소금으로 간을 맞춘' 이라는 뜻이다. 콘비프는 물을 많이 붓고 양배추와 빨간 감자를 넣어 오랫동안 끓이고 양배추와 빨간 감자가 물러질 정도로 푹 익으면 같이 먹는다. 이것은 성 패트릭스데이(saint patrick's day)때 많이 먹는다. 샌드위치로 먹거나 아침에 달걀과 같이 제공되며 훈제된 콘비프는 차게해서 잘라먹기도 한다.

5) 육포(beef jerky)

우리나라의 전통 육포제조 기술 역사는 다른 나라에 비해 길 뿐 아니라 조직감과 풍미요소를 중요시 하여 왔다. 주로 쇠고기의 홍두깨 부위를 엷게 저며 양념에 의해 숙성시킨 후 자연 일광과 음건으로 건조시켜 만든 산포, 편포, 약포, 장포로 궁중 음식, 혼인 폐백 품목, 제사 제물 및 고급 술안주로 사용되었다. 서양에서도 아메리카 인디언들이 'buffalo고기'를 얇게 말려 겨울철 저장식품으로 'beef jerky'를 제조하여 애용된 것으로 육포는 식량을 저장하기 위한 수단으로 발달된 식품이다. 고단백 공급원으로 저온저장 할 필요가 없어 운반이 용이하며 가정에서는 냉동 보관한다. 먹을 때는 불에 살짝 구워 연하게 두드려서 먹는다.

참고문헌

1. 배영희, 박혜원, 박희옥, 정혜정, 최은정, 채인숙. 2004. 조리응용을 위한 식품과 조리과학, 교문사
2. 성필남, 이종언, 김진형, 조수현, 하경희, 임동균, 김동훈, 이종문, 고문석. 2008. 말고기 함량이 프레스햄 품질과 관능적 특성에 미치는 영향. 한국축산식품학회지 28(1) : 9~13
3. 송주은, 현영희, 변진원. 2001. 최신조리원리, 백산출판사
4. 안용근. 2010. 개고기 식용이 위생과 음식물 쓰레기 처리에 미치는 영향. 한국식품영양학회지 23(1) : 124~133
5. 양철영, 이수한. 2002. 국내 시판 육포류의 품질평가-외형, 식품첨가물, 영양조성분 및 위생적인 상태 조사-한국식품영양학회지 15(3) : 197~202
6. 윤병선. 2005. 닭고기의 맛에 관여하는 요소 월간양계 37(6) : 86~87
7. 한성욱. 가축의 품종. 1996. 선진문화사
8. 한국양록협회. 2001. 5월. 부담없이 식탁에서 만날 수 있는 사슴고기 월간한국양록 6(3) : 85~89
9. 현영희, 구본순, 송주은, 김덕숙. 2003. 식품재료학, 형설출판사, 185~214
10. 홍진숙, 박혜원, 박란숙, 명춘옥, 신미혜, 최은정, 정혜정. 2005. 식품재료학. 교문사 165~179
11. 두산백과사전 EnCyber & EnCyber.com
12. 미국육류협회 http://www.usmef.co.kr/
13. 축산물등급판정소 http://www.apgs.co.kr/index.asp
14. 축산물등급판정소 http://www.apgs.co.kr/02_class/02_4.asp
15. http://www.cookingforengineers.com/forums/viewtopic.php?t=1551&sid=d2fa43bb5ec956100332435a7ddbd303
16. 축산물 품질 평가원 http://www.kormeat.co.kr/view/user/information/choice_02_04_chicken.asp
17. Meat Identification & Fabrication courseguide, CIA Courseguide, 2002

제9장

난류(Eggs)

제9장

난류(Eggs)

식용 난류에는 조란(鳥卵), 어란(魚卵) 등이 있으며, 조란을 가장 보편적으로 사용하고 있다. 조란의 종류로는 달걀, 메추리알, 오리알, 칠면조알, 타조알 등이 있다. 이 중 달걀이 가장 많이 이용된다. 달걀은 양질의 단백질과 지질, 비타민, 무기질을 골고루 함유하고 있는 우수한 영양식품이며, 유화, 응고, 기포성 등의 조리적 특성을 가지고 있어서 식품가공에 이용된다.

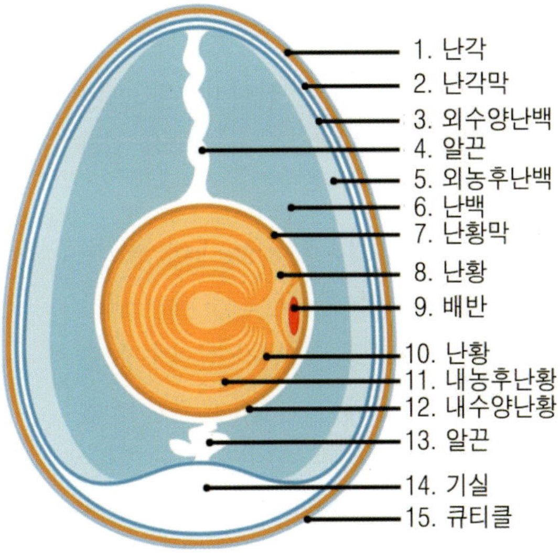

【그림 9-1】 달걀의 구조

난류는 그림 9-1과 같이 난각, 난각막, 난백, 난황으로 구성되어 있다. 난각은 0.2~0.4mm로 탄산칼슘 결정체로 되어 있으며, 표면에는 7,000~17,000개 정도의 작은 기공이 있어서 수분과 탄산가스가 증발되므로 세균의 침입이 일어난다. 난각을 덮고 있는 큐티클(cuticle)은 수분증발과 달걀 내부로 잡균의 오염을 방지한다. 난각막은 내막과 외막으로 되어 있고, 서로 밀착되어 있으나 산란 후 온도차에 의해서 달걀의 둥근쪽 부분에 기실이 형성된다. 난백은 농후난백과 수양난백으로 나눈다. 난황은 난황막(비텔린막)으로 둘러싸여 알끈과 연계되어 있다. 유정란은 노른자 표면 중간에 2~3mm 백색 원반모양의 배반이 있고, 무정란은 난자가 있던 곳에 백색 반점만 보인다. 알끈은 노른자를 고정시키는 역할을 한다.

달걀을 보관할 때 물로 씻으면 큐티클이 벗겨져 미생물이 내부로 침투할 수 있다.

【그림 9-2】 난류의 크기 비교

1 달걀(egg)

■ 분류 및 특징

달걀은 모든 알 중에 가장 많이 소비되는 알이다. 경기도가 전국 생산량의 41%를 차지하고, 경북이 그다음으로 많이 생산되고 있다.

중요한 산란용 닭 품종에는 백색 레그혼종(white leghorn)과, 미노르카종(minorca)이 있다. 백색 레그혼종은 대표적인 난용종으로 이탈리아가 원산이며, 11개의 종이 있다. 몸무게 1.8~2kg, 1년간 산란수가 평균 200~250개, 달걀의 무게가 약 60g이다. 미노르카종은 스페인의 미노르카섬이 원산이며, 암컷은 체중이 3.2kg, 산란수는 150개이고 달걀의 무게는 약 65g이다.

닭의 사료에 따라 달걀의 성분과 효능을 조절한 기능성 달걀에는 요오드란, DHA란, 해초란, 홍삼란 등이 있다.

■ 성분 및 효능

달걀의 성분은 닭의 품종, 연령, 신선도, 산란기 등에 따라 다르다.

1) 단백질

(1) 난백단백질

난백의 성분은 수분이 많고, 단백질이 주요 구성분이다. 오보알브민(ovoalbumin)은 단백질 전체의 54%를 차지하고, 교반하면 쉽게 변성을 일으켜 기포성, 기포안전성, 유화성, 보수성이 좋아 식품가공에 많이 이용한다. 오보트랜스페린(ovotransferrin)은 12%정도로 열에 쉽게 변성되지 않고, 회분과 결합되어 있는 단백질로 박테리아의 성장을 방해한다. 오보뮤코이드(ovomucoid)는 난백 고형물의 11%를 차지하며, 열변성에 적합하고 트립신저해제(trypsin inhibitor)로 작용하지만 가열하면 사라진다. 오보글로블린(ovoglobulin)은 난백 고형물의 약 8%로 기포성이 우수한 포립제의 역할을 한다. 오보뮤신(ovomucin)은 난백 고형물의 약 2%로 거품을 안정시키고, 농후난백에는 수양난백보다 4배 이상 들어있다. 아비딘(avidin)은 난백의 0.05%로 비오틴(biotin)과 결합하여 비오틴 흡수를 방해한다. 익히면 아비딘은 불활성화되어 문제 되지 않는다.

(2) 난황단백질

난황의 주요 단백질은 리포비텔린(lipovitellin)으로 43~44%이고, 리포비텔레닌(lipovitellenin)이 약 30%를 차지하며, 난황의 유화성에 작용한다. 그 외에 포스비틴(phosvitin)과 리비틴(livitin)이 있다. 포스비틴은 인을 10%함유하고 있고, 리비틴은 글로블린계로 95℃이상으로 가열하면 응고된다.

2) 탄수화물

달걀에는 탄수화물 함량이 2.8%이며, 포도당, 만노오스, 갈락토오스의 형태로 들어있다. 포도당과 갈락토오스가 단백질과 작용하여 갈변(메일라드 반응)을 일으킨다.

3) 지질

달걀의 지질은 난황에 대부분 들어있고, 난백에는 거의 함유되어 있지 않다. 난황의 지질 함량은 닭의 품종에 따라 다르며, 총지방산 25.4%, 포화지방산 8.7%, 불포화지방산 16.6%, 콜레스테롤 1300mg/100g이 함유되어 있다. 난황의 지질은 불포화지방산을 많이 함유하고 있어 산패되기 쉽다. 인지질인 레시틴과 세팔린은 천연 유화제 이다. 사료는 난황지질의 지방산 조성에 영향을 미치며, 특히 리놀레산과 올레산의 양에 영향을 미친다.

4) 무기질과 비타민

난황 중에는 인과 철이 많이 함유되어있고, 난백에는 황이 많이 들어있어 은제품을 검은색으로 변하게 한다. 달걀을 삶았을 때 난황 주변의 녹변현상은 난백 중의 황화합물과 난황의 철이 결합하여 나타난다.

난황 중에는 비타민 A, D, B_1, B_2 엽산, 판토텐산이 많이 함유되어 있고, 난백에는 비타민 B_2가 들어있으며, 달걀에는 비타민 C가 없다.

5) 색소

난황의 색소는 카로티노이계이다. 난황의 색은 사료를 노란 옥수수나 초록색 풀을 먹으면 색이 짙어지고, 보리나 밀 같은 사료를 먹으면 색이 연해진다.

■ 선별 기준

달걀의 신선도 검사는 외관검사, 투시검사, 할란검사가 있다. 외관검사는 달걀의 크기, 난황, 난각질, 난각의 광택, 난각의 두께, 청결도, 비중, 진음도, 설감도 등을 측정한다. 투시검사는 암실에서 투광 검란기를 사용하여 알을 깨지 않고 기실의 크기, 난백의 유동상태, 난황의 위치 등으로 판정한다. 할란 검사는 알을 깨어 놓고 난황과 난백의 상태를 판정한다.

달걀은 통풍이 잘되고 건조한 곳에 보관하는 것이 좋으며, 냉장고에 보관할 때는 냉장고 문 옆에 보관하지 말고, 달걀 포장용기나 밀폐용기에 담아 냉장고 안쪽에 보관한다. 둥근 쪽에는 기실이 있어서 세균에 노출되기 쉽기 때문에 뾰족한 곳이 아래로 향하도록 해야 한다. 달걀의 껍질에는 기공이 열려 있어 이곳으로 호흡하기 때문에 냄새가 강한 식품과 함께 두지 말아야 한다.

제과용에 사용하는 달걀은 상온으로 이용하는 것이 좋으나 반드시 냉장 저장한다. 수란은 냉장 보관하여 신선하게 유지하는 것이 좋다.

■ 조리 및 가공

조리시 달걀은 색, 향, 점성, 응고성을 부여해 준다. 달걀 가공품인 피단은 중국에서 오리알을 가공한 것으로 최근에는 달걀로도 많이 만든다. 탄산나트륨, 나뭇재, 볏짚재 등의 알칼리성 물질과 소금, 홍차의 혼합액에 알을 담그거나 혼합물을 점토에 섞어 반죽한 것을 알껍데기에 바른 후 왕겨를 뿌려 그릇에 담아 밀봉하여 3~6개월 정도 숙성시켜 만든다.

건조 달걀분말은 신선한 알의 껍데기를 제거한 후 살균하여 pH 5.5로 조절하여 건조 시킨 것이다. 전란과 건조 노른자는 분무건조법, 흰자위는 박막건조법을 이용한다. 건조 달걀분말은 주로 제과용, 아이스크림, 케이크 등에 이용한다.

훈제란은 약 220여 년 전 지중해 미노리카섬에서 발견된 것으로, 달걀을 삶아 껍질을 제거하거나 구멍을 뚫어 식염 및 조리액에 담가 훈연한 것으로 저장성과 풍미가 좋다.

액상란은 달걀의 껍질을 제거한 것으로 액상전란, 액상난황, 액상난백이 있다. 조리용, 제과제빵의 원료로 쓰이고 액상난황은 대부분 마요네즈를 만드는데 쓰인다.

2 오리알(duck's egg)

■ 분류 및 특징

오리알은 달걀보다 커서 70~90g정도이고, 껍질의 색은 주로 흰색이다. 영양성분은 달걀과 비슷하지만 지질이 조금 더 많고, 불포화지방산의 함량이 훨씬 많다. 비타민 A, 니아신, 콜레스테롤의 함량도 높다.

고혈압과 중풍예방에 좋으며, 비타민 E가 들어있어 노화방지에 좋다. 기침을 심하게 할 때 오리알을 먹으면 효과가 있고, 목이나 이가 아플 때, 가슴이 답답하고 등이 자주 결릴 때도 효과적이다.

3 메추리알(quail's egg)

메추리알 껍질에는 연한 녹백색과 흑갈색의 반점이 있다. 무게는 11~12g으로 성분은 달걀과 비슷하지만 단백질과 지질은 조금 더 함유되어 있다.

《동의보감》과 《방약합편》에 의하면 '메추리알은 정력과 원기, 혈기를 보하는 데 좋다.'고 한다. 또한 산후증 치료에 효과가 있다고 알려지고 있다. 춥고 시리고 바람이 드는 느낌이 있을 때, 머리가 무거운 듯한 두통이나 불면증, 현기증, 피로감, 저린감, 땀이 나며, 목이 마를 때, 피부습윤, 피부건조, 소화 장애로 인한 식욕부진, 메스꺼움 등에도 효과가 있다고 한다.

4 타조알(ostrich's egg)

타조알은 맛과 영양 면에서 달걀과 비슷하지만 타조알 1개에는 단백질을 약 180g정도 함유되고 있다. 필수아미노산, 비타민, 무기질 등이 다량 함유되어 있다. 이러한 단백질을 충분히 섭취하면 항체형성에 도움을 주어 질병에 대한 저항력이 증가되고, 소화기관의 소화효소 분비를 촉진시켜 정상적인 소화 작용에 큰 도움을 주게 된다. 또한 성장에 필요한 필수아미노산을 비롯한 다른 영양소도 많아 타조알은 성장기 어린이와 청소년들의 성장 식품으로 인기가 높다.

5 거위알(goose's egg)

거위와 성분이 비슷하고, 필수아미노산이 많아 한방에서 기력을 돋우고, 보혈작용이 있다고 한다. 성질이 따뜻하고 오장을 보하며, 허리가 시큰거리거나 아플 때 먹으면 효과가 있다고 한다.

6 어란

알에서 만든 염건 숭어알인 영암 어란은 옛날부터 진상품으로 사용되었으며, 영암의 특산품으로 고급 술안주 등으로 이용되어 왔다. 영암군 시종면과 미암면 하천에서는 해마다 음력 3월이 되면 영산강을 거슬러 올라오는 복부가 은백색인 알숭어를 어획하여 가공하며, 진미 식품으로 기능보유자의 가족을 중심으로 전래되어 생산되고 있다.

어란의 가공품에는 명란젓, 성게알젓, 용철갑상어알로 만든 캐비어(caviar), 연어알, 청어알, 대구알 및 성게알로 만든 가공품이 있다. 이들은 알을 염지하여 먹기에 좋도록 발효 숙성된 제품들이다.

숭어알

명란

성게알

용철갑상어알

연어알

청어알

대구알

【그림 9-3】 어란의 종류

참고문헌

1. 김미리, 송효난. 2006. 현대인의 음식 보감, 교문사
2. 대한지역사회영양학회. 2007. 쉽게 보는 식품칼로리와 영양성분표, 교문사
3. 송재철. 1999. 식품재료학. 교문사
4. 식품재료사전 편찬위원회. 1997. 식품재료사전, 한국사전 연구사
5. 심상용. 1976. 한방식료해설. 창조사
6. 이성기. 1999. 계란과 닭고기의 과학. 유한문화사
7. 이영은, 홍승헌. 2004. 한방식품재료학, 교문사
8. 장현기, 남궁석. 1999. 식품학개론, 유린문화사
9. 정혜정. 2001. 조리용어사전. 도서출판 효일
10. 조상준, 이종욱, 김동연. 1989. 영암산 염건 숭어알의 가공과 조성에 관한 연구. 한국식품과학회지 21(2) : 242~251
11. 조재선. 2000. 식품 재료학. 문운당
12. 홍원식. 1999. 약초의 성분과 이용, 일월서각
13. 홍진숙, 박혜원, 박란숙, 명춘옥, 신미혜, 최은정, 정혜정. 2006. 식품재료학, 교문사
14. 홍태희, 김기연, 최옥수, 김대현, 정외숙, 김순희. 2000. 현대식품재료학, 지구문화사
15. 황재희, 박정윤. 2006. 식품재료학, 도서출판 효일

제10장

우유 및 유제품(Milk and dairy products)

제10장

우유 및 유제품 (Milk and dairy products)

포유동물의 유선에서 분비되는 젖은 태고부터 인류가 이용해온 식품이다. 우리나라에서는 《삼국유사》에 소의 젖을 이용한 기록이 있고, 고려시대에는 국가의 상설기관으로 '우유소'가 설치되었다.

【그림 10-1】 우유 및 유제품

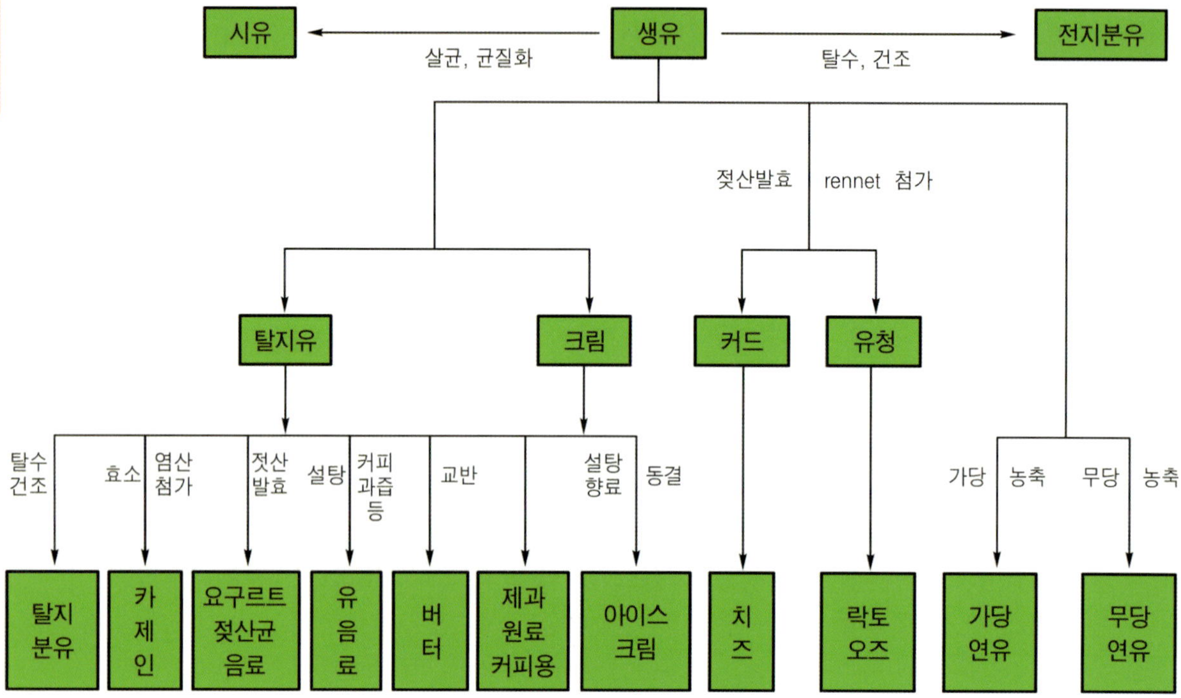

【그림 10-2】 우유의 가공제품

우유의 영양성분은 수분함량이 평균 88.2%이고, 단백질, 지질, 탄수화물, 무기질과 비타민이 고루 함유되어 있다. 어린 동물의 생명유지와 발육, 성장에 필요한 여러 영양성분을 균형 있게 함유하고 있을 뿐 아니라 소화, 흡수 이용률도 높고, 단일식품으로서 완전식품에 가까워 영양가치가 높은 식품으로 평가되고 있다. 우유는 쉽게 변질되므로 우유를 원료로 하여 각종 유제품으로 가공·보존하여 이용하고 있으며, 가공유, 발효유, 농축유, 분유, 버터, 치즈, 아이스크림 등이 있다.

1 우유(milk)

■ 분류 및 특징

우유의 종류에는 시유, 탈지유, 탈지분유, 전지분유, 저지방우유, 강화우유, 농축우유, 발효유, 가미유 등이 있다. 가공유에는 농축우유 등이 있고, 우유음료에는 커피우유, 초콜릿우유, 과즙우유 등이 있다. 최근에는 건강에 도움을 주는 기능성 식품이 개발되면서 우유에 기능성 식품을 첨가하여 생산한 기능성 우유가 많이 개발되고 있다. 검은콩, 검은깨, 호두나 땅콩, 발아 현미, 녹차, 셀레늄, 타우린 등을 첨가한 우유와 DHA 강화우유 등이 여기에 속한다.

열처리 하기 전의 우유를 원유 또는 생우유라고 하고, 시판되는 우유는 시유라고 한다. 시유는 음용을 목적으로 원유를 살균이나 멸균 처리하여 균질화시켜 상품화한 것이다. 시유의 성분규격은 지질 3.0%이상, 세균 5만 이하/mL, 대장균 10이하/mL, 산도(젖산) 0.17~0.18이하, 15℃에서의 비중 1.028~1.034 등으로 규정하고 있다. 보통 멸균유는 거의 무균상태까지 살균되어 3~6개월 정도 저장할 수 있으나 시유는 반드시 냉장고에 보관해야 4일간 저장할 수 있다.

■ 성분 및 효능

우유의 조성은 표 10-1과 같으며, 우유의 영양성분은 가축의 종류, 젖소의 종류, 우유의 분비 시기, 사료, 환경, 계절, 소의 연령, 건강상태 등에 따라 차이가 있다.

【표 10-1】 우유의 일반 성분

(100mL당)

영양소	영양소양	영양소	영양소양	영양소	영양소양
열량(kcal)	60.0	단백질(g)	3.2	지질(g)	3.2
당질(g)	4.7	섬유(g)	–	회분(g)	0.7
칼슘(mg)	105.0	인(mg)	89.0	철(mg)	0.1
나트륨(mg)	55.0	칼륨(mg)	148.0	아연(mg)	0.4
비타민A(RE)	28.0	레티놀(μg)	26.0	카로틴(μg)	12.0
비타민B_1(mg)	0.04	비타민B_2(mg)	0.1	비타민B_6(mg)	0.02
나이아신(mg)	0.1	비타민C(mg)	1.0	엽산(μg)	9.7
비타민E(mg)	0.1	콜레스테롤(mg)	11.0		

[자료 : 식품영양소 함량자료집. 한국영양학회. 2009]

1) 단백질

우유는 보통 3~4%의 단백질을 함유하고 있으며, 콜로이드상으로 되어 있고, 카제인

(casein)과 유청(whey) 단백질로 나누어진다. 카제인은 우유 단백질의 80%정도를 차지하며, 안정된 콜로이드상으로 분산되어 있기 때문에 소화가 쉽고, 아미노산 조성도 극히 우수하다. 유청 단백질은 우유 단백질의 약 20%를 차지하며, 락트알부민(lact-albumin)과 락토글로블린(lactoglobulin)을 비롯한 여러 가지 단백질로 구성되어 있다.

신선한 우유의 정상적인 산도는 pH 6.5이며, 산을 첨가하여 pH 4.6정도로 하면 카제인은 응고된다. 산 이외에 레닌의 작용에 의해서도 응고하므로 이러한 현상을 치즈 제조에 이용하고 있다. 카제인은 열에 비교적 안정하여 일반적인 가열방법으로는 잘 응고되지 않는다.

우유를 60~65℃로 가열하면 우유의 유청 단백질이 응고하며, 우유를 가열할 때 피막을 생성하는 원인이 된다.

2) 지질

우유의 지질은 '유지방'이나 '버터지방(butter fat)'이라고도 하며, 대부분이 중성지방(98%)이고, 인지질(0.2%), 카로티노이드, 스테롤, 지용성비타민 등이 함유되어 있다. 우유의 지질은 직경이 0.5㎛ 정도인 작은 지방구를 형성하여 분산되며, 우유 중에 안정된 유화상태로 있고, 작은 지방구들이 분산되어 빛을 산란시킴으로써 우유가 불투명한 유백색으로 보인다.

우유의 지질은 융점이 낮고, 탄소의 길이가 짧은 저급지방산이 들어있으므로 소화율이 좋고, 우유와 유제품의 독특한 풍미도 준다. 그러나 지방분해 효소의 작용으로 유리지방산이 생성되어 나타나는 불쾌취(off-flavor)를 생성하고, 우유를 가공할 때 산화 부패를 일으켜 품질을 떨어뜨리는 원인이 되기도 한다.

3) 탄수화물

우유에 들어있는 탄수화물은 유당으로 약 5%를 차지하며, 유당은 우유의 감미물질로 물에 잘 녹지 않아 아이스크림과 같은 가공 식품에 많이 사용하면 모래 같은 느낌을 주므로 텍스처가 나빠져 상품으로서의 가치는 낮아진다.

4) 무기질

우유에 함유되어 있는 주요 무기질은 칼슘, 인, 마그네슘, 칼륨, 나트륨, 염소, 황 등이며, 철과 구리를 제외한 대부분의 무기질을 골고루 함유하고 있다. 우유에는 철과 구리가 적게 들어 있어 우유만을 먹는 유아는 빈혈을 일으키기 쉽다. 우유 중의 총 무기질 함량은 모유의 3배정도 많고, 칼슘과 인의 비율은 약 1 : 0.8로 극히 좋다.

5) 비타민

우유에는 동물의 성장에 필요한 각종 비타민을 거의 모두 함유하고 있으나, 비타민 C와 D의 함량이 필요량에 비하여 적게 들어 있다. 그래서 L당 400IU가 함유되도록 비타민 D를 강화하기도 한다. 또한 카로틴과 리보플라빈이 함유되어 있기 때문에 노르스름한 색을 지니고 있다.

■ 우유의 균질화와 살균처리방법

• 균질화(homogenization)

우유를 잠시 방치하면 유지방구들이 서로 모여 덩어리를 이루어 표면으로 떠올라 지방층이 분리되는 현상을 '크리밍(creaming)'이라고 부른다. 우유를 균질기에 넣어 균질처리를 하면 우유의 지방구가 원래 직경의 1/6로 작아진다. 균질 우유는 맛도 좋아지고 소화되기도 쉬우며, 거품이 더 잘 일어나고 균질화 과정에서 작은 지방구들의 표면에 카제인이 흡착되므로 균질우유로 만든 커드가 더 부드럽다.

• 살균처리

우유는 수분의 함량이 많고 영양소가 풍부하므로 열처리공정을 통하여 병원성 미생물을 없애야 한다. 국내에서 공인된 우유의 살균법에는 저온살균법(LTLT법, low temperature long time method), 고온 단시간 살균법(HTST법, high temperature short time method), 초고온 순간살균법(UHTH법, ultra high temperature heating method)이 있다.

【표 10-2】 우유의 살균처리 방법

종류	온도	시간
저온 살균법(LTLT법)	약 60℃	약 30분
고온 단시간 살균법(HTST법)	72~75℃	약 15초
초고온 순간 살균법(UHTH법)	130℃	0.5~15초

2 연유(농축유, condensed milk)

■ 분류 및 특징

우유는 수분함량이 너무 높아 저장하기에는 부피가 크므로 우유의 수분을 증발시켜 저장·운반성을 높인 연유를 만든다. 연유에는 우유를 1/2~1/3정도로 농축시킨 무당연유와 설탕을 첨가하여 농축한 가당연유가 있다.

1) 무당연유(unsweeted condensed milk)

전지우유나 탈지우유를 진공농축기로 50~55℃의 진공상태에서 약 50~60%의 수분을 증발시켜 만든 제품으로 농축 후에 캔(can)에 넣고, 멸균하여 보존성을 높인 연유이다. 고온살균 시 단백질이 부드럽게 응고되고 지방구가 균질화되어 소화가 잘 된다.

2) 가당연유(sweeted condensed milk)

16%의 설탕을 가해 원액용량의 1/3이 되도록 농축시킨 제품으로 당함량이 42%나 되므로 미생물이 증식할 수 없어 우유의 저장성은 높으나 단맛이 강하다. 가당연유는 설탕을 첨가하여 우유성분이 희석되었으므로 유아용으로 적합하지 않다. 설탕의 함량이 너무 높으므로 단맛농도에 맞추어 희석하면 다른 영양성분이 묽어질 우려가 있고, 시유의 농도로 조정하면 설탕함량이 높아서 소화불량이나 식욕감퇴를 일으키기 쉽다. 가당연유는 1년 동안 보관이 가능하지만, 일단 개봉 후에는 냉장 보관한다.

■ 선별기준

유백색에서 황색으로 균일하고, 감미가 있는 액체로 이미, 이취가 없는 것을 선택해야 한다.

■ 조리 및 가공

연유는 부피가 작고 물에 잘 녹아 편리하므로 각종 요리 및 음용으로 많이 사용되며, 커피크림, 유아용, 제과용, 아이스크림의 원료 등으로 사용된다.

3 분유(milk powder)

■ 분류 및 특징

분유는 우유를 농축한 후에 분무건조기 내에서 열풍건조로 우유 수분의 대부분을 제거하여 수분함량을 5% 이하로 건조시켜 만든 분말형태의 유제품이다. 전지분유, 탈지분유, 조제분유, 강화분유 등 다양한 제품이 있다.

1) 전지분유

전지분유는 우유를 건조시켜 수분 5%이하의 분말로 만든 것이다. 살균 처리한 전유를 진공상태에서 1/2~1/3정도로 농축시킨 후 80~120℃로 가열하여 열풍분무식 건조방법으로 순간 건조하여 제조한다.

전지분유는 산소의 접촉이 적게 밀봉하여 냉장고에 저장하면 더 오래 저장할 수 있다. 각종 분유는 음용류, 제과, 제빵 등의 요리에 널리 사용되고 있다.

2) 탈지분유

탈지분유는 우유에서 버터지방을 뺀 탈지유를 전지분유를 만들 때와 같은 방법으로 건조시킨 것이다. 탈지분유는 지질함량이 적어 전지분유처럼 쉽게 지질의 산화로 인한 이취 발생이 전지분유에 비하여 적으므로 많이 이용된다. 온도와 습도가 높은 곳에 저장하면 덩어리지고, 갈색으로 변하여 단백질의 용해도가 낮아지며, 영양가가 저하된다. 그러므로 개봉 후에는 냉장보관하는 것이 안전하다.

3) 조제분유

우리나라에서 많이 팔리는 조제분유는 우유의 수분을 제거하고, 우유성분 중 부족되는 성분을 강화하여 모유의 조성과 가깝게 조제하여 분말로 건조한 분유이다. 유아의 영양원으로 발육을 좋게 한다.

■ 선별기준

부피가 작고 미생물로 인한 오염문제, 운반비용 문제 등을 해결 할 수 있고 냉장보관 없이 장기저장할 수 있다. 분유는 담황색의 고운 분말로 이미, 이취가 없는 것을 선택한다. 장기간 저장할 때는 풍미가 저하되지 않도록 뚜껑을 꼭 닫아서 공기를 차단하고, 직사광선을 피해 서늘한 곳에 보관한다. 또한 물기가 닿지 않도록 하며, 뚜껑을 닫아 수분이 흡수되지 않도록 저장하는 것이 좋다.

4 연질우유(soft milk)

동물의 종류에 따라 유즙이 소화과정에서 형성하는 응고상태가 다르며, 어떤 유즙은 다른 것에 비해 소화되기 쉬운 부드러운 응고상태를 형성한다. 자연적으로 부드러운 응고(soft curd)를 형성한 것이 다른 유즙보다 카제인, 칼슘, 인 등을 적게 포함한다.

연질우유는 우유에 트립신을 넣어 일부 단백질을 분해시키고, 인공적으로 칼슘, 인을 약 20%씩 빼서 응고를 부드럽게 해주며, 췌장효소를 첨가하여 소화가 잘 되게 균질화 시킨 것이다. 유아용 조제분유, 허약한 환자나 어린이를 위해 만든 특수식품으로서 이용된다.

5 저염 우유(low salt milk)

신선한 우유를 이온교환수지를 통과하여 나트륨을 90%이상 칼륨으로 교환시킨 것이다. 살균과 균질처리를 거쳐 탈수한 후 통조림으로 제조하거나 분말로 만든다. 저나트륨식이나 무염식의 식사요법이 필요한 환자를 위하여 쓰인다.

6 가공 우유(processed milk)

시유에 흔히 첨가하는 물질로서 초콜릿이 이용되며, 초콜릿 우유는 전지분유에 1%의 초콜렛과 5%의 설탕 그리고 1% 이하의 안정제를 넣어 만든 가미유다. 초콜릿 외에 딸기, 커피나 기타 향료를 넣어 여러 가지 맛과 향기를 낸 것이 있다.

7 가공 유제품(milk products)

1) 크림(cream)

우유의 지질은 다른 성분보다 가벼우므로 방치하면 황백색의 층이 생기는데 이것을 크림층(cream layer, cream line)이라고 한다. 크림은 우유의 지방분을 원심분리기로 분리하여 만든 제품으로 지질함량에 따라 여러 가지 종류의 크림이 있으며, 살균크림이나 멸균크림으로 만들어져 유통된다. 생크림은 우유에서 분리한 지방분을 살균·냉각처리한 것이며, 발효크림은 젖산균으로 발효시킨 것이다. 크림의 종류는 표 10-3과 같이 라이트크림, 휘핑크림, 플라스틱 크림이 있다.

크림은 냉장보관하며, 유통기간 내에 사용하도록 한다. 크림은 유지방함량에 따라 식품가공을 다양하게 이용되고 있다. 버터나 아이스크림 등의 원료와 시판 크림으로 조리나 제과 등에 사용한다.

【표 10-3】 크림의 종류

종 류	유지방 함량(%)	이 용	유의사항
라이트 크림 (light cream)	18~20	커피의 온화한 풍미와 엷은 색을 위한 용도	크림의 산도가 높을 때 뜨거운 커피에 넣으면 응고될 수 있다.
휘핑 크림 (whipping cream)	30~36	제과 및 서양요리의 장식이나 과일과 함께 디저트로 이용	크림을 5℃에서 24~48시간 저장한 다음 크림의 온도를 10℃이하로 유지하여 거품을 낸다.
플라스틱 크림 (plastic cream)	79~81	아이스크림이나 갈색버터의 원료	실온에서 고체 상태로 크림을 채취, 원심분리 한다.

2) 아이스크림(ice cream)

아이스크림은 원유나 탈지분유 등의 유제품을 주원료로 하여 설탕과 감미료(약

15%), 과실류, 견과류, 각종 향료, 색소, 안정제, 유화제 등을 넣고, 아이스크림 제조기로 교반하면서 공기를 균일하게 섞어 얼린 냉동 유제품이다. 아이스크림은 비교적 높은 지질함량 때문에 소비자들이 좋아하는 부드러운 텍스쳐와 풍부한 향미를 가지며, 후식, 기호식품 등으로 널리 이용되고 있다. 선호도가 좋은 아이스크림으로는 바닐라 아이스크림, 초콜릿 아이스크림, 딸기 아이스크림 등이 있다.

아이스크림 외에도 지질함량이 낮은 아이스밀크, 설탕을 더 많이 넣고 과실즙을 많이 넣어 만드는 셔벗 등이 있다. 셔벗은 우유 고형분이 2~5% 내외이고, 과즙을 주성분으로 설탕, 달걀흰자, 물, 향료, 구연산, 주석산 등의 유기산을 첨가하여 얼린 것이다.

이외에도 우유 및 유제품을 주원료로 하여 달걀, 감미료, 향료, 색소, 안정제, 유화제 등을 넣고 교반하면서 동결시켜 조직이 부드럽고, 유지방 함량 5%내외인 아이스밀크(ice milk)가 있다.

이들 동결 유제품은 구입 시 이미, 악취가 없는 것을 선택하며, -15℃이하에서 냉동 보관한다.

3) 발효유(cultured milk, fermented milk)

발효유는 살균 처리한 소, 양, 물소, 말과 같은 포유동물의 젖이나 유가공품에 주로 젖산균을 넣고 발효시켜 pH 4.5~5.5 정도까지 발효시킨 것이다. 요구르트, 젖산균음료, 발효버터유, 냉동발효유 등의 젖산발효유와 젖산발효의 효모에 의한 알코올발효로 제조된 쿠미스, 케퍼 등의 알코올발효유가 있다.

발효유제품은 호상, 액상으로 만들며, 수분이 많고 영양이 좋아 미생물이 번식하기 쉽다. 이들 미생물 중 젖산균이 배양되면 우유에 들어 있는 유당을 분해하여 젖산을 만들어 다른 해로운 균이 자라지 못하게 하므로 정장작용을 한다.

기능성 발효유제품은 어린이를 위해 철분, 비타민 A, C, D_3, E, DHA, 아연, 식이섬유, 타우린, 칼슘을 강화하여 만든 제품이 있고, 그 외 비피더스 유산균, 아시도필러스 균이나 과육을 함유시킨 제품이 있다. 또한, 신세대 다이어트 음료로 20대 여성을 위해 아시도필러스 유산균을 강화하고 식이섬유, 올리고당을 첨가하여 변비예방을 위해 만든 발효유도 있다. 그 외 장과 간 기능을 좋게 한 것이 있으며, 알로에를 함유시킨 것도 있다. 성인이나 특정 질병의 예방효과를 위해 정장작용 및 위 건강까지 고려하여 위궤양, 위염, 위암을 예방할 수 있는 위와 장을 위한 복합 기능 발효유도 생산되고 있다.

(1) 요구르트(yoghurt)

요구르트는 불가리아의 코카서스 지방에서 제조되어온 발효 음료이다. 원유나 유가공품을 3%이상 함유하며, 유산균 수가 10^7이상/mL 함유한다. 전통적인 플레인 요구르트는 과일이나 향료를 넣지 않고 두부처럼 만든 것이다. 젖산 발효로 만들어진 요구르트, 아시도필러스 밀크(acidophilus milk), 비피더스 밀크(bifidus milk), 불가리안 밀크(bulgarian milk)등이 있다. 최근에는 요구르트에 여러 가지 과일 및 향료 등을 첨가하여 과일 요구르트를 만들거나 액상 유산균음료를 만들고 있다.

요구르트는 고유의 색과 향미를 가진 것으로 이미, 이취가 없는 것을 선택하여 냉장고에 저장하고 1주일 내에 소비하는 것이 좋다.

요구르트는 독특한 풍미를 지녀 부드러운 맛이 나며, 그대로 먹거나 샐러드드레싱, 요구르트 케이크 등에 이용된다.

(2) 발효 버터유(butter milk)

버터유나 탈지유에 스트랩토코커스 락티스(*streptococcus lactis*)를 20~22℃에서 배양하여 유산균 수가 10이상/mL 함유하고, 산도가 0.8~0.9정도 되도록 발효시킨 것이다. 일반적으로 발효 버터유는 버터제조를 위해 크림 층을 걷어낸 후 남은 탈지유를 사용하여 만들며, 매끈하고 강한 냄새를 가지고 있다.

(3) 애시도필러스 밀크(acidophilus milk)

일반 요구르트균을 사용하는 대신 38℃에서 락토바실러스 액시도필러스(*Lactobacillus acidophilus*)를 접종하여 발효시킨 우유이다. 장내미생물인 비피더스균 수를 늘려 소화관내의 불필요한 부패균의 성장을 억제하고, 장내 발효를 방지하여 정장작용을 한다.

(4) 사워크림(sour cream)

사워크림은 저농도 크림에 스트랩토코커스 락티스(*Streptococcus lactis*)를 접종한 후 22℃에서 젖산이 0.5% 생성되도록 배양한 것이다. 지질함유율이 18~20%의 살균크림에 유산균을 첨가하여 발효시킨 크림이다.

사워크림은 휘핑크림과는 달리 설탕을 넣는 대신 박테리아를 첨가하거나 식초 및 레몬을 넣어 거품을 올린다. 사워크림은 생선의 비린 맛을 제거하거나 가니쉬(garnish)하는데 사용한다.

(5) 알코올발효유

① 쿠미스(koumiss)

중앙아시아, 러시아 남부지방의 말젖으로 만드는 알코올발효유이다. 산도는 1%, 알코올 함량은 2%에 달하므로 알코올도수는 케퍼보다 높다.

② 케퍼(kefir)

케퍼는 젖산균과 알코올을 포함하는 발효유로 효모에 의해서 부분적으로 알코올 발효를 일으켜 만든 젖산 알코올발효유이다. 산양유, 면양유 등을 원료로 하여 만든다. 코카시스 산악지방에서 산양피로 만든 용기에 우유나 양유 등을 넣어 발효시켜 만드는 우유와인(milk wine)이다. 원유를 약 100℃에서 살균한 후 케퍼 균(젖산균으로서 *Streptococcus Latis*, *Lactobacillus*, *bulgaricus*, *Leuconostoc citrovorum*, 효모로서 *Saccharomyces kefir* 및 초산균 포함)을 첨가하여 14~15℃에서 35시간 발효시킨 것으로 제품의 산도는 0.6~1.0%, 알코올 함량은 3% 이하이다.

4) 버터(butter)

우유를 원심분리하여 크림을 만들어 유산발효시킨 후 교반기에 넣고 일정 시간을 흔들어 돌리면 우유 지방구의 막이 파괴되면서 지방이 분리된다. 분리된 지방을 모아서 만든 유제품이 버터다. 버터는 지질이 80%이상, 수분 16%, 단백질, 유당, 무기질 등이 4%로 차지한다. 버터는 지질이 주성분으로 고열량식품이며 소화율도 97~98%로 높고, 지용성비타민 A, D, E, K가 함유되어 있다. 특히 비타민 A의 함량은 423RE/100g으로 매우 풍부하다. 버터에는 소금첨가 정도에 따라 15~20%의 소금을 가한 가염버터와 무염버터가 있으며, 우리나라에서 생산되는 버터의 대부분은 가염버터이다. 버터에 소금을 첨가하면 버터의 풍미를 좋게 하고, 보존성을 늘려준다. 가염버터는 식탁용으로 많이 사용되고, 무염버터는 제과용으로 사용된다. 버터의 제조 공정은 그림 10-3과 같다.

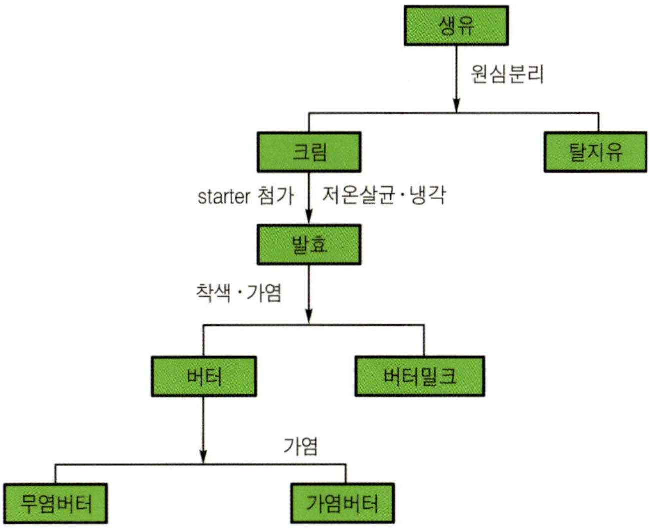

【그림 10-3】 버터의 제조공정

5) 치즈(Cheese)

치즈는 원료유의 카세인과 지질을 젖산균, 레닛(rennet), 단백질분해효소, 산 등을 작용시켜 응고시킨 후 유청(whey)을 제거한 다음 커드(curd)를 형성하여 이것을 오랜 기간 숙성시켜서 만든 유제품으로 제조과정은 그림 10-4와 같다. 치즈는 탈지유로 만들어지는 것, 유청으로 만들어지는 것, 수분의 함량, 숙성에 이용되는 미생물의 종류, 성분 등 그 성질도 매우 다양하여 세계적으로 1,000여 종의 치즈가 만들어지고 있다.

실온에 놓아 둔 치즈가 가장 맛이 좋으므로 먹기 30분 전에 냉장고에서 꺼내 두었다가 먹는 것이 맛이 좋다.

치즈는 고온에서 장시간 조리하면 단백질이 질겨지고, 유리지방이 분리되어 표면이 번들거리며 늘어지므로 저온에서 단시간 가열·조리하여야 한다.

치즈는 수분 함량에 따라 표 10-4와 같이 경질, 반경질, 연질치즈가 있다. 특수치즈는 제조원료 및 제조법이 일반치즈와 달리 2가지 이상의 천연치즈(natural cheese)를 원료로 한 가공치즈(process cheese), 훈연을 한 훈연치즈(smoke cheese), 향신료를 섞은 향미치즈(spiced cheese) 등이 있다.

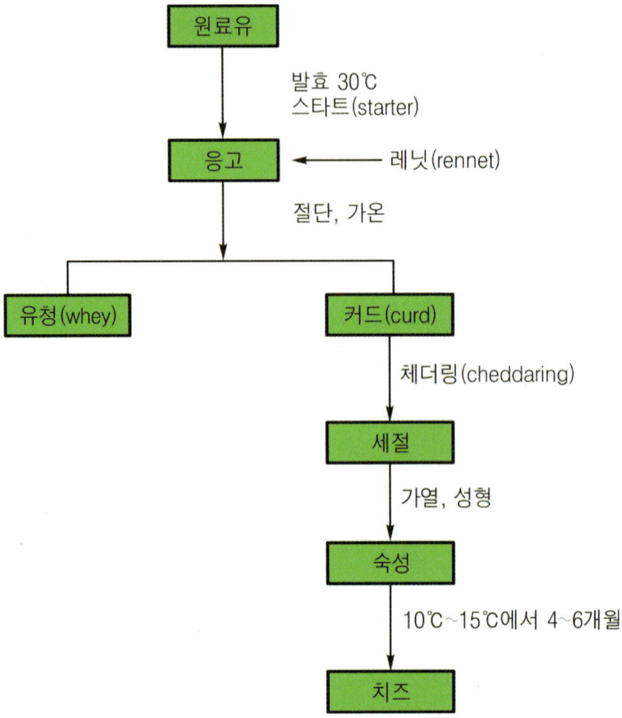

【그림 10-4】 치즈의 제조과정

■ **좋은 치즈 구입하는 요령**

① 치즈 전문점을 찾는다.

② 수입년월일, 제조년월일을 확인한다.

③ 치즈의 상표, 품질검사마크, 원산지보증등급 등이 있는지 확인한다.

④ 시각, 후각, 미각 등을 활용하여 양질의 치즈를 고른다. 표면이 젖어 있는 것과 기름기가 베어 나와 있는 것은 피하도록 한다. 연질치즈는 신선하고 손으로 눌러 보아 부드러운 것을 선택하며, 경질치즈는 단단하고 단면이 밝고 깨끗하며, 구멍의 크기가 일정한 것을 선택한다.

⑤ 치즈는 시간이 지나면 풍미가 떨어지므로 필요한 만큼만 구입한다.

■ 치즈 보관방법

치즈는 실온에 두면 숙성이 진행되어 풍미가 저하되기 쉽다. 치즈를 보관하기에 가장·좋은 방법은 치즈가 숙성되는 장소와 같은 조건에서 치즈를 보관하는 것이다. 저장은 포장상태로 1~3℃에서 냉장보관하며, 개봉 후 호일, 밀봉용기 등으로 공기를 차단한 후 보관한다.

① 치즈는 고유의 수분 함량과 풍미를 가지고 있어서 저장 시에는 종류가 다른 치즈를 그릇에 따로따로 저장한다.

② 일단 포장지를 뜯어서 사용하고 남은 치즈는 밀폐된 용기에 밀봉해야 수분이 증발되지 않고 신선함을 유지할 수 있다.

③ 치즈보관장소는 어둡고 습하고 통풍이 잘 되며, 온도는 약 10℃ 내외를 유지하는 곳이다. 냉장고는 온도와 습도가 너무 낮다는 단점이 있으므로 냉장고에 상대적으로 온도와 습도가 다른 공간보다는 조금 높은 채소실 등에 보관하는 것이 좋다.

④ 대부분의 치즈는 냉동하는 것이 바람직하지 않으며, 냉동했던 것을 해동하면 끈적거리거나 부스러지기 쉽다.

【표 10-4】 치즈의 분류

<table>
<tr><th>분류</th><th>수분
함량</th><th colspan="2">숙성방법과
숙성 관여 미생물</th><th>치즈의 종류</th></tr>
<tr><td rowspan="2">연질치즈</td><td rowspan="2">40~75%</td><td colspan="2">곰팡이</td><td>카망베르(프랑스), 브리(프랑스)</td></tr>
<tr><td colspan="2">숙성시키지 않은 것</td><td>코티지(미국,유럽), 리코타, 크림(미국, 유럽), 모짜렐라(이탈리아)</td></tr>
<tr><td rowspan="2">반경질치즈</td><td rowspan="2">38~45%</td><td colspan="2">세균</td><td>브릭(미국), 뮌스터(독일), 고다(네덜란드), 림버거(벨기에), 하바티(덴마크)</td></tr>
<tr><td colspan="2">푸른곰팡이</td><td>로크포르(프랑스), 고르곤졸라(이탈리아)
블루(각국 푸른곰팡이), 스틸톤(영국)</td></tr>
<tr><td rowspan="3">경질치즈</td><td rowspan="3">30~40%</td><td rowspan="3">세균</td><td>기공이 큰것</td><td>에멘탈(스위스), 그루이에르(프랑스)</td></tr>
<tr><td>기공이 작은 것</td><td>에담(네덜란드)</td></tr>
<tr><td>기공이 없는 것</td><td>체다(영국), 콜비(미국)</td></tr>
<tr><td>초경질치즈</td><td>25~30%</td><td colspan="2">세균</td><td>파마산(이탈리아), 로마노(이탈리아)</td></tr>
<tr><td>가공치즈</td><td></td><td colspan="2"></td><td>슬라이스 체다, 훈제치즈, 분말치즈, 퐁듀치즈</td></tr>
</table>

【그림 10-5】 네델란드 에담의 치즈마켓

【그림 10-6】 치즈칼

【그림 10-7】 프랑스 파리의 백화점 치즈코너

【그림 10-8】 유럽의 치즈전문 판매점

(1) 연질치즈

① 리코타 치즈(ricotta cheese)

리코타 치즈는 엄격히 따지자면 치즈라기보다는 치즈 제조과정의 부산물이라 할 수 있다. 왜냐하면 커드로 만드는 것이 아니라 유청을 다시 가열해 유청에 남아 있던 덩어리를 모아 만든 것이기 때문이다. 우유 빛깔의 크림 형태로 조직은 부드럽고 단단하지 않기 때문에 용기에 넣어 판매된다. 고소하고 진한 우유 맛이 난다. 약간 단맛이 나지만 짠맛이나 신맛, 치즈 특유의 쏘는 맛은 없다. 신선할 때 그대로 먹기도 하고, 설탕과 바닐라향, 초콜릿이나 신선한 과일을 첨가하여 디저트로 이용한다. 또한 라비올리를 만들때 리코타치즈가 시금치 등의 채소와 후추, 넛맥 등과 같이 많이 사용된다.

② 모짜렐라 치즈(mozzarella cheese)

모짜렐라 치즈는 피자 토핑에 많이 사용되어서 피자 치즈로 알려져 있다. 남부 이탈리아가 원산지로 원래 물소의 젖으로 만들었다. 흰색 또는 상아색이며 부드럽고 물렁물렁하지만 탄력이 있고 쫄깃하며 말랑말랑하다. 닭고기 살처럼 찢어지는 조직으로 녹으면 실처럼 쭉쭉 늘어나는 특유의 성질이 있다. 생 모차렐라는 매우 순하고 신선한 냄새가 나며 치즈 특유의 냄새가 없이 담백한 맛이 난다.

③ 브리 치즈(brie cheese)

브리치즈의 원산지는 프랑스 파리의 브리 지방이다. '치즈의 여왕'이라는 별명을 가진 유명한 치즈로 흰색 곰팡이 치즈의 원조이다. 하얀 곰팡이 껍질이 특징이며, 흰색 껍질 안쪽은 노란색의 진한 크림 형태로 상온에 오래 두면 크림처럼 녹아내린다. 내부는 크림 형태로 약간 달지만 짠맛이 난다.

④ 카망베르 치즈(camembert cheese)

카망베르 치즈는 세계적으로 유명한 프랑스 치즈로서 우유를 원료로 하고, 치즈 표면에 자란 흰곰팡이에 의하여 약 3주간 숙성된 것으로 특유의 풍미가 있고, 매끄러운 조직을 지닌 연질치즈이다.

⑤ 코티지 치즈(cottage cheese)

코티지 치즈의 원산지는 네덜란드이며, 숙성시키지 않은 치즈 중 가장 많이 만들어지고 있는 연질치즈이다. 탈지유와 탈지분유를 자연적으로 젖산 발효시켜 만든 것으로 유백색으로 산미가 섞인 상쾌한 맛을 지니나 보존성이 거의 없다.

⑥ 크림치즈(cream dheesw)

젖소유의 크림으로 만드는 소프트 프레쉬치즈를 총칭하는 말로 새콤하고 부드러운 맛을 지닌 발라먹는 치즈다. 크림치즈 역시 커티지치즈처럼 산성화시켜 얻는 커드 치즈의 일종이다. 그대로 먹거나 샌드위치, 카나페, 샐러드에 이용하며 특히 치즈케이크를 만들 때 꼭 필요한 재료다. 자연 치즈에 익숙하지 않은 사람도 쉽게 먹을 수 있는 순한 맛을 지니고 있다. 이탈리아의 마스카르포네(mascarpone)도 일종의 크림치즈다.

(2) 반경질치즈

① 고다 치즈(gouda cheese)

고다 치즈의 원산지는 네덜란드의 고다라는 마을이다. 유럽에서 생산되는 가장 오래된 치즈 중 하나로 6세기경부터 만들기 시작하였다. 지금은 전세계인의 사랑을 받고 있는 반경질치즈로 대표적인 숙성 치즈이다. 제조공정이 비교적 간단하고 공장생산에 적합하여 생산량이 증가되고 있다. 담황색이나 버터 빛깔을 띠고 온화한 풍미를 지니며 가공 치즈의 원료로 쓰인다. 네덜란드 치즈 생산량의 60% 이상을 차지하고 있다. 노란색의 왁스로 싸여 있으며 내부가 상아색으로 불규칙적인 크기의 구멍이 여기저기 흩어져 있고 조직이 연하고 부드러우면서 풍미도 온화하다. 과일향이 나는 짠맛을 가지고 있으며 숙성된 고다 치즈는 빵이나 피클과 함께 먹으면 좋고 숙성되지 않은 고다 치즈는 샌드위치에 많이 사용된다.

■ **나겔치즈(Nagel cheese)**

나겔치즈는 네덜란드의 전통적인 향치즈로 고다 치즈에 정향(클로브)을 첨가한 것이다.

② 고르곤졸라 치즈(gonrgonzola cheese)

우유를 원료로 하여 로크포르와 유사한 푸른곰팡이를 이용한다. 미국, 캐나다, 덴마크 등지에서 만든 것을 블루치즈(blue cheese)라고 하며, 고르곤졸라 치즈는 이탈리아에서 제조되는 것이다.

③ 로크포르 치즈(roquefort cheese)

로크포르 치즈는 프랑스 동남부의 로크포르 지방에서 양젖으로 만드는 전형적인 블루 치즈다. 곰팡이(penicillium yog-uefort)로 숙성시킨 대표적인 반경질 치즈로서 치즈 내부에 자라난 푸른곰팡이가 대리석 모양의 독특한 무늬를 나타낸다. 푸른곰팡이로 얼룩져 있는 내부는 빡빡하지만 쉽게 부서진다. 양젖 치즈 특유의 캐러멜 향과 단맛이 푸른곰팡이의 강하고 자극적인 얼얼한 맛과 잘 어울린다. 맛은 매우 짠 편이고 질감은 부드럽다. 숙성기간이 짧으면 엷은 초록색을 띠나, 숙성기간이 길어질수록 파란색에서 회색으로 변한다.

④ 림버거 치즈(limburger cheese)

림버거 치즈는 벨기에가 원산지이지만 프랑스, 독일, 오스트리아 등에서 많이 제조된다. 전지유나 탈지유로 제조되어 유산균으로 숙성시킨 반경질치즈이다.

⑤ 뮌스터(Munster)

8세기경 프랑스 뮌스터 계곡의 수도사들이 처음 만들었다. 톡 쏘는 짙은 향과 부드러운 질감이 특징적이며, 향이 너무 독해서 처음에는 고개가 돌려질 정도다. 적갈색의 끈적끈적한 외피는 레몬향이 풍기는 톡 쏘는 진한 향을 내며, 이 향이 치즈 안으로 스며들어 향이 풍부해진다. 아이보리색의 내부는 상온에 두면 흘러내릴 정도로 부드럽고 작은 구멍이 있으며 약간의 짠맛과 우유의 진한 맛이 느껴진다. 디저트로 과일과 함께 곁들여 내며, 전통적으로 와인과 함께 즐긴다.

⑥ 브릭 치즈(brick cheese)

브릭 치즈는 미국이 원산지이며 독창적인 방법으로 만들어낸 최초의 미국 치즈라고 할 수 있다. 커드를 2장의 벽돌 사이에 끼워 눌러놓으면 독일의 림버그와 비슷하지만 더 단단하고 고무와 같은 질감을 가진 벽돌 모양의 치즈가 된다는 것을 알아냈다. 이 치즈는 미국인들의 사랑을 받았고 여전히 미국 전역에서 가장 많이 팔리는 치즈 중 하나이며, 오렌지색의 외피에 연한 미색의 조직을 가지고 있고 단단하고 작은 구멍이 많이 있다. 부드럽고 단맛이 나는 치즈를 주로 크래커와 샌드위치에 넣어 먹는다.

⑦ 블루 치즈(blue cheese)

프랑스 치즈로 발효시켜 푸른곰팡이가 생기도록 한 치즈로 톡쏘는 맛이 고르곤졸라 치즈와 비슷하다. 이 치즈는 열을 가하면 쉽게 녹아내리므로 쇠고기나 닭고기, 생선 위에 뿌려 굽기도 한다.

⑧ 스틸톤 치즈(stilton cheese)

영국인들에게 가장 사랑받는 '치즈의 왕'이라 불리는 대표적인 블루 치즈다. 스틸톤이라는 지역 이름에서 치즈의 이름이 유래되었으나 이 지방에서 생산되지는 않는다. 외피는 마치 이끼 낀 바위 모양으로 두껍고 단단하며 내부는 아이보리색이나 푸른 곰팡이의 결이 외피까지 퍼져 있다. 숙성이 잘 되면 외피까지 곰팡이 맥이 뻗어 있으며 부서지는 질감을 가진 단단한 크림 형태다. 블루 치즈 특유의 강한 향에 화이트 와인과 허브향이 섞인 듯한 향이 나며 호두향과 과일향도 난다.

⑨ 페타치즈(feta cheese)

가장 단순한 형태의 치즈 중 하나로 원래 그리스의 목동들이 남은 우유를 저장하기 위해 만들었던 것이다. 벽돌 모양으로 잘라 판매하는데 이런 모양의 덩어리를 'fetes'라고 불러 이름이 페타(feta)가 되었다. 외피는 없으며 아주 하얗고 잘 부서지고 우유향이 난다. 약한 신맛이 느껴지고 아주 짜다. 잘 부서지므로 조그맣게 잘라 올리브유에 담가 그리스식 샐러드에 넣어 먹는다.

(3) 경질치즈

① 에담 치즈(edam cheese)

고다(gouda)와 함께 네덜란드의 대표적인 치즈다. 암스테르담 북쪽에 위치한 에담이라는 작은 항구이름에서 생긴 이름이다. 트레이드마크가 된 빨간색 왁스코팅은 14세기부터 시작해 지금까지 독특한 개성이 되었다. 대부분 탄력성이 있고 향이 부드러우면서 호두향이 나며, 숙성기간이 짧다. 에담 치즈는 탈지유로 만들어져 지질함유량이 비교적 낮은 편이다.

② 에멘탈 치즈(emmenthal cheese)

에멘탈 치즈는 스위스의 대표적인 치즈로 '스위스 치즈'라고 알려져 있는 세계에서 가장 큰 치즈 중 하나다. 숙성 중 탄산가스가 커드 중에 머물러 가스 구멍(치즈눈, cheese eye)이 형성되며, 경질의 탄력 있는 조직으로 호두와 같은 맛과 감미로운 풍미가 있다. 숙성 기간이 길어질수록 치즈의 질은 더 좋아진다. 외피는 노란색으로 매끈하며 내부는 아이보리색이거나 균일한 옅은 노란색이다. 달콤하고 와인 향기가 나며 녹이면 늘어나는 성질이 있어 그뤼에르와 함께 퐁듀에 많이 사용되는 치즈다.

③ 체다 치즈(cheddar cheese)

체다 치즈의 원산지는 영국의 체다 마을로 전유나 탈지유로 제조되는 경질치즈이다. 세계인이 가장 많이 먹는 치즈이다. 대부분이 가공 치즈의 원료로 쓰이며, 치밀한 조직을 만드는 체더링(cheddaring)이라는 특수한 제조공장으로 제조되며 온화한 산미가 나고 독특한 맛과 방향으로 우리의 입맛에 맞다.

(4) 초경질치즈

① 파마산 치즈(parmesan cheese)

파마산 치즈는 이탈리아 북부의 피르마시에서 만들어지는 치즈로 지명에서 치즈의 이름이 유래되었다. 이탈리아에서는 '치즈의 왕'으로 불려지고 있다.

가장 보편적으로 즐겨먹는 치즈 중의 하나로 고급스럽고 독특한 향을 지녔으며 파마산 가루 치즈의 원재료다. 지금도 이탈리아의 파르마와 레지오에서 생산량의 70%를 만들고 있다. 갈색을 띤 황금빛의 단단하고 매끄러운 껍질에는 제품 마크와 생산년월 등이 찍혀 있다. 조직이 아주 단단하며 작은 알갱이로 이루어져 있어 결은 촘촘하지만 잘 깨지는 특성이 있다. 2년 이상 숙성시키므로 깊은 감칠맛과 단맛이 있다. 약한 짠맛도 나며 쪼개어 그대로 먹거나 가루를 내어 파스타나 리조또 위에 뿌려 먹는다.

(5) 가공 치즈(Processed cheese)

1908년 스위스에서 최초로 과잉의 치즈를 처분할 목적으로 만들어졌다. 1가지 치즈나 여러 가지 종류의 치즈를 130~140℃로 녹여 섞은 후에 우유, 분말우유, 크림, 버터 등을 섞어 만들기 때문에 자연 치즈의 성질이 거의 남아 있지 않다. 이 방법은 미생물에 의한 발효가 일어나지 않아 오래 보전할 수 있는 장점이 있다.

가공 치즈는 일반적으로 맛이 부드럽고 개성이 없다. 우리나라에서 사용되는 치즈의 대부분이 가공 치즈이다. 가공 치즈는 2종류 이상의 자연 치즈를 분쇄・혼합하여 유화제를 넣고 살균한 후 성형한 것으로 살균 치즈(pasteurized cheese)라고도 한다. 가공 치즈의 원료 치즈로는 체더 치즈, 고다 치즈, 스위스 치즈 등이 많이 쓰이고 있으며, 향신료나 햄, 양파, 버섯 등을 넣어 향을 내기도 한다. 가공 치즈에는 가장 흔한 슬라이스 치즈가 있으며 한입 크기로 만들어진 것, 깡통에 들어 있는 것 등 모양이 다양하다.

슬라이스 치즈

한입 크기 치즈

훈제 치즈

【그림 10-10】 가공 치즈의 종류

참고문헌

1. 김희섭, 유혜경, 윤재영, 이정희, 최영희, 최정희. 2005. 세계요리문화산책. 대가
2. 김희섭, 유혜경, 윤재영, 이정희, 최영희, 최정희. 2005. 조리의 과학. 대가
3. 장상문, 김광호, 송효남, 김미옥. 2005. 식품재료학. 광문각
4. 정영도, 김광익, 최병권, 허영욱, 란연생, 이병주, 장기호, 마경덕, 이권우, 김우영 , 김창현, 박경호. 2000. 식품조리재료학. 지구문화사
5. 이영미. 2004. 치즈. 김영사
6. 한국식품영양학회 감수. 2005. 식품재료사전. 한국사전연구사.
7. 홍진숙, 박혜원, 박란숙, 명춘옥, 신미혜, 최은정, 정혜정. 2008. 식품재료학. 교문사.
8. 홍태희, 김기연, 최옥수, 김대현, 정외숙, 김순희, 조효현. 2010 현대 식품재료학. 지구문화사
9. Alpha Books, 2008
10. Broadway Books. 2006
11. Carroll, Ricki., 2002. Home cheese making : recipes for 75 homemade cheeses, Storey Books,
12. David Gibbons, 2009. Mastering Cheese: Lessons for Connoisseurship from a Maître Fromager, Clarkson Potter
13. DK ADULT, 2009. The World Cheese Book, DK Publishing
14. Ehlers, Steve. & Hurt, Jeanette. The complete idiot′s guide to cheeses of the world
15. Harbutt, Juliet. 2006. The world encyclopedia of cheese, Lorenz Books
16. Harbutt, Juliet. 2009. World cheese book, DK
17. JOHNSON. 2000. Hugh 「World CHEESE BOOK」, 티메카
18. Kathy Holstad. 2008. The Tillamook Cheese Cookbook: Celebrating 100 Years of Excellence, Arnica Publishing
19. Kaufelt, Rob. Murray′s cheese handbook : more than 300 of the world′s best cheeses,
20. Kosikowski, F. 2002. Cheese and fermented milk foods, Edwards Brothers, 1977
21. Ricki Carroll Home Cheese Making: Recipes for 75 Delicious Cheeses, Story

Publishing, LLC

22. Ridgway Judy and Hill Sara. 2004. Quintet Publishing Limited
23. Rob Kaufelt. 2006. The Murray's Cheese Handbook: A Guide to More Than 300 of the World's Best Cheeses, Broadway,
24. The cheese Board Collective Staff. 2003. The Cheese Board: Collective Works: Bread, Pastry, Cheese, Pizza, Ten Speed Press

제11장

어패류(Fishes and shells)

제11장 어패류(Fishes and shells)

우리가 식용하는 어패류는 500종이 넘는다. 어패류는 육류나 가금류와 달리 생산되는 계절과 시기가 국한되어 있고, 생산량의 변동이 심하며, 쉽게 상하는 특징이 있다. 어패류의 성분은 계절, 어장, 연령, 성별, 부위 등에 따라 많은 차이가 있으나 수분 70~85%, 단백질 15~25%, 지질 1~10%, 탄수화물 1%, 무기질 1~2% 정도를 함유하고 있다. 어류의 색은 헴(heme)계열의 붉은색 단백질인 미오글로빈(myoglobin), 헤모글로빈(hemoglobin) 및 시토크롬(cytochrome)에 의한 것이다. 그러나 연어와 송어류는 카로티노이드(carotenoid)계인 아스타잔틴(astaxanthin)을 함유하고 있다. 해수어류 중 고등어, 꽁치, 정어리, 참치 등의 생선은 붉은 색소인 미오글로빈을 함유하고 있어 생선의 살이 붉게 보인다. 게나 새우를 가열하면 아스타잔틴이 열에 의하여 단백질이 분리되면서 아스타신(astacin)으로 산화되어 붉게 변한다. 생선의 맛을 내는 엑스분에는 유리아미노산, 베테인(betain), 뉴클레오티드(nucleotide)와 5′-GMP, 5′-IMP 및 5′-XMP와 호박산 등의 유기산이 함유되어 있다. 생선에는 프로테아제(protease), 리파제(lipase), 아밀라제(amylase), 카탈라제(catalase), 퍼옥시다제(peroxidase) 등의 효소가 존재한다.

【표 11-1】 어패류의 분류

문	강	목	과	종류
척색동물문*	조기어강	가자미목	가자미과	가자미, 넙치
		농어목	가물치과	가물치
			갈치과	갈치
			꺽지과	쏘가리
			농어과	농어

척색동물문*	조기어강	농어목	도미과	도미(감성돔, 돌돔, 붉돔, 옥돔, 참돔, 황돔)
			망둥어과	짱뚱어
			메기과	메기
			민어과	민어, 조기, 수조기
			바리과	다금바리
			병어과	병어
			전갱이과	방어, 전갱이
			청어과	전어, 정어리, 청어
		대구목	대구과	대구, 명태
		동갈치목	꽁치과	꽁치
			학공치과	학공치
			고등어과	고등어, 다랑어
		바다빙어목	뱅어과	뱅어
			바다빙어과	빙어, 은어
		복어목	복과	까치복, 검복, 매리복, 밀복, 복섬, 자주복, 황복
			쥐치과	쥐치, 말쥐치
		쏨뱅이목	양볼락과	우럭(조피볼락)
			쥐노래미과	임연수어
		숭어목	도루묵과	도루묵
			숭어과	숭어
		연어목	연어과	연어, 송어
		잉어목	미꾸리과	미꾸라지
			잉어과	붕어, 잉어
		청어목	멸치과	멸치
			준치과	준치
		뱀장어목	갯장어과	갯장어
			뱀장어과	뱀장어
			붕장어과	붕장어
	먹장어강	먹장어목	꾀장어과	곰장어
	두갑강	칠성장어목	칠성장어과	칠성장어
	연골어강	상어목	흉상어과	두툽상어, 불범상어
		홍어목	가오리과	가오리, 홍어
	해초강	측성해초목	멍게과	멍게
			미더덕과	미더덕
연체동물문	두족강	갑오징어목	갑오징어과	갑오징어

		문어목	문어과	낙지, 문어, 주꾸미
		살오징어목	꼴뚜기과	꼴뚜기
			오징어과	오징어
연체동물문	복족강	무순목	군소과	군소
	이매패강	돌조개목	돌조개과	꼬막, 피조개
		백합목	개량조개과	대합
			백합과	바지락
			새조개과	새조개
			재첩과	재첩
		원시복족목	소라과	소라
			전복과	전복, 오분자기
		익각목	가리비과	가리비
			굴과	굴
		홍합목	키조개과	키조개
			홍합과	홍합
절지동물문	갑각강	십각목	닭새우과	닭새우
			꼬마매미새우과	부채새우
			도화새우과	분홍새우
			보리새우과	대하, 보리새우
			젓새우과	젓새우
			꽃게과	꽃게
			물맞이게과	대게
			바위게과	참게
			왕게과	왕게
			털게과	털게
극피동물문	성게강	성게목	성게과	성게
	해삼강	순수목	해삼과	홍해삼
자포동물문	해파리강	해파리목	해파리과	해파리

* 척색동물은 척추동물과 원색동물의 총칭이다.

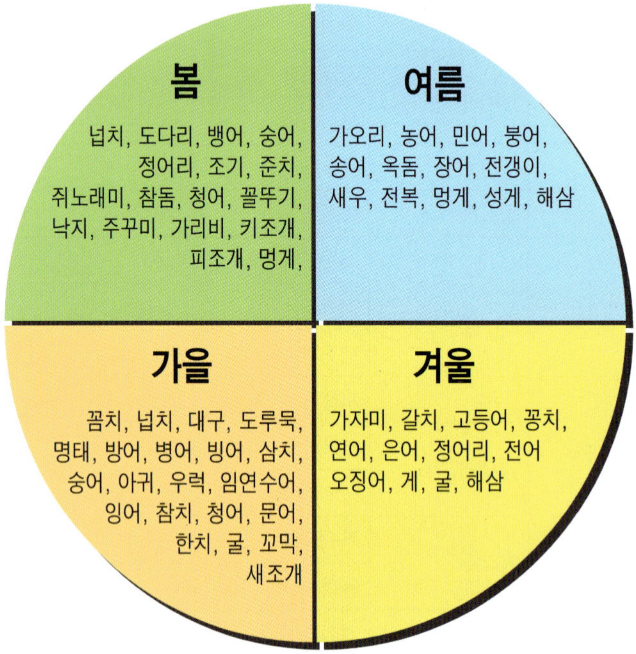

【그림 11-1】 계절별 어패류의 맛있는 시기

1 어류

1) 가물치(snake head)

■ 분류 및 특징

가물치는 민물생선으로 산모의 보혈식품으로 좋다는 뜻의 '가모치(加母致)'에서 유래하였다. 수심 1m 이상인 민물에 살고 폐호흡을 하므로 용존산소가 부족하면 물 위로 떠있는 경우도 있다. 겨울에는 깊은 진흙 속에 묻혀 지낸다. 5~8월이 산란기로 6~9월이 제철이다.

■ 성분 및 효능

단백질 18.2%, 지질 0.8%인 고단백 저열량식품으로 소화가 잘된다. 칼슘이 풍부하고 비타민 B_1과 B_2가 풍부하다. 어린이의 성장발육을 돕고, 태아의 두뇌발육에 도움이 된다. 또한 산후 젖의 분비가 잘되게 하며, 몸이 냉할 때 효과가 있다고 한다.

■ 선별기준

길이는 30cm 정도로 탄력이 있으며, 살은 붉은색을 띤 흰색을 선택한다.

■ 조리 및 가공

비린내를 제거하기 위하여 막걸리나 식초에 재워두었다가 꼭 짜서 초고추장에 버무려 회로 먹거나 주로 곰국, 죽, 구이 등으로 조리한다.

2) 가오리와 홍어

(1) 가오리(sting ray)

■ 분류 및 특징

길이는 1m 정도이며, 전 세계에 400 여종이 있고, 우리나라 해역에는 50여종이 서남부에 분포한다. 체내 수정을 하고, 수컷은 생식기를 2개 가지고 있다. 가오리의 살에는 요소와 산화트리메칠아민(trimethylamine oxide : TMAO)이 많아서 좋지 않은 냄새가 난다.

【표 11-2】 가오리와 홍어의 구분

	가 오 리	홍 어
전체 모양	오각형(노랑 가오리) 원형(목탁 가오리)	마름모형
부위별 모양	꼬리 가시가 있다. 배 부위가 흰색이다. 주둥이 부분이 둥금(목탁 가오리, 전기가오리), 약간 모가 남(노랑 가오리, 흰가오리, 상어가오리)	가슴지느러미 밑에 검은 테를 가진 반점이 양쪽으로 1개씩 있다. 배 부위가 붉은색이다. 주둥이가 뾰족하고, 굵은 꼬리 윗부분에 2개의 지느러미와 가시가 2~4개 늘어서 있다

■ 성분 및 효능

체내에 요소가 많아 사후 단시간에 요소가 분해되어 암모니아를 발생하므로 악취를 생성한다.

■ 조리 및 가공

특히 여름철에 맛이 좋아 삶아서 먹기도 하며, 찜, 튀김에 이용하고 신선한 것은 생식을 한다.

(2) 홍어(skate)

■ 분류 및 특징

수심 30~100m의 연안에 서식하며 길이는 150cm정도이다. 전북에서는 '간재미', 전남은 '홍해', 경북은 '자부리'라고 부른다. 수컷은 생식기가 대롱모양으로 2개가 튀어 나와 있고 가시가 붙어 있다. 생식이 특이하여 '해음어(海淫魚)'라고도 하며, 일부일처제를 지킨다. 산란기는 9월~이듬해 3월이며 한번에 4~5개의 알을 낳고, 10~11월에 많이 잡힌다.

■ 성분 및 효능

연골에 많은 콘드로이틴(chondroitin)은 기능성 성분으로 신경통과 류머티스성 관절염의 예방과 치료에 효과가 있다.

홍어에는 요소와 산화트리메틸아민이 다량 함유되어 있다. 일반생선은 선도가 저하되고 부패세균이 증식하면 근육단백질이 분해되어 암모니아 성분이 생기고 살코기도 흐물흐물해진다. 그러나 연골어류는 부패세균이 증식하기 이전에 고기에 있는 요소와 TMAO이 암모니아와 트리메틸아민(trimethylamine : TMA)으로 분해되어 코를 찌르는 냄새가 나며, 단백질은 분해되지 않고 오돌오돌한 씹히는 맛이 있어 홍어회의 독특한 맛을 제공한다.

■ 조리 및 가공

홍어는 연골어류이므로 콜라겐이 많아서 가열하면 젤라틴으로 되어 녹아나온다. 그러므로 찜으로 많이 조리하며, 그 외 포, 회, 조림, 무침, 매운탕 등으로도 이용된다.

3) 가자미(sole, flatfish)

■ 분류 및 특징

넙치, 도다리, 서대 등을 제외한 가자미목은 모두 가자미로 총칭한다. 전 세계적으로 520여종이 있으며, 길이는 40cm 정도로 수심 100m이상의 모랫바닥에 산다. 연근해에 30여종이 있으며, 우리가 주로 먹는 참가자미는 한국, 일본, 동중국해, 사할린에 분포되어 있다.

가자미는 넙치와 생김새가 비슷하기 때문에 눈의 위치에 따라 '좌넙치 우가자미'로 구분한다. 가자미가 양식이 되지 않는 것은 성장속도가 느려서 경제성이 없기 때문이다. 가자미는 종에 따라 산란기가 다르며, 대체로 겨울철에 많은 종이 산란하고, 가을~겨울에 가장 맛이 좋다. 가자미와 비슷한 도다리는 11월~이듬 해 3월이 산란기이며, 4~10월 것이 맛있다.

■ 성분 및 효능

지질이 3.7% 수준으로 적고 담백하며, 비타민 A, B_1, B_2, D가 비교적 많다. 가자미의 간유는 비타민 A의 좋은 공급원이다.

■ 선별기준

돌가자미는 횟감으로 많이 이용되며, 갈가자미는 특히 말린 것이 맛이 좋다. 신선한 가자미는 눈이 붙어있지 않은 배 쪽이 하얗고 탄력이 있다. 마른 가자미를 고를 때는 색이 뽀얗고 냄새가 없으며 너무 바싹 마르지 않은 것이 좋다.

■ 조리 및 가공

가자미회는 뼈째 다 썰어 회로 먹기 때문에 칼슘섭취에 유리하다. 뼈째 썬 가자미회를 '세꼬시(せごし)'라 한다. 생선회, 조림, 구이, 찜에 이용되며, 어분의 제조에도 이용된다. 가자미식해는 말린 가자미에 조밥, 무와 엿기름을 넣고, 소금을 섞어 발효시킨 젓갈로 함경도지방의 특산식품이다.

4) 갈치(hairtail)

■ 분류 및 특징

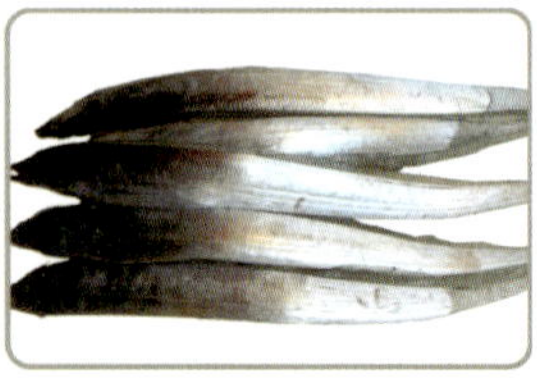

길이는 1~1.5m정도의 기다란 칼 모양이라서 예로부터 '도어(刀魚)' 또는 '갈치'라고 불렀다. 한국, 일본, 대만, 필리핀, 호주에 분포한다. 일본인은 즐기지 않아 한국으로 수출한다. 50~300m의 깊은 바다에 살고, 여름철에 산란하며, 7~11월 사이에 많이 잡힌다. 계절에 따른 맛 차이는 크게 없으나 지질이 많은 가을이 제철이다.

■ 성분 및 효능

흰살 생선이지만 지질함량이 7.59%로 높으며, EPA와 DHA가 풍부하다. 또한 단일불포화지방산 함량이 2.09%로 다가불포화지방산의 1.14%보다 약 1.7배 많다. 또한 곡류에는 부족한 필수아미노산인 리신이 풍부하다.

■ 선별기준

구입할 때는 은분이 벗겨져 있지 않고, 등에 약간 검은색을 띠며 살에 탄력이 있고 약간 푸른 것을 선택한다.

■ 조리 및 가공

갈치의 비늘은 소화가 안 되고 영양적 가치가 없으므로 깨끗이 긁어내고 조리한다. 갈치는 성질이 급하여 잡는 즉시 죽어버리므로 배위에서나 바닷가에서만 회로 먹을 수 있다.

소금구이, 조림, 튀김에 이용하며, 체표면의 은백색으로 빛나는 구아닌(guanine) 색소는 인조 진주의 광택을 내는 용도나 여성화장품의 원료로 이용된다.

5) 고등어(mackerel)

■ 분류 및 특징

태평양, 대서양, 인도양의 온대 및 아열대해역에 분포한다. 꽁치, 정어리와 더불어 회유성이 강하다. 최대 50cm까지 자라며 4~5월이 산란기이고, 지질함량이 가장 높은 가을철이 제철이다. 고등어는 선도가 떨어지면 세균이 생성하는 탈탄산효소에 의해 히스티딘(histidine)이 히스타민(histamine)으로 변해 식중독을 유발한다. 증상은 두드러기, 복통, 구토, 발열 등을 보인다. 따라서 고등어 회를 먹을 때는 특히 주의하여야 한다.

■ 성분 및 효능

단백질은 16.3~25.8%수준이며, 지질이 10%내외이나 가을~겨울에는 최대 20%까지 증가하여 가장 맛이 좋다. 지질의 85%가 불포화지방산이고, EPA와 DHA가 100g 지방산에 각각 8.2g, 19.2g으로 매우 풍부하다. 또한 비타민 D, B_2, B_{12}가 풍부하다. 특히 껍질에 풍부한 비타민 B_2는 피부미용에 도움이 된다. 무기질 중 셀레늄이 많아 항산화작용과 성인병예방의 효과가 있다. 고등어의 살에 히스티딘이 다른 생선에 비해 매우 많아 독특한 진한 맛을 낸다.

■ 선별기준

고등어는 클수록 맛이 좋으며, 살이 단단하고 청록색의 광택이 나며, 복부는 금색을 띤 것이 신선하다.

■ 조리 및 가공

고등어는 주로 조림, 구이, 자반, 통조림 가공에 이용한다. 제주도에서는 고등어죽, 고등어국을 끓여 먹는다. 고등어는 성질이 급하여 활어상태로 수송이 불가능하였으나, 최근에는 정치망을 이용하여 활어로 포획한 후 가두리 안에 수개월간 키워서 좁은 환경에 적응이 된 고등어를 활어차로 수송하여 도시에서도 고등어회를 먹을 수 있게 되었다.

6) 꼼치(grassfish)

■ 분류 및 특징

한국의 동부와 남부 및 일본에 분포하며, 수심 50~80m인 뻘에 서식한다. 수명은 1년 정도이며 길이는 50cm 정도이다. 예전에 어부들이 잡으면 재수가 없다고 다시 바다에 던져 넣을 때 나는 물소리를 흉내를 내어 '물텀벙이'라고 하며, 부산에서는 입이 커서 '물메기'라고 하고, 강원도 지역에서는 '물곰'이라고도 한다. 12월~이듬해 3월이 산란기로 이때 연안으로 이동한다. 연안의 해초류 줄기에 알을 부착시켜 지름 10cm 내외의 알 덩어리를 만든다. 통발로 잡으며 동지까지의 겨울철이 제철로 가장 맛이 좋다.

■ 성분 및 효능

수분량이 81.6% 수준으로 매우 높고, 지질함량이 0.9%로 낮다. 입이 크고 살이 반숙된 달걀흰자처럼 흐물흐물하다.

■ 조리 및 가공

해장국과 같은 탕류로 많이 이용한다.

7) 꽁치(pacific saury)

■ 분류 및 특징

길이는 40cm 정도이며 몸이 가늘고 길다. 1년 만에 성숙하여 수차례 산란을 하고 죽는다. 꽁치는 빛을 좋아하므로 집어등으로 유인하여 잡는다. 산란기는 8월이며, 10월경은 지질이 20%까지 증가하여 가장 맛있을 때이다.

■ 성분 및 효능

대표적인 붉은살 생선으로 감칠맛이 있고, EPA와 DHA가 지방산 100g에 각각 8.2g, 17.3g으로 풍부하다. 비타민 A가 많아 시력보호와 감기 예방효과가 있으며, 비타민 D, B_{12}도 많이 함유되어 있다.

■ 선별기준

신선한 것은 색이 선명하고 윤기가 있으며, 복부와 피부에 흠이 없고 살에 탄력이 있다. 꼬리 접합부는 황색인 것이 좋으며, 수컷보다 암컷이 더 맛이 좋다.

■ 조리 및 가공

회, 소금구이, 조림, 말린 생선 등으로 이용하며, 냉동꽁치는 참치 잡이의 미끼로 이용된다. 어획량이 많을 때는 통조림이나 기타 가공품의 제조에 이용된다.

과메기는 포항의 구룡포에서 꽁치를 그늘에서 보름간 얼렸다 녹였다 하면서 해풍에 말린 것이다. 생꽁치보다 영양가가 높으나 위가 약한 사람은 소화가 잘 안되므로 설사에 유의한다. 과메기는 11월~이듬해 3월이 제철이며 수컷보다 암컷이 더 맛있다. 꽁치를 통째로 말린 것을 '통마리'라 하고, 배를 갈라 3~4일 해풍에 말린 것을 '배지기'라 한다.

8) 넙치(광어, hallibut)

■ 분류 및 특징

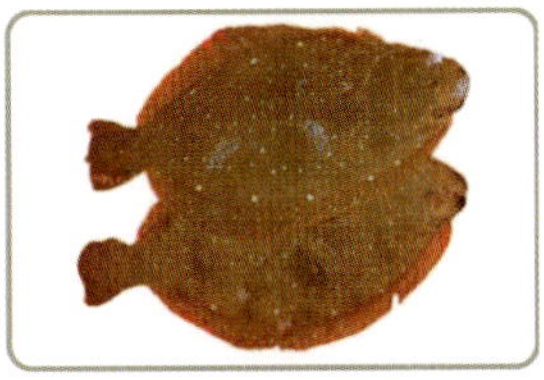

'생김새가 넓적한 물고기'란 뜻으로 '광어'라는 방언으로 많이 부르고 있다. 우리나라, 중국, 일본의 인근해역에 분포하며, 연근해에 10종이 있고, 많이 잡아들여 어획량이 감소하였다. 국내에서 유통되는 활어의 대부분은 양식산이다. 넙치는 장수어종으로 8~10년 동안 성숙하며 최대 35년까지 산다. 길이는 30~60cm정도이며 최대 2m까지 나가나 근래에는 소형화되고 있다. 겨울이 제철이고 봄~여름에 알을 낳는다. 우럭과 더불어 대표적인 양식으로 생산하는 어종이다.

■ 성분 및 효능

지질함량이 낮고, 단백질이 다량 함유되어 있다. 넙치의 지느러미 부근 살은 지질함량이 20% 이상 함유되어 맛이 특히 좋다. 육질에 콜라겐과 엘라스틴도 풍부하여 단단하고 씹히는 맛이 좋고 지질이 적어 담백하다.

■ 선별기준

자연산 광어는 배가 하얗고 이물질이 없으나 양식산 광어는 배에 이끼 같은 이물질이 붙어 탁한 초록빛을 띤다. 넙치와 가자미는 알에서 부화했을 때는 눈이 양쪽에 하나씩 있다가 성장하면서 한쪽으로 몰리는 변태를 한다. 넙치는 양쪽 눈이 왼쪽에 있으며 가자미는 양쪽 눈이 오른쪽에 있다. 또한 넙치는 이빨이 크고 날카로우며, 가자미는 이빨이 작다.

■ 조리 및 가공

횟감으로 많이 이용되며, 비린내가 적어 매운탕에 이용한다. 그 외에 튀김, 찜, 탕으로 먹는다.

9) 농어(sea bass)

■ 분류 및 특징

한국 연근해, 일본, 중국 및 대만에 분포하고, 길이는 1m 정도이며, 몸은 긴 타원형으로 가늘고 길다. 예로부터 먹어온 어종으로 선사시대의 패총에서도 뼈가 발견되었다. 연안성 어종으로 산란기가 10월~이듬해 3월이며, 6~8월이 제철이다. 강물과 바닷물이 교차하는 하구에 알을 낳고 가을에 바다로 이동한다. 비린내가 적고 살에 탄력이 많은 고급어종이다.

■ 성분 및 효능

단백질이 많고, 열량가가 96.0kcal/100g로 높다. 부드럽고 소화가 잘되며, 비타민 A가 36RE/100g으로 풍부하고 비타민 D와 니아신도 풍부하다. 또한 철이 풍부하여 빈혈예방에 도움이 된다.

■ 선별기준

체표면에 점이 있는 점농어와 민농어 2가지가 있다. 활달한 것은 수조 안에서 일정한 방향으로 수영을 하며, 활력이 떨어진 것은 수조에 가라앉거나 수면위로 떠오른다.

■ 조리 및 가공

맛이 담백한 흰살생선으로 몸체가 클수록 맛이 좋다. 여름철 대표회감으로 생선회, 소금구이, 튀김, 국 등에 이용된다. 탕이나 국물요리에 사용할 때는 비늘과 내장을 제거하고 얼음에 채워 냉장보관을 한다.

10) 다금바리(sawedged perch)

■ 분류 및 특징

우리나라, 일본, 중국, 대만, 필리핀에 이르는 서태평양에 분포하고, 수심 100~200m의 연안 암초지대에 서식한다. 국내는 제주도 근처의 남해안에만 발견되며, 길이는 60~100cm, 무게 2kg 정

도까지 성장한다. 잘 잡히지 않아서 비싼 값에 거래된다. 산란기에도 이동하지 않고 살던 근처에 알을 낳는다. 산란기는 5~8월이며 여름이 제철이다.

■ 성분 및 효능

다금바리는 셀레늄의 함량이 43.3μg/100g으로 많아 항산화작용에 도움이 된다.

■ 조리 및 가공

살이 단단하고 담백하여 여름철에 회, 소금구이 등으로 먹는다.

11) 다랑어(참치, tuna)

■ 분류 및 특징

참치는 '다랑어'의 방언이다. 세계의 온대와 열대에 걸쳐서 참다랑어, 가다랑어, 날개다랑어, 눈다랑어, 백다랑어, 점다랑어, 줄다랑어, 황다랑어 등 7종이 있다. 길이는 1~3m이고, 무게는 700kg 정도이다. 우리나라의 남해, 제주도 근해와 일본 근해, 태평양, 대서양, 인도양의 열대 및 온대 수역에 분포한다. 봄~여름에 산란하며, 참다랑어는 추운 겨울이 제철이다.

■ 성분 및 효능

단백질이 27.2%로 월등히 많고, EPA와 DHA가 각각 지방산 100g당 3.2g, 20.0g으로 풍부하며, 비타민 A, D, 니아신 및 철도 풍부하다. 참치의 적색육 부위는 지질이 1%수준으로 낮아서 다이어트에 도움이 되나, 머리와 배 같은 지방육 부위는 지질이 25~40% 수준으로 높다. 철 함량은 쇠고기와 유사한 수준으로 높으며, 셀레늄이 많아 항산화작용과 발암억제작용을 한다.

■ 선별기준

참치는 어느 부분이나 헤모글로빈과 미오글로빈의 함량이 높아서 비린내가 강하고 선도저하가 빠르기 때문에 어획 즉시 내장과 머리를 제거하고 -60℃에 급냉 시킨다. 이는 미오글로빈이 산화하여 검은색이 되는 것을 방지하고, 시각적으로 선홍색을 유지시켜 횟감의 가치를 유지해준다. 시중에는 모두 냉동으로 유통되므로 연중 같은 맛을 즐길 수 있으며, 지질이 많은 뱃살을 최고로 친다.

■ 조리 및 가공

생선회, 초밥 등에 이용되며 가다랑어와 날개다랑어는 통조림으로 많이 가공된다. 가다랑어포(가쓰오부시)는 이노신산과 글루타민산이 함유되어 맛과 향을 낸다.

12) 대구(cod, hake)

■ 분류 및 특징

대구(大口)는 입이 커서 붙은 이름이며, 명태와 같이 한류성이다. 한국, 일본, 알래스카 등 북태평양 연안에 분포하며 수심 150~300m 깊이에 서식한다. 길이는 100cm정도이고 수명은 10년 이상으로 알려져 있으며 정어리 다음으로 어획량이 많다. 알을 많이 낳는 물고기로 번식력이 강하여 1회 300만~400만개에서 많으면 900만개나 낳는다. 12월~이듬해 2월에 산란하며 이때가 제철이다. 산란기가 끝나면 지질이 빠져 맛이 떨어진다.

■ 성분 및 효능

저지방 저열량식품으로 단백질과 비타민 B_1이 풍부하다. 간유에는 비타민 A가 매우 풍부하여 시력향상, 눈점막 건강에 효과적이며 야맹증 치료제로 이용된다. 대구알젓에 비타민 E가 풍부하여 노화방지 효과가 있다. 곤이(정소)에는 각종 무기질과 아르기닌이 많아 원기회복에 도움이 된다.

■ 선별기준

대구를 고를 때는 푸르스름한 빛을 띠며, 배 부분을 눌렀을 때 탄력이 있고, 아가미가 밝은 선홍색에 머리에서 꼬리까지 형태가 반듯한 것을 선택한다.

■ 조리 및 가공

말린 대구찜, 탕 등으로 조리하며, 마른대구, 건대구포나 대구훈제품 및 대구간유 등으로 가공한다. 대구는 살이 부드럽고 빨리 상하기 때문에 살아 있는 경우에만 회로 이용한다. 그러나 수분함량이 많아 육질이 연하여 씹히는 맛이 떨어지고, 지질성분이 적어 혀로 느끼는 맛도 좋지 못하며 가격도 높으므로 회로 잘 먹지 않는다. 다른 생선에 비해 머리가 커서 볼에 붙어 있는 살과 뼈를 먹는 대구머리 뽈찜은 부산의 명물 요리이다.

13) 도루묵(sand fish)

■ 분류 및 특징

알래스카주, 사할린섬, 캄차카반도, 한국 동해 등의 북태평양 해역에 분포하며, 동해에서 주로 11~12월에 잡힌다. 머리가 작고 몸이 약간 길며, 길이는 26cm까지 성장한다. 수심 200~400m의 모래가 섞인 펄 바닥에서 주로 서식한다. 수심 2~10m의 해초가 발달해 있는 지역에서 겨울철에 산란하며, 알 자체는 껍질이 단단하여 씹을 때 독특한 질감을 지닌다.

■ 조리 및 가공

수분이 적고 지질이 비교적 많아서 소금구이, 조림, 찜, 탕 등으로 이용한다. 오래 찌거나 튀기면 뼈째 먹을 수 있어 양질의 칼슘을 섭취할 수 있다.

14) 도미(sea bream)

■ 분류 및 특징

원래 도미는 참감성돔, 참돔을 가리키지만 그밖에도 먹돔, 황돔, 붉돔, 흑돔, 자리돔, 감성돔, 옥돔 등의 여러 가지 종류가 포함되어 있다. 대서양, 인도양, 태평양 등 열대와 온대해역에 분포한다. 가장 맛있는 시기는 참돔은 겨울~봄 사이이며, 붉돔은 초여름이 맛있다. 도미의 표피 색은 아스타잔틴(astaxanthin)에 의해 적색, 담홍색, 황적색을 띤다. 소화가 잘되고 글리코겐과 ATP가 적어서 해당작용을 늦추므로 수축력이 큰 특징이 있다.

■ 성분 및 효능

돔은 단백질이 17.8~21.6%, 지질은 1.8~5.7%수준이다. 등살보다 뱃살에 지질함량이 높으며, 양식산은 자연산에 비하여 EPA와 DHA가 많다. 이는 사료에 불포화지방산의 함량이 높기 때문이다. 또한 비타민 B_1, B_2가 풍부한데 특히 껍질에 많으므로 버리지 말고 먹는 것이 좋다. 다른 생선에 비하여 타우린(taurine)이 풍부하여 고혈압과 동맥경화를 예방한다.

■ 조리 및 가공

도미류는 횟감으로 좋으며, 구이, 전, 찜, 탕으로도 많이 이용된다.

【표 11-3】 도미의 종류와 특징

종 류	크 기	특 징	용 도
감성돔 	30cm 정도	도미 중에서 가장 색이 짙고 연안의 암초지대에 살며 담수로 올라오는 것도 있다. 어릴 때는 모두 수컷이지만 성어가 되면 대부분이 암컷이다. 성장속도가 느려서 3년을 키워도 30cm이상 되지 않는다.	
돌돔 	30cm 이상	참도미가 사라지는 여름철이 제철이며 육질이 단단하고 지질함량이 높아 고급횟감으로 이용된다. 세로띠가 7개 있어 줄도미라고도 한다. 2~3년이 되면 성어가 되어 암컷은 검은 띠가 연해지나 수컷은 검은 띠가 완전히 없어지고 입주위가 검게 변한다.	회, 구이, 튀김, 전, 조림, 찜, 전골, 탕
붉돔 	40cm 정도	겉모양이 참돔과 비슷하나 머리의 윗부분에 경사가 급하다. 한국의 동해와 남해, 서해안의 연안 및 일본과 동중국해, 대만, 필리핀의 연해에 분포한다. 산란기는 9~11월이며 얕은 곳에는 다니지 않는다.	
옥돔 	45cm, 몸무게 1.25kg	산란기는 6~10월이며, 11월~4월까지가 제철이며, 수명은 8~9년이다. 큰 이동은 하지 않으나 가을에는 북쪽으로, 봄에는 남쪽으로 이동한다. 제주도 특산 어종으로서 건조, 냉동 처리된 상품이 일반화되어 있다. 살이 매우 희며 맛이 좋다.	양념구이, 소금구이, 미역국, 어죽
참돔 	90cm 정도	일부일처제를 유지하며 수명이 20~30년으로 길다. 우리나라와 일본에서 고급어종에 속하나 유럽 등지에서는 하급생선으로 취급한다. 고단백질, 저지방식품으로 성인병 예방에 도움이 되며 EPA와 DHA가 풍부하다. 지질이 적어 식중독발생도 적고 소화가 잘되므로 환자식으로 적합하다. 껍질에는 비타민 B_2도 풍부하다. 눈 주위에 뮤코다당류가 함유되어 가장 맛있다.	회, 구이, 튀김, 전, 찜, 조림, 전골, 탕
황돔 	35cm 정도	겉모양은 달걀형이며, 주둥이는 황적색이다. 우리나라의 중남부와 일본의 중부이남, 중국해의 동부 및 대만의 북부에 분포한다.	

■ 도미의 비늘을 무로 제거한다.

무를 어슷하게 썰어 도미의 비늘에 역방향으로 긁어주면 비늘이 무에 박혀 튀지 않고 제거할 수 있다.

15) 메기(catfish)

■ 분류 및 특징

우리나라, 일본, 중국, 대만, 러시아에 분포한다. 물살이 느린 강이나 호수에 서식하는 야행성 민물어류이다. 길이는 30cm 수준이나 때로는 100cm이상의 것도 있으며, 암컷이 수컷보다 크다. 몸에 비늘이 없고 끈끈한 점액으로 덮여 있으며, 수염이 2쌍 있다. 산란기는 5~6월로 겨울~봄에 맛이 좋으며, 현재는 양식을 한다.

■ 성분 및 효능

양질의 단백질과 지질이 많으며, 칼슘과 철분도 많고 비타민 A, B_1도 풍부하다. 여름철에 땀과 노폐물이 빠지고 단백질을 보충할 때 좋은 보양음식이며, 복막염에 좋다고 한다. 또한 《동의보감》에는 이뇨작용이 탁월하다고 하였다.

■ 선별기준

메기 자체의 색이 선명하고, 팔팔하게 힘이 좋은 것을 선택한다. 메기는 흙속에 몸을 박고 있어서 자연산일수록 흙냄새가 심하다.

■ 조리 및 가공

조리할 때 4~5일 정도 맑은 물에 넣어 흙을 우려낸 후 사용한다. 메기매운탕, 찜, 조림, 구이 등으로 조리한다.

16) 멸치(anchovy)

■ 분류 및 특징

한국, 일본, 필리핀, 사할린섬 남부, 인도네시아에 분포하는 회유성 물고기로 수명

은 2~3년으로 봄과 가을에 2차례 산란을 한다. 우리나라에서는 명태 다음으로 많이 잡히는 어종이다. 멸치가 많이 잡히면 정어리가 흉어기이며, 정어리가 많이 잡히면 멸치 어획량이 줄어든다.

우리나라 수산물 검사법으로 크기에 따라 세멸(15mm이하), 자멸(16~30mm), 소멸(31~45mm) 중멸(46~76mm), 대멸(77mm이상)로 구별한다.

■ 성분 및 효능

비타민 A, D, B_{12}, 니아신이 풍부하다. 어패류 중 칼슘이 가장 풍부하지만 흡수율은 높지 않다. 지질함량은 6.0~9.8%로 높고, EPA와 DHA가 지방산 100g 당 각각 8.3~11.3g, 16.6~30.1g으로 풍부하다. 아미노산은 리신, 메티오닌, 트립토판이 풍부하여 쌀밥과 같이 먹으면 단백질 보족효과를 얻을 수 있다. 죽방멸치는 특히 ω-3지방산이 일반 멸치의 3배 수준으로 높다.

■ 죽방멸치

조류가 흐르는 곳에 V자로 말뚝을 박아 그물로 통발을 만들어 물고기가 모이게 하여 잡는 방법을 죽방렵어업이라 한다. 멸치는 선도의 저하가 매우 빠른데 조수간만의 차이를 이용하여 죽방렵어법으로 잡은 멸치는 선도가 좋고 이로 만든 건멸치는 최상품으로 친다.

■ 선별기준

잔멸치는 흰색이나 파란색이 살짝 도는 투명한 멸치를 선택하고, 중간멸치와 큰멸치는 은빛이 나고 맑은 기운이 도는 것을 선택한다. 또한 맛을 봤을 때 짜지 않고 고소한 것을 고르며, 구부러진 멸치는 살아있는 멸치를 삶아 말린 것이므로 신선한 것이라고 볼 수 있다. 그러나 덜 마른 것, 기름기가 도는 것, 허옇게 염분이 핀 것은 피한다. 그리고 부서진 것은 신선도가 떨어진 멸치를 가공한 것이거나 지나치게 마른 것이므로 피한다. 짠맛이 강한 것은 신선도가 떨어지는 멸치를 가공했을 가능성이 높다. 멸치를 말릴 시점에 날씨가 좋지 않으면 부패를 방지하기 위해 소금을 많이 쓰기 때문에 소금기가 많은 멸치는 좋지 않다.

구입 후 바로 식용비닐이나 적당한 용기에 담아 냉동실에 보관한다.

■ 조리 및 가공

삶아서 말린 건멸치는 밑반찬이나 국물용으로 이용하며, 멸치젓, 멸치회 등으로 이용한다. 중멸까지는 자건품으로 가공하고, 대멸은 젓갈과 액젓으로 이용된다. 서양요리에는 통조림으로 가공한 멸치젓인 앤초비를 소스류에 많이 이용한다.

17) 명태(alaska pollack)

명태

코다리

황태덕장

노가리

■ 분류 및 특징

대구보다 가늘고 길며 수명은 8년으로 길이는 50~60cm 수준이다. 우리나라의 동해, 북부 오호츠크해, 베링해, 알래스카에 걸친 북태평양해역에 분포한다. 12월~이듬해 4월에 산란을 한다. 《동국여지승람》에는 '무태어(無泰魚)'라고 하였으며, 《난호어목지》에는 '명태어'라 하였다.

얼린 것은 '동태', 약 60일간 건조시킨 것은 '북어', 겨울철에 얼렸다 녹였다를 반복한 것은 '황태', 4마리씩 코를 꿰어 약 보름 정도로 덜 말린 것은 '코다리'라 하며, 명태 새끼는 '노가리'라 한다.

■ 성분 및 효능

살에 지질이 적어 다이어트에 도움이 된다. 비타민 A는 알과 창란에 많이 함유되어 있다.

■ 조리 및 가공

대부분 건조시키거나 냉동시켜 유통되며, 국, 조림, 찜, 구이 등으로 먹고 어육연제품의 원료로 많이 이용된다. 명란, 창란젓의 중요 재료이다.

18) 미꾸라지(loach)

■ 분류 및 특징

얕은 저수지, 논, 작은 하천에 사는 민물생선으로 길이는 10cm이며, 꼬리가 둥글고 5쌍의 콧수염이 있다. 몸통이 미끄러운 것은 피부에서 분비된 점액이 마찰을 줄여 상처로부터 보호하고 자갈밭이나 펄을 마음대로 돌아다닐 수 있게 하기 위한 것이며, 외부 환경의 세균번식을 막아주는 항생물질도 섞여 있다. 4~7월이 산란기이며, 10~11월에 가장 많이 잡힌다. 최근에는 양식을 한다.

■ 성분 및 효능

우수한 단백질원이며, 칼슘, 비타민 A, B_2, D가 많다. 《본초강목》에는 미꾸라지가 배를 덥히고 숙취해소에 좋다고 하였다. 《동의보감》에는 몸을 보호하고 설사를 그치게 한다고 하였다. 대표적인 자양식품이며, 위궤양을 방지하는 점액질인 뮤신(mucin)이 함유되어 있다.

■ 선별기준

몸이 통통하고 크기가 고른 것이 좋다. 수입산은 지느러미와 주둥이 끝이 검은데 비해 국산은 회갈색을 띤다.

■ 조리 및 가공

생미꾸라지에는 비타민 B_1 분해효소가 있어서 날것으로는 먹지 않는다. 추어탕, 숙회, 양념구이, 튀김 등으로 조리한다.

19) 민어(民漁, croaker)

■ 분류 및 특징

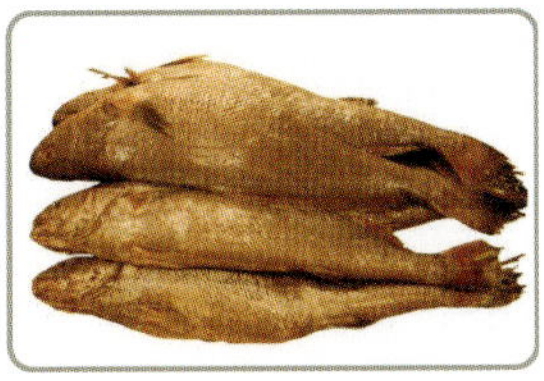

민어는 '만백성들이 즐겨먹는 생선'이라는 뜻으로 우리민족이 오래전부터 먹어온 물고기이다. 한국의 서남부, 중국, 일본의 온대해역에 분포한다. 6년생을 기준으로 길이는 60cm 정도이며, 모양은 조기와 비슷하나 조기에 비하여 4~5배 더 크고 살은 탄력이 있는 백색이다. 여름인 7~9월이 산란기이며, 지질의 함량이 많아지는 6월에 가장 맛있다.

■ 성분 및 효능

소화흡수가 잘되어 어린이나 노인들의 건강회복에 효과적이다. 단백질이 풍부하고 비타민 A, B군 및 칼슘과 철이 풍부하다. 한방에서는 민어가 식욕을 돋우고 이뇨작용을 돕는다고 하였다.

■ 선별기준

국내산은 등의 색이 진하고 배가 연한 회색이지만 수입산은 몸의 폭이 높고 등이 연한색이며, 배가 흰색을 띠고 있어 구별이 가능하다.

■ 조리 및 가공

회로 먹어도 담백하며 단맛이 있다. 클수록 알도 많고 단맛이 더 진해진다. 살이 많아 포을 떠서 전을 부치거나 가시가 적어 찌개를 끓여 먹기에 좋다. 그 외 조림, 찜, 소금구이, 건제품, 훈연제품에 사용한다. 민어알은 숭어알 다음으로 좋은 어란을 만들 수 있다.

20) 방어(yellow tail)

■ 분류 및 특징

한국, 일본근해 연해주 남부에 서식하는 대표적인 붉은 살 생선으로 일본에서 섭취

량이 제일 많은 어종이다. 긴방추형으로 길이 110cm, 무게 18kg에 이른다. 자연산과 양식산은 모양에 차이가 있다. 꼬리가 더 날카롭게 생기고 살색이 분홍빛을 띠는 것이 자연산이다. 산란기인 겨울이 지질함량이 높으며 가장 맛있는 제철이다.

■ 성분 및 효능

지질함량이 5.8~18.2% 수준이며, EPA와 DHA도 지방산 100g 당 각각 7.7g, 16.8g으로 풍부하다. 타우린 함량이 높아서 시력보호, 간 기능 향상, 혈중 콜레스테롤 저하 등의 효과가 있다. 비타민 D, E도 풍부하여 노화를 방지하며, 니아신이 풍부하여 피부활성화에 효과적이다. 방어 특유의 맛은 다량의 지질과 히스티딘에 의한 것이다.

■ 선별기준

방어는 클수록 맛이 좋다. 단단하고 탄력이 있으며, 광택이 나는 것으로 눈이 투명한 것을 선택한다.

■ 조리 및 가공

싱싱한 것은 회로 먹거나, 소금구이나 양념구이로 조리하며, 염장품, 건어물로도 이용된다. 방어는 지질이 많아 구울 때 잘 타므로 약한 불에 굽는다.

21) 뱅어(icefish)

■ 분류 및 특징

한국, 일본, 러시아에 분포하며, 국수면발과 비슷하여 '면조어'라고도 하고, 실가닥처럼 어린 뱅어는 '실치'라 한다. 서해안에 살다가 산란할 때 강하구에 나타난다. 5월 초순이 되면 5~7cm로 자라 성어가 되며, 3~5월에 산란기로 2~5월이 제철이다.

■ 성분 및 효능

수분이 많고 단백질과 지질이 13.3%와 1.1%로 아주 적은 편이어서 다이어트에 좋다. 칼슘과 비타민 A도 풍부하며, 햇빛에 말린 뱅어는 비타민 D가 활성화 되어 칼슘의 흡수를 돕는다.

■ 선별기준

뱅어포는 색이 희고 깨끗하며, 도톰한 것이 좋다. 노랗게 변한 것은 찌들어 냄새가 난다. 5월에 나오는 뱅어로 만든 뱅어포가 가장 좋은 상품이다.

■ 조리 및 가공

회로 먹거나 조리하여 먹는데 주로 말려서 포를 만든다.

22) 병어(pomfret)

■ 분류 및 특징

서부태평양과 인도양의 아열대해역에 분포하며, 우리나라의 서남해에 많이 분포한다. 길이는 60cm 정도이며, 마름모형으로 입이 작고 배지느러미가 없으며, 비늘이 아주 작아 떨어지기 쉽다. 병어는 양식하기 쉽지 않아 귀한 생선이다. 5~8월이 산란기이며, 겨울이 제철이다.

■ 성분 및 효능

단백질은 17.8%이고 흰살생선이지만 지질이 5.09% 수준으로 높은 편이다. 또한 EPA와 DHA, 비타민 A, B_1, B_2도 풍부하다. 소화가 잘되어 어린이, 노약자나 병후의 원기회복에 좋다.

■ 선별기준

몸에 푸른빛을 띤 은백색으로 비늘이 고르게 잘 붙어 있으며, 살이 단단한 것을 고르도록 한다.

■ 조리 및 가공

담백한 맛으로 크기가 작은 것은 뼈째 썰어 회로 먹으며, 크기가 큰 것은 소금구이, 조림, 찜, 찌개, 튀김에 이용한다.

23) 복어(puffer, globe-fish)

■ 분류 및 특징

복과에 속하는 어류는 전 세계에 120종이 있으며, 우리나라와 일본 근해에는 18종이 서식한다. 복어는 겨울이 제철이고, 신경성 마비독인 테트로도톡신(tetrodotoxin)을 함유하고 있으며, 일반적으로 난소와 간장에 많다. 식용 가능한 복어는 참복어과로 개복치, 검복, 검자주복, 까치복, 까칠복, 매리복, 밀복, 복섬, 자주복, 졸복, 황복, 흰점복 등이 있다.

■ 성분 및 효능

복어는 풍부한 단백질 외에 니아신, 타우린, 칼륨, 셀레늄, 비타민 B_{12}가 풍부하다. 핵산계의 이노신산이 많아 감칠맛이 있고, 글리신, 알라닌 등의 아미노산과 타우린으로 단맛이 있다. 결합조직에 콜라겐이 많아서 쫄깃쫄깃한 맛을 낸다. 저지방 저열량의 생선 횟감으로 담백한 맛을 낸다. 지질은 매우 적으나 EPA와 DHA가 풍부하다.

■ 선별기준

눈이 싱싱해야 하고 지느러미가 탄력이 있으며, 뱃살에 끈기가 있고 아가미를 비롯한 모든 부위가 싱싱한 것을 고른다.

■ 조리 및 가공

복어는 회, 탕, 튀김 등으로 이용한다. 횟감용으로는 검복, 검자주복, 자주복을 이용한다. 복어탕에는 반드시 미나리를 넣어야 맛도 조화되지만 해독작용을 한다. 복어의 지느러미를 불에 구워 태우고 여기에 더운 술을 부어 이용하면 역한 냄새가 제거되고 향미가 증가된다.

【표 11-4】 복어의 종류와 특징

종 류	최대크기 (cm)	산란기 및 특징	용 도
까치복 	60cm	5~7월, 이때 독성이 강하다.	탕, 지리, 수육
까칠복 	40cm	4~6월, 독성이 강해진다.	탕, 수육
검복 	암 30cm 수 27cm	3~4월	회, 초밥, 죽, 찜
검자주복 	암 30cm 수 27cm	3~4월 난소와 간에 맹독	
매리복 	40cm	5~7월 난소와 간에 맹독	
밀복 	45cm	4~5월	회, 탕, 지리, 국
복섬 	15cm	5~8월 달걀모양이며 복어 중 가장 작다	

자주복 	75cm	3~5월	회, 탕, 복어 중 가장 맛이 좋다.
졸복 	35cm	2~3월	
황복 	45cm	4월말~6월 임진강에서 많이 잡히고, 양식이 가능하다. 난소와 간, 장에 강독	회, 찜, 지리, 매운탕
흰점복 	20cm	3~4월 11~2월에 독성이 가장 약하고 살이 오른 시기이다.	

■ **복어회를 얇게 뜨는 이유**

복어회는 접시 밑의 그림이 보이도록 얇게 뜨는 기술이 매우 중요하다. 복어는 다른 생선과 달리 콜라겐 함량이 높고 콜라겐의 배열이 치밀하여 씹을 때 단단한 느낌을 준다. 복어의 콜라겐은 아래의 표 11-5와 같이 다른 어종에 비하여 상당히 높으며, 콜라겐이 칡넝쿨처럼 엉키듯 빽빽하고 복잡하게 배열되어 있어서 횟감 중에서 가장 단단한 육질을 가지고 있다. 그러므로 복어회를 얇게 뜨는 것은 단단한 재료이지만 부드럽게 씹히는 맛을 제공하기 위한 방법이다.

【표 11-5】 어종별 콜라겐 함량

어 종	정어리	가다랑어	참돔	무지개송어	전갱이	날치	숭어	가자미	넙치	복어
콜라겐함량 (%)	1.6	2.0	2.0	2.2	2.4	2.6	3.6	4.0	4.2	6.5

24) 붕어(crucian carp)

▪ 분류 및 특징

우리나라 전역과 일본, 중국, 대만, 시베리아에 분포하며, 오염이 심한 하천에서도 잘 자라는 민물생선이다. 영남지방에서는 '희나리'라고 부른다. 길이는 35cm 정도이며, 최대 50cm 정도로 자란다. 4~7월이 산란기로 7월부터 식욕이 왕성해져서 맛이 좋다.

▪ 성분 및 효능

붕어는 탄수화물, 단백질, 지질, 칼슘 등이 풍부하다. 지방산은 팔미틴산, 팔미토올레인산, 리놀레산 등이 함유되어 있다. 비타민 A, D 도 풍부하며, 비타민 B_1 분해효소가 있다. 붕어는 간디스토마와 같은 기생충이 있으므로 생식하지 말아야 한다.

▪ 선별기준

민물고기 중 가장 쉽게 구할 수 있지만 오염되지 않은 청정수에서 나는 것을 구하도록 한다. 살아있는 붕어를 손질할 때는 신선도를 유지하기 위하여 가능하면 빨리 다루는 것이 중요하다.

▪ 조리 및 가공

붕어찜, 조림, 매운탕, 구이 등으로 조리한다. 큰 것은 뼈가 강하므로 조리 전에 산에 처리하면 먹기도 편하고 칼슘을 쉽게 공급받을 수 있다.

25) 빙어(pond smelt, sulf smelt)

▪ 분류 및 특징

한국, 중국, 일본, 미국, 러시아에 분포하고, 전국의 호수나 저수지에 서식한다. 몸 색이 하얗기 때문에 '백어(白魚)'라 한다. 냉수성 어류로 찬물을 좋아하고, 겨울~봄 사이에 활동이 왕성해진다. 수온이 5~6℃인 바다에 서식하며, 1년 만에 다 자라 겨울철에 산란을 끝내고 대부분 죽는 1년생 어종이다. 겨울에 얼음을 깨고 잡으며, 입춘이 지나면 잘 보이지 않아 '얼음 빙(氷)'자를 써서 '빙어'라 한다.

■ 성분 및 효능

지질함량이 0.8% 수준으로 저열량 식품이며, 뼈째 먹어 칼슘섭취에 유리하다. 철의 함량은 0.9mg/100g으로 적으나, 셀레늄 함량이 높아 항산화작용과 노화방지에 효과적이다.

■ 선별기준

머리나 등 쪽은 옅은 암청색이고, 몸은 연한 회색에 배는 은백색인 것을 선택한다.

■ 조리 및 가공

크기가 작아 다른 생선에 비해 선도가 빠르게 저하되므로 살아있는 채로 조리한다. 육질이 연하고, 비린내가 거의 나지 않아 통째로 먹으면 담백하고 향긋한 맛을 즐길 수 있다. 빙어회, 빙어조림, 빙어무침, 빙어튀김, 빙어도리뱅뱅이 등으로 조리한다.

26) 삼치(spanish mackerel)

■ 분류 및 특징

한국, 일본, 호주, 러시아 등 북서태평양의 온대해역에 분포하며, 길이는 1m, 무게 7kg까지 성장한다. 육식성으로 고등어, 꽁치, 정어리 등을 잡아먹는다. 5~6월이 산란기이며, 11월~초봄까지가 지질함량이 높고 맛있다.

■ 성분 및 효능

지질함량은 6.1%이고, EPA와 DHA는 지방산 100g 당 각각 7.5g과 16.9g이며, 겨울철에 더 증가한다. 비타민 A, B_1, B_2 및 니아신이 풍부하여 피부염과 설염을 예방한다. 또한 칼륨이 많아 고혈압에 도움이 된다. 삼치는 핵산함량이 높으므로 통풍환자의 경우 다량섭취를 금해야 한다.

■ 선별기준

고등어보다 수분이 많고, 살이 부드러우며 부패속도가 빠르다. 비린내가 없고, 육질이 연하여 소화흡수가 잘되는 고급어종으로 눈이 맑고 투명한 것이 좋은 것이다.

■ 조리 및 가공

선도가 좋은 것은 회감으로 이용한다. 단 기생충의 위험이 있으므로 생식할 때 주의한다. 삼치는 살이 연하기 때문에 숙련된 사람이 아니면 회를 뜨기 어려워서 대개 살짝 얼려서 회를 뜬다. 삼치는 크기가 클수록 맛있고, 다른 생선과 달리 머리 쪽보다는 꼬리 쪽이 더 맛이 좋다. 소금구이, 조림, 찜, 튀김에 이용한다.

27) 상어(shark)

■ 분류 및 특징

상어는 전 세계에 400여종이 있으며, 길이는 2~3m에 속하는 것도 있다. 한국 연근해에 40여종이 있으며, 우리나라에서 발견되는 상어는 두툽상어와 불범상어로 몸길이가 50cm 수준이다. 두툽상어와 불범상어는 난생으로 암컷의 체내에서 수정이 일어난 후 12월~이듬해 4월에 알을 낳는다. 성수기는 연중이다.

■ 성분 및 효능

고단백저지방으로 성인병의 예방에 도움이 된다. 한의학에서 상어를 '교어(鮫魚)'라 하여 오장을 보하는 효능이 있으며, 간과 폐를 돕는 작용이 강하고, 피부질환이나 눈병에 많이 이용한다고 하였다. 상어의 육질은 부드럽고, 근육 중에 요소가 함유되어 있어 특유의 암모니아 냄새가 난다. 세균의 분해를 받지 않아도 자가소화에 의하여 육질이 나빠지지 않으면서도 암모니아 냄새가 날 수 있다. 간유에 함유된 스쿠알렌(squalene)은 간장보호제로 이용된다.

■ 조리 및 가공

별상어나 악상어는 맛이 좋아 회로 먹지 않는다. 중국요리에 상어의 지느러미를 이용하며, 철갑상어의 알은 캐비어(caviar)로 세계적인 3대 진미의 하나이다.

■ 돔배기

'상어를 토막 내고 포를 떠서 소금에 절인 포'라는 뜻의 경상도 사투리로 구이와 산적, 조림에 이용한다. 단백질이 많고 지질이 적어 다이어트의 목적으로 이용하며 몸에 필요한 필수영양소의 함량도 높다.

28) 송어(trout)

■ 분류 및 특징

우리나라, 중국, 일본, 러시아에 분포하는 냉수성 물고기로 길이는 60cm 정도이며, 작은 이빨이 있다. 수명은 7~8년이나 국내 무지개 송어의 수명은 3~4년이다. 9~10월에 산란하며, 산란 직전에 맛이 좋다.

■ 성분 및 효능

지질은 3.4%이며, EPA와 DHA가 지방산 100g당 각각 4.9g과 16.7g이 함유되어 있고, 뇌혈관계질환의 예방에 효과적이다. 비타민 D, B_{12}, 니아신도 풍부하게 함유되어 빈혈예방, 칼슘흡수촉진, 세포활성화에 효과가 있다.

■ 조리 및 가공

송어는 고급어종으로 주로 회, 소금구이 등으로 이용한다.

29) 쏘가리(mandarin fish)

■ 분류 및 특징

한강, 대동강, 압록강 등에 분포하며, 물이 맑고 바위가 많은 강에 산다. '화계어', '금문어', '금잉어' 등으로 불린다. 바다볼락과 비슷하며, 색과 무늬가 아름답다. 산란기는 5~7월로 산란 1~2개월 전에 살이 올라 맛이 좋다. 쏘가리와 황쏘가리가 있다. 황쏘가리는 천연기념물 190호로 지정되어 있다.

■ 성분 및 효능

단백질과 칼슘이 풍부하고, 영양가가 높다. 《동의보감》에는 '쏘가리는 성질이 평하고, 독이 없으며, 피로한 것을 보하고 비위를 이롭게 하며 혈변을 치료한다'고 하였다.

■ 선별기준

회색무늬가 선명하고, 살에 탄력이 있는 것이 신선한 것이다. 20~30cm정도의 크기가 적당하다.

■ 조리 및 가공

쏘가리는 매운탕, 소금구이, 회, 전 등으로 조리한다.

30) 숭어(mullet)

■ 분류 및 특징

전 세계의 온대지역에 분포하며, 민물과 바닷물이 만나는 곳의 염분함량이 낮은 곳에 서식한다. 길이는 120cm, 무게는 8kg까지 자란다. '봄 도다리', '가을 전어', '겨울 숭어'라는 말이 있듯이 겨울철에 지질함량이 가장 높아 맛이 제일 좋다.

■ 성분 및 효능

숭어에는 단백질 22.0%와 지질 1.2%로 풍부하며, EPA와 DHA도 지방산 100g당 각각 8.3g과 19.9g이 함유되어 있다. 지용성비타민 중 특히 비타민 A, D가 많다. 철의 함량이 높아 조혈에 관여하며, 빈혈을 방지한다.

《향약집성방》에서는 '숭어의 맛이 달고 평(平)하며, 무독하고 오장을 널리 이롭게 하며, 오래 먹으면 비건(肥健)하게 한다'고 하였다. 숭어 어란은 위와 비장을 비롯한 오장을 편하게 다스리며, 장기간 복용하면 몸에 살이 붙고 튼튼해진다고 한다.

■ 조리 및 가공

숭어의 맛은 담백하며, 제철에 싱싱한 것은 회감으로 좋고, 소금구이, 찜으로도 많이 이용한다. 살이 쫀득쫀득하여 어선, 어채, 어만두 등으로 조리한다. 기름기가 적어서 숭어찜을 만들면 양념도 잘 배고 감칠맛이 뛰어나며, 비린내가 나지 않는 특징이 있다. 대동강 숭어탕은 쇠고기에 양념을 하여 재웠다가 볶으면서 물을 부어 탕국을 만드는 것으로 쇠고기와 잘 어울린다. 숭어알을 염장하여 말린 어란은 궁중에 진상되었다. 체중의 20%에 달하는 커다란 알집을 가공하여 만든 것으로 가격이 매우 비싸며, 얇게 썰어 혀에 올려놓으면 그윽한 향과 녹아드는 맛이 일품이다.

31) 아귀(angler fish)

■ 분류 및 특징

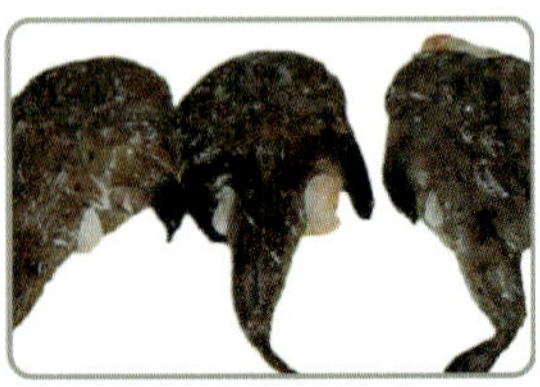

아귀는 전 세계적으로 우리나라와 일본만 식용을 한다. 길이는 1m 정도이며, 체표에 비늘이 없고 입이 크다. 등과 배가 모두 검은 아귀보다 배 부분이 흰 참아귀가 더 맛이 좋다. 봄철에 산란을 하며, 11~12월 사이에 가장 많이 잡히고 맛도 좋다. 무게가 6~7kg일 때 가장 맛이 좋고, 더 크면 질기다.

■ 성분 및 효능

타우린이 풍부하여 감칠맛을 내며, 아귀의 껍질에는 비타민 B_{12}가 많아 피부의 염증을 예방하고, 콜라겐 성분이 풍부하여 피부를 탄력 있게 한다. 아귀의 간에 지질이 39.0%나 되며 특히, 비타민 A가 7,513RE/100g으로 많아서 너무 많이 섭취하면 비타민 A 과잉증을 유발할 수도 있다.

■ 조리 및 가공

육질은 연하고, 독특한 맛을 지니고 있다. 찜, 탕 등으로 조리한다.

32) 연어(salmon)

■ 분류 및 특징

연어는 우리나라, 일본, 러시아, 알래스카, 캐나다, 북태평양에 분포한다. 길이는 70~100cm 정도이며, 송어와 비슷하나 체폭이 더 좁다. 강에서 태어나 바다에서 자란 후 다시 태어난 강으로 돌아와 산란한다. 산란하기 위하여 하천으로 올라오기 직전인 가을철의 것이 기름지며 맛있다. 국내에서는 양식에 성공하여 계절에 관계없이 다량 공급이 가능하게 되었다. 연어의 종류는 곱사연어, 송연어, 왕연어, 은연어, 참연어, 홍연어 등이 있다.

■ **물고기의 회유**

물고기가 살아가는 해역을 바꾸는 이유는 종족번식과 먹이 때문이다. 연어, 뱀장어, 송어는 종족번식을 위해, 다랑어, 고등어, 전갱이, 방어는 먹이 때문에 회유한다. 연어는 고향에서 알을 낳기 위해 10,000km나 헤엄쳐 오고, 뱀장어는 1,000~6,000km를 이동한다. 연어는 바다에 살다가 민물로 돌아와 산란하지만 뱀장어는 민물에 살다가 먼 바다 한가운데서 알을 낳는다.

■ 성분 및 효능

연어는 흰살생선에 비하여 지질이 1.9%로 많고, EPA와 DHA는 지방산 100g 당 각각 7.8g과 13.0g으로 풍부하다. 비타민 A, D, B_1, B_2 및 니아신과 칼슘, 인, 나트륨, 철이 많다.

연어의 살이 붉은 것은 지용성의 카로티노이계의 일종인 아스타잔틴에 의한 것이며, 그 빛깔은 가열하여도 변하지 않는다. 살아있는 연어의 살에는 TMAO가 함유되어 있으나 죽으면 TMA으로 변하여 특유의 냄새가 나지만 염장하면 없어진다.

■ 선별기준

선명한 분홍색으로 지방에 흰 힘줄이 섞여 있으며, 표면이 은색으로 빛나가는 것을 고르도록 한다.

■ 조리 및 가공

연어는 주로 버터구이나 튀김에 이용하며 훈제품으로 많이 이용한다. 회나 초밥으로 먹을 경우 생연어는 아니사키스충이 있을 수 있으므로 주의한다. 조선시대에는 건연어, 염언어로 가공하였으며, 알은 젓갈을 만들기도 하였다.

33) 우럭(조피볼락, jacopever)

▪ 분류 및 특징

'우럭'은 방언이며 '조피볼락'이 표준어이다. 경상도는 '꺽저구', 전라도는 '뽈라구', 강원도는 '열갱이', 함경도는 '구럭'으로 불린다. 눈앞의 뼈에 가시가 3개 있는 특징이 있다. 길이는 40cm 정도이며, 선도가 떨어지면 비린내가 많이 난다. 1~2월에 새끼를 낳고, 겨울이 제철이다. 넙치와 더불어 우리나라 해산어 양식량의 80%를 차지한다.

▪ 성분 및 효능

함황아미노산과 비타민 E가 풍부하여 노화를 방지하는 효과가 있다.

▪ 조리 및 가공

육질이 단단하여 횟감으로 많이 이용하며, 찜, 소금구이, 매운탕 등에 이용된다.

34) 은어(sweet fish)

▪ 분류 및 특징

우리나라, 중국, 대만, 일본에 분포하며, 물이 맑은 하천과 그 하구에 산다. 길이는 15cm 정도로 은어 자체의 독특한 향이 있고, 고급스러운 맛을 지니고 있다. 옛날부터 임금님 수라상에 진상되었으며, 모든 부위가 맛이 뛰어나다. 하천에서 태어나고 바다에서 자라 6~7cm로 자라면 하천으로 돌아오며, 20cm 전후로 성장하면 산란한다. 산란기는 9~10월이며, 하천의 중류나 하류의 모래바닥에서 산란 후 죽는다.

▪ 성분 및 효능

단백질과 지질이 풍부하다. 여름철에는 유리아미노산 중에서 글리신과 프롤린이 많아져서 특히 맛있다. 비타민 A, B_1, B_2도 풍부하다. 내장 째 먹는 은어는 간에 풍부한 비타민 A의 좋은 공급원이다. 은어의 감칠맛은 타우린과 안세린(anserine) 성분 때문이다.

■ 조리 및 가공

자연산은 육질이 단단하고 단맛이 풍부하며, 조류를 먹어 내장과 피부에 특유의 향이 있다. 양식산은 조류를 섭취하지 않아 특유의 향이 없다. 초여름이 가장 맛있으며, 굵은 소금을 뿌려서 강한 불에 천천히 구우면 수박향과 담백한 살을 맛있게 먹을 수 있다. 간디스토마균이 없어 회로도 먹고, 언어죽, 은어탕, 은어튀김 등으로 조리한다.

35) 임연수어(atka mackerel)

■ 분류 및 특징

임연수어는 길이는 45cm 정도이며, 동해, 북태평양의 오호츠크 해에 분포한다. '이민수', '새치', '가르쟁이'라고도 한다. 동해안 북부에서 많이 잡히며, 러시아에서 수입을 한다. 살이 두껍고 지질이 많다. 산란기는 9월~이듬해 2월로 겨울철이 제철이며, 이 시기에 산란을 위해 육지 가까이 이동하여 어획량이 늘어난다.

■ 성분 및 효능

고단백 고지방식품으로 고열량 생선이다. 다른 어종에 비하여 콜레스테롤의 함량이 높지만 타우린의 양이 2배 이상이므로 심장병을 예방한다. 칼슘이 풍부하여 골격형성에 도움이 되며, 비타민 A가 많아 시력을 보호하고 저항력을 강화시킨다. 비타민 B_1, B_{12}도 풍부하다.

■ 선별기준

비늘이 떨어져 있지 않고, 몸의 색과 눈동자가 맑은 것, 살이 갈라지지 않고 탄력이 있는 것이 좋다.

■ 조리 및 가공

껍질이 두껍고 맛이 있어 강릉지역은 쌈밥을 먹기도 하며, '임연수어쌈을 먹다가 천석군도 망했다'는 말이 있을 정도이다. 구이, 조림, 탕, 건어물, 생선묵재료로 이용하며, 북한에서는 국으로 이용한다.

36) 잉어(carp)

■ 분류 및 특징

우리나라의 전역, 중국, 일본 등의 아시아와 유럽에 분포되어 있다. 하천의 중하류에 살고, 우렁이 등을 먹는다. 인류가 양식한 물고기중 가장 오래되었다. 주둥이 주변에 4개의 수염이 있으며, 길이는 1m 정도로 수명이 길어서 70~80년을 산다. 12~3월까지 가장 맛이 좋고, 산란기인 5~7월경에는 맛이 떨어진다.

■ 성분 및 효능

지질이 4.0% 수준이며, 불포화지방산이 풍부하여 동맥경화와 고혈압을 예방한다. 양질의 단백질을 다량 함유하고 있으며, 정자의 구성분인 아르기닌이 풍부하다. 칼슘이 풍부하여 뼈째 조리하면 칼슘을 충분히 공급받을 수 있다. 잉어의 피는 폐렴에 좋다고 하며, 잉어와 팥 삶은 것을 같이 먹으며 이뇨작용으로 부종에 효과가 있다고 한다. 또한 잉어는 수유부에게 모유가 잘 나오게 하며, 빈혈을 방지하고 체력회복에 도움이 된다고 한다. 비타민 A, B_1, B_2가 풍부하여 뇌신경을 진정시키고, 스트레스 해소에도 도움이 된다. 잉어의 근육과 내장에는 비타민 B_1 파괴효소가 많으나 가열하면 파괴된다.

■ 조리 및 가공

잉어백숙, 잉어탕, 잉어조림, 용봉탕 등으로 이용한다.

37) 장어(eel)

장어의 제철은 여름철로 알려져 있으나 산란기를 맞아 강을 내려가는 시기인 가을이 더 맛이 좋다. 비타민 A, 지질, 칼슘이 풍부하다. 장어의 종류로는 표 11-5와 같이 민물장어인 뱀장어, 아나고인 붕장어, 바닷장어인 갯장어, 곰장어구이 재료인 먹장어와 칠성장어 등이 있다.

【표 11-5】 장어의 종류와 특징

종 류	최대크기	산란기 및 특징	용 도
뱀장어 	120cm	초가을이 제철로 맛이 좋다. 지질, EPA와 DHA, 칼슘, 비타민 A, E 함량이 높다.	양식산에 비하여 자연산은 매우 비싼 값으로 거래된다. 구이 등으로 많이 이용한다.
붕장어 	100cm	6~7월에 가장 많이 잡히며, 여름이 제철이다. 비타민 A 함량이 생선 중 가장 높고, 칼슘, 철분, 비타민 E도 풍부하다. 일본사람이 즐겨 찾아 90% 이상 수출되고 있다.	장어구이, 초밥, 튀김 등으로 조리하며. 경상도 지방은 작은 붕장어를 내장만 꺼내어 토막 내고 콩나물과 함께 끓여 양념을 넣어 해장국으로 먹는다.
갯장어 	200cm	육질이 담백하고 살은 백색이다. 지질, EPA, DHA함량이 높고, 여름이 제철이다.	어묵의 원료로 이용된다.
먹장어 	60cm	약탈성이 강하여 그물에 걸려 있는 물고기를 먹어치우고 죽은 고기를 뜯어 먹기도 한다.	껍질에 콜라겐 함량이 높아 질기므로 피혁으로 이용하며 지갑, 벨트, 장갑, 자동차 시트커버 등을 만든다.
칠성장어 	60cm	바다에서 성장한 후 5~6월에 강으로 올라와서 여름철에 산란을 하고 죽는다. 외부기생성으로 다른 어류의 피부에 흡착하여 기생하므로 어류에 많은 피해를 주고 있다.	식용 및 약용으로 이용하나 경제적 가치는 적다.

38) 짱뚱어(goggle-eyed goby)

■ 분류 및 특징

서부 태평양의 열대해역에 분포하며, 가슴지느러미가 발달하여 진흙 위를 기어 다닌다. 눈이 머리끝에 나와 있어서 육상에서 먼 곳을 볼 수 있다.

■ 조리 및 가공

양념구이, 찌개로 이용한다.

39) 전갱이(horse mackerel)

■ 분류 및 특징

몸이 방추형이고 길이는 40cm 정도이며, 한국, 일본의 남부, 동중국해, 대만, 북서태평양의 열대해역에 분포한다. 경상도에서는 '전광어', 부산은 '메가리', 제주도에서는 '각재기'라 하고, 포항과 마산 등지는 일본명으로 '아지'라고도 한다. 4~7월이 산란기이며, 한번에 2만~18만개의 알을 낳는다.

■ 성분 및 효능

고등어나 꽁치에 비하여 지질이 적고, 냄새가 없으며 담백하다. 알라닌, 글리신, 글루타민산 등의 유리아미노산이 풍부하며, 이들 엑스분과 지질이 섞여 독특한 맛을 낸다.

■ 조리 및 가공

담백한 맛으로 생선회, 소금구이, 염제건어품, 튀김 등에 이용하며, 최근에는 연제품의 원료로 다량 사용된다. 전갱이는 조직 중에 콜라겐이 적어서 부서지기 쉬우므로 소금구이를 하여도 살이 잘 발라지지 않는다.

40) 전어(Japanese gizzard shad)

■ 분류 및 특징

한국 남해, 일본의 중부이남, 동중국해에 분포한다. 길이는 25~30cm로 1~7년생까지 있으며, 클수록 맛있다. 4~5월에 산란하며, 가을철에 특히 맛이 좋다. 최근에는 전어도 양식을 하면서 소형인 전어는 양식산일 가능성이 크다. 해수온도가 6℃이하로 떨어지면 살 수 없어 가을철까지 다 소비되어야 한다. 양식전어는 사료를 먹어 자연산 대형전어만큼 지질함량이 높아 맛이 좋은 편이다.

■ 성분 및 효능

가을전어가 인기 있는 이유는 지질함량이 높아서 고소한 맛을 지니기 때문이다. EPA와 DHA가 풍부하여 성인병을 예방하는 효과가 있다. 칼슘도 풍부하고 비타민 D와 E가 많아서 발육을 촉진시킨다. 비타민 B_1, B_2 및 니아신이 풍부하여 설염, 피부염에 효과가 있다. 한방에서는 이뇨, 정장의 효과가 있다고 하며, 손발과 얼굴이 붓고 소화가 안 될 때 좋은 식품이다.

■ 선별기준

전어를 들었을 때 꼬리부분이 처지지 않고 빳빳하게 들어 올려지는 것이 좋다.

■ 조리 및 가공

소금구이, 회무침, 초밥, 젓갈 등에 이용한다. 구울 때 독특한 냄새가 발생한다.

41) 정어리(sardine)

■ 분류 및 특징

한국연근해, 일본, 동중국해 및 태평양연안에 분포하며, 길이는 17~18cm 정도이다. 경상도에서는 '순봉'이라 하고 강원도에서는 '눈치'라 한다. 산란기는 2~4월이며, 정어리의 지질함량은 정어리의 크기에 비례하고, 겨울에 지질은 15~17%에 달하며, 여름에는 2~4%로 감소하고, 가을철에 지질함량이 높아 맛있다.

■ 성분 및 효능

DHA, EPA가 풍부하며, 비타민 E와 셀레늄이 매우 높아 항산화작용과 항암효과를 지니고 있다.

■ 선별기준

눈이 투명하고 살이 단단하며, 비늘이 떨어지지 않은 것이 신선한 것이다.

■ 조리 및 가공

정어리는 ω-3 지방산이 풍부하지만 비린내가 거의 없다. 신선한 것은 올리브유를 발라 굽거나 양념하여 구워 먹는다. 조림, 튀김, 탕, 소금구이 등으로 조리하며 통조림과 어유의 원료로 많이 이용된다.

42) 조기(yellow croaker)

■ 분류 및 특징

조기(助氣)는 '사람의 기운을 돋우는 생선'이란 뜻이다. 서해안, 중국 동남부, 대만에 분포하며, 전 세계적으로 180종이 서식하고, 우리나라에 13종이 자라고 있다. 가장 흔하고 맛이 좋은 참조기는 주로 서해안에서 잡힌다. 길이는 30cm 정도이며 두개골 속에 단단한 2개의 뼈가 있어서 '석수어'라고도 한다. 비린내가 적어서 영양식이나 병후 회복식으로 이용된다. 회유성으로 중국 상해 동남쪽 바다와 제주도의 남서부해역에서 겨울을 나고 산란을 하기 위하여 3월경 영광근해에 나타난다. 이때의 조기는 알이 차고 지질이 많아 맛이 좋다. 참조기는 5~6월경이 산란기로 제철이며, 가장 맛이 좋다.

■ 성분 및 효능

단백질과 지질이 풍부하고, 특히 철이 많아 빈혈 예방에 도움이 된다. 비타민 A와 D가 풍부하여 몸이 쇠약하거나 야맹증, 피로회복에 도움이 된다. 지질이 적어서 소화가 잘되므로 성장기의 어린이나 소화기관이 약한 노인에게 좋다.

■ 선별기준

조기는 등쪽이 회색을 띤 황금색이며, 배쪽은 선명한 황금색을 띠고, 꼬리가 짧고 두툼한 것이 좋다. 국산 참조기는 머리에 다아몬드형의 유상돌기가 있으며, 눈 주위가 노랗고 입이 붉은 색이다. 수입산은 국산보다 대체로 크며, 머리에 다이아몬드형의 유상돌기가 없고, 지느러미가 회갈색을 띤다. 조기와 비슷한 수조기는 40cm정도로 좀 더 크고, 머리모양이 삼각형이며, 아가미 뚜껑이 검은색이다.

■ 조리 및 가공

냉장이 어려웠던 옛날부터 소금에 절인 영광굴비가 유명하다. 해풍에 말리면 타우린과 글루탐산이 증가하며 비린내가 적어진다. '굴비(屈非)'는 정주(법성포)에서 귀양살이를 하던 이자겸이란 사람이 해풍에 말린 굴비의 맛에 반하여 자기는 비굴하지 않다는 뜻을 담아 '정주굴비(靜州屈非)'라고 임금께 진상을 하였다는 데서 유래되었다. 구이, 찜, 조림, 매운탕, 맑은 국, 굴비장아찌 등으로 이용한다.

43) 준치(slender shad)

▪ 분류 및 특징

한국연근해, 일본남부, 동중국해, 인도양, 자바해 등에 분포한다. 생선 중에서 가장 맛있다 하여 '참다운 물고기'라는 의미의 한자명으로 '진어(眞魚)', '준어(俊魚)'라고도 한다. 준치가 맛있다고 하는 것은 한꺼번에 많이 먹지 못하고, 조금씩 먹어 입안에 머무는 시간이 길어져 혀의 미각세포에 잘 닿아 맛을 더 예민하게 느낄 수 있기 때문이다. '썩어도 준치'라는 말은 '원래 값어치 있는 물건은 낡아도 본래의 값어치를 잃지 않는다.'는 뜻이다. 4~7월에 산란을 하며, 봄철에 가장 맛있다.

▪ 성분 및 효능

단백질이 20.1%로 높고, 지질도 4.76%나 된다. 비타민 B군, D가 풍부하며, 몸이 허약한 사람에게 좋다.

▪ 조리 및 가공

국, 만두, 찜, 조림, 회, 구이 등으로 이용된다. 준치는 가시가 많아 가시를 빼기 위해서는 도마 위에 생선을 세우고 베나 모시수건을 싸서 양끝을 눌러 수건 밖으로 나오는 가시를 낱낱이 뽑아낸다.

44) 쥐치(file fish)

▪ 분류 및 특징

서부 태평양의 오대해역과 열대의 수심 100m이내의 모래와 암초에 무리지어 산다. 쥐치과는 많지만 식용 가능한 쥐치는 쥐치와 말쥐치 뿐이다. 길이는 8~25cm 정도이며, 흰살생선으로 육질이 단단하여 회로 많이 먹는다. 5~8월에 산란하며, 한번에 15만개 정도의 알을 낳는다. 주로 2~5월에 어획을 하고, 가장 맛이 좋은 시기는 여름철이다.

■ **성분 및 효능**

단백질이 19.4%, 지질은 0.3%에 지나지 않으며, 함황아미노산이 많고, 비타민 D, 니아신도 풍부하다. 말린 쥐취에는 아연이 많아 성장장애와 시각장애를 예방한다.

■ **조리 및 가공**

회, 조림, 쥐포 등으로 이용된다.

45) 청어(herring)

■ **분류 및 특징**

생선의 빛깔이 청색이라 붙여진 이름으로 한국의 연근해, 일본 북부 등의 서태평양과 북극해에 분포한다. 수온이 2~10℃인 수심 150m 이내의 연안이나 강어귀에 서식하며, 길이는 35cm 정도이다. '한양의 가난한 유생이 쉽게 사먹어 살찌게 한다.'는 뜻의 '비유어(肥腴魚)'라 하며, 경기도와 강원도 지역은 '비웃'이라 한다. 경상도에서는 말린 청어를 '관목어(貫目魚)' 또는 '과메기'로 부른다. 원래 과메기는 청어새끼를 말린 것으로 요사이는 꽁치를 대신 말린다. 한해성 어류로 12월 말~4월초가 제철이며, 3~4월경 산란 직전의 봄청어가 가장 맛이 좋다.

■ **성분 및 효능**

고등어, 꽁치, 전어와 더불어 대표적인 고핵산식품이다. 등푸른생선에 많은 EPA와 DHA는 적고, 올레산과 같은 단일불포화지방이 많아서 지질이 많아도 담백한 맛을 낸다. 비타민 A와 B_2, 니아신이 풍부하고, 칼슘과 철도 많이 함유되어 있다. 미량원소인 구리, 아연, 셀레늄도 풍부하여 항산화제 기능과 노화방지 효과가 있다. 한방에서는 산후에 가장 좋은 보약이며 산후 1주일간 청어죽을 먹으면 산후병이 없어진다고 한다.

■ **선별기준**

배부분이 은백색으로 선명하고, 너무 크지 않고 통통한 것이 맛이 좋다.

■ 조리 및 가공

신선도가 빨리 떨어지므로 신선할 때만 회로 먹는다. 잔가시가 많아 주로 구워 먹는다. 회, 소금구이, 청어알젓 등으로 이용된다. 생선알 중에서 철갑상어알, 청어알, 연어알, 숭어알, 민어알의 5가지를 으뜸으로 친다.

46) 학공치(horn fish, half beak)

■ 분류 및 특징

'공미리'라고도 하며, 한국 연근해, 일본, 중국 남부에 분포하고, 수심 50m이내의 만이나 강, 호수에 서식한다. 체형이 가늘고 원통이며, 학처럼 입이 길게 튀어나와 있는 것이 특징이다. 열대와 아열대에 85종이 있으며, 연근해에는 11종이 있다. 1~2년이면 성어가 되어 길이는 35cm정도 된다. 산란기는 4~7월로 봄이 제철이지만 가을에도 맛이 좋다.

■ 성분 및 효능

단백질, 칼슘과 철이 풍부하다. 꽁치는 지질이 8.7%이지만 학공치는 지질이 6% 수준으로 담백하고 향이 특이하다.

■ 선별기준

선도가 좋은 것은 투명한 색이며, 배 쪽은 엷은 녹색에 푸른기가 도는 색을 띤다.

■ 조리 및 가공

주로 회나 초밥으로 먹는다.

2 연체어류

연체어류는 몸이 부드러우며 체절이 없고, 머리, 몸통, 발의 3부분으로 되어 있다.

대표적인 연체어류의 영양성분은 표 11-6과 같다.

【표 11-6】 연체어류의 영양 성분(100g당)

종류	수분 (g)	단백질 (g)	지질 (g)	메티오닌 (mg)	시스테인 (mg)	타우린 (mg)
갑오징어	82.4	15.1	1.2	440	155	–
골뚜기	81.6	13.6	1.8	415	158	733.5
낙지	87.0	11.1	0.5	185	21	340.2
문어	81.5	15.5	0.8	456	121	434
오징어	77.5	19.5	1.3	425	86	358.1
주꾸미	86.8	10.8	0.5	294	165	1305.6

[자료 : 식품영양소 함량 자료집 2009, 한국식품영양과학회지 1999 28(1) : 16~21]

1) 갑오징어(cuttle fish)

■ 분류 및 특징

한국, 일본, 중국, 호주의 북부에 분포하며, 몸 안에 길고 납작한 뼈 조직이 있다. 오징어류 중 가장 맛이 좋다고 한다. 길이는 17cm정도이며, 몸통 양쪽 전체 가장자리에 지느러미가 있다. 전통적으로 대통발을 이용하여 산란기에 어획을 한다. 산란기는 4~6월이며, 수심 2~10m 깊이의 모랫바닥에서 해조류에 1cm 정도의 알을 낳아 부착시킨다. 갑오징어는 외투막이 돔형으로 근육과 내장 사이에 단단한 석회질이 뼈처럼 들어 있다. 이 석회질은 물에 뜨며 동물학적으로는 패각이다.

■ 성분 및 효능

지질이 적고, 고단백인 건강식품으로 담백한 맛을 지닌다. 혈관질환을 예방하는 HDL-콜레스테롤이 풍부하고, 타우린이 풍부하다.

■ 조리 및 가공

회나 포를 많이 이용하며, 무침, 볶음, 튀김, 전, 구이 등에 활용한다.

2) 꼴뚜기(beca squid)

우리나라의 전연안과 동남아시아 및 유럽에 분포하며, 연안에 서식한다. 오징어류 중 작은 것을 꼴뚜기라 하며, 참오징어의 새끼를 부르기도 한다. 몸길이 7cm 수준으로 몸체가 부드럽고 뼈가 얇고, 투명하며 각질로 되어 있다. 주로 4~5월의 봄철에 산란한다. 크기가 작아 주로 젓갈로 만들어 먹고, 말려서 조리거나 볶아 먹기도 한다.

3) 낙지(whip-arm octopus, common octapus)

▪ 분류 및 특징

우리나라 남해에서 서해까지 널리 분포하고, 특히 전남지역에서 많이 잡힌다. 길이는 60~70cm로 외투막에 비해 등 쪽에 있는 2개의 다리가 매우 길다. 머리처럼 생긴 둥근 몸통에 심장, 위, 간, 장, 아가미와 생식기가 들어있다. 4~5월에 산란하며, '봄주꾸미 가을낙지'라고 하듯 가을~겨울까지 맛이 좋다.

다리가 가는 '세발낙지'는 목포지역에서는 '꽃낙지'라 하며, 여름철 미각을 돋우는 기호식품이다. 시장에서 유통되는 낙지의 70%이상은 아프리카 북서해안에서 어획되는 수입품이다.

▪ 성분 및 효능

타우린이 풍부하며, 칼슘과 철도 풍부하다. 유리아미노산 중에서 히스티딘, 아르기닌, 프롤린, 글리신이 많다.

▪ 선별기준

살이 통통하고 윤기가 돌며, 껍질이 제대로 붙어 있어야 싱싱한 것이고, 중간 정도의 크기가 맛이 좋다.

▪ 조리 및 가공

가장 맛있게 먹는 것은 회 그대로 먹는 것이다. 양념을 하면 낙지 자체의 맛을 즐길 수 없다. 그밖에 낙지숙회, 구이, 볶음, 전골, 매운탕 등으로 조리한다. 낙지머리에 들어 있는 먹물을 먹기 위해 통째로 구우면 구수한 맛이 난다.

4) 문어(octapus)

■ 분류 및 특징

남해, 일본의 남쪽, 아메리카 북서쪽에 분포하고, 연안에서 심해까지 서식한다. '팔초어(八稍魚)', '팔대어(八帶魚)'라 하며, 서양에서는 'devil fish'라 부르고 거의 먹지않는다. 길이는 3m 정도이며, 몸통에 비하여 다리가 4~5배 정도 더 길다. 다리는 8개로 자신의 다리는 잘라먹는 습관이 있으나 곧 자란다. 다리 1개에는 당기는 힘이 강한 흡판이 2줄로 약 100개 정도 있다. 4~6월에 산란하며, 12월~이듬해 1월이 제철이다.

■ 성분 및 효능

고단백, 저열량, 저지방식품으로 담백한 맛을 내며, 수분이 많고 살이 부드럽다. 문어의 단맛은 타우린, 글리신, 베타인 등이다. 또한 비타민 E, 니아신, 아연과 구리가 풍부하다. 예로부터 혈압이 높거나 심장병이 있으면 문어를 푹 고아 먹었다.

■ 조리 및 가공

숙회, 조림 및 훈제로 이용된다. 관혼상제 상차림에 꼭 쓰이는 해산물이다.

■ 문어의 조리방법

문어는 고온에서 가열하면 육질이 단단해지고, 껍질이 흐물거린다. 문어를 부드럽게 삶기 위해서는 약한 불에 오래 삶아야 한다. 반대로 오징어는 끓는 물에 2~3분간 살짝 데치면 충분하다.

5) 오징어(squid, cuttle fish)

■ 분류 및 특징

동해에 분포하며, 연안에서 심해까지 서식한다. 전 세계의 오징어 500여종 중 식용하는 것은 15~20종 정도이며, 살오징어, 화살오징어, 날개오징어, 귀골뚜기, 한치, 갑오징어 등이 있다. 이중 살오징어의 어획량이 가장 높다. 오징어는 수심 100m 정도의 깊은 바다에 살지만 밤이 되면 수면 가까이 떠오르고 불빛을 좋아한다. 오징어의 표피는 4개 층으로 되어 있으며, 1층과 2층 사이에 색소세포가 존재하여 몸의 빛깔을 바꾸는 역할을 한다. 가을과 겨울이 제철이며, 수명은 1년 정도이다. 7~11월에 많이 잡히며 가을에 가장 맛있다.

정약전의 《자산어보》에 '오징어가 죽은 것처럼 물에 떠 있다가 까마귀가 잡아먹으려고 내려오면 발로 감아 물속으로 끌고 가서 되려 잡아먹는다.'고 하였다. 즉, '까마귀를 해치는 도적'이라는 뜻의 '오적어(烏賊魚)'에서 오징어라는 말이 유래되었다.

■ 성분 및 효능

오징어는 95kcal/100g으로 저열량 식품이며, 지질은 1.3%수준이다. 오징어에는 함황아미노산인 메티오닌, 시스테인 및 타우린이 풍부하다. 오징어를 말릴 때 생기는 하얀 분은 타우린, 글루탐산, 베타인 등의 기능성 성분이다. 오징어는 콜레스테롤함량이 높아 고지혈증인 사람들이 꺼리는데 이는 잘못된 사실이다. 오징어의 콜레스테롤은 HDL-콜레스테롤과 결합하여 혈관에 적게 침착하며, LDL-콜레스테롤을 용해시켜서 배설시킨다. 또한 오징어에 풍부한 타우린은 콜레스테롤의 혈관 내 침착을 억제하며, 인슐린의 분비를 도와 당뇨를 예방한다.

화살오징어는 오징어보다 수분함량이 높고 연하며, 다리길이가 1치 밖에 안 되어 붙여진 이름인 '한치'로 알려져 있다.

■ 선별기준

살이 두껍고 투명하면서 탄력이 있는 것, 크면서 붉은빛을 띠는 것, 살이 처지지 않은 것이 싱싱한 것이고, 냉동된 것은 완전히 녹지 않은 것을 택하고, 축 늘어지고 색깔이 허옇게 변한 것은 피한다.

■ 조리 및 가공

회, 구이, 조림, 포, 순대 등으로 이용한다.

6) 주꾸미(octapus ocellatus)

■ 분류 및 특징

한국의 남서해안과 일본에 분포하고, 수심 10m의 내만에 서식한다. 낙지에 비해 다리는 짧고, 머리는 2~3배 더 크다. 3월 중순~ 5월 사이에 주꾸미에 알이 차서 가장 맛있다.

■ 성분 및 효능

지질은 거의 없으나 EPA와 DHA가 지방산 100g당 각각 7.5mg과 13.3mg으로 풍부하다. 유리아미노산으로 히스티딘, 타우린, 알기닌, 프롤린, 글리신이 많으나 그중 타우린이 아주 많다.

■ 조리 및 가공

낙지의 대용으로 고추장 양념을 하여 굽거나 데쳐서 먹고, 볶음, 전골, 찌개 등에 이용되며, 비린내가 나지 않는다. 주꾸미는 살짝만 열을 가해도 바로 오그라들기 때문에 단시간에 데쳐야 질겨지지 않는다. 조리할 때는 머리를 뒤집어 먹통과 내장을 제거하고, 굵은 소금으로 주물러 거품과 까만 먹물이 나오지 않을 때까지 씻는다.

3 갑각류

1) 게(crab)

꽃게

대게

왕게

털게

랍스타

【그림 11-3】 게의 종류

전 세계에 4,500여종이 분포하며, 우리나라에는 183종이 서식하고 있다. 남해와 서해는 꽃게, 방게, 민꽃게 등이 많이 잡히고, 동해안은 털게와 대게가, 제주도는 홍색 민꽃게가 많이 잡힌다.

【표 11-7】 게의 종류와 특징

종 류	크 기	특 징	성수기 및 용도
꽃게	등딱지 15cm	게류는 위험에 처하면 다리를 스스로 자르므로 상품가치로 인해 운송 중에는 끈으로 다리를 묶어 놓는다. 배에 있는 껍질이 둥근 것은 암컷, 뾰족한 것은 수컷이다. 단백질이 풍부하고, 칼슘, 철, 아연, 타우린, 비타민 E와 니아신도 풍부하다. 게 특유의 맛은 페타인, 포말린 등의 엑스분에 의한 것이다.	4~6월경 그믐 때 것이 맛이 좋다. 5~6월과 7~8월에 거쳐 2회 산란을 하며, 이때 상품가치가 높다. 탕, 찜, 간장게장, 양념게장 등으로 조리한다.
대게	등딱지 15cm 다리길이 70~80cm	몸통에서 뻗어나가 다리가 대나무처럼 생겨서 '대게'라고 부르고, 다리가 10개이다. 비타민 E, 칼슘, 아연이 풍부하다.	2월에 산란을 한다. 살아있을 때 황갈색이지만 삶으면 붉은 색이 된다. 찜, 전골 등으로 조리한다.
왕게	등딱지 25cm 다리 펼치면 1m 이상	수명은 30년이며, 다리가 8개이다. 당질이 많아 단맛이 난다. 비타민 E와 니아신, 칼슘, 아연이 풍부하다.	국내 유통되는 것은 모두 러시아산이다. 찜, 전골, 탕 등으로 조리하며, 통조림용으로 가공한다.
참게	등딱지 8cm정도	게장으로 많이 이용하며 날로 먹을 경우 간디스토마를 유의해야 한다. 비타민A, B_2, 니아신, 칼슘과 철이 풍부하다.	11~12월에 알을 낳는다. 참게찜, 참게젓, 구이 등으로 조리한다.
털게	등딱지 15cm정도	다리에 날카로운 돌기와 짧은 털이 있다. 등딱지의 석회화가 충분하지 않아서 부드러워 먹기 좋고 가식부도 많다. 비타민 E, 니아신, 칼슘, 아연이 풍부하다.	털게장, 털게찜, 털게탕 등으로 조리한다.

2) 새우(prawn, shrimp)

우리나라에는 보리새우, 참새우, 젓새우, 민물새우 등이 있다.

【표 11-8】 새우의 종류와 특징

종 류	크 기	특 징	성수기 및 용도
닭새우 	25cm	냄새가 없고, 맛이 담백하나 가식부가 적다. 비타민 E, 니아신이 풍부하다.	산란기는 6~8월이며, 가을~겨울이 제철이다. 고급새우로 취급받으며, 소금구이, 회로 먹는다.
대하 	20~30cm	자연산과 양식은 수염의 길이로 구별한다. 일반적으로 자연산은 양식에 비하여 수염의 길이가 2배 정도 더 길다. 글리신, 타우린, 알라닌, 아르기닌, 베타인 등의 아미노산과 비타민 E, 니아신이 풍부하다. 껍질과 꼬리에는 항암효능이 있는 키틴물질이 다량 함유되어 있다.	5~6월에 산란하고, 자연 사망한다. 9월~다음해 1월이 제철로 가을과 겨울이 가장 맛이 좋다. 구이, 튀김 등에 이용된다.
보리새우 	20cm 내외	글리신, 아르기닌 및 타우린의 함량이 높아 단맛이 나며 비타민 E와 니아신이 풍부하다.	수명은 1년 정도로 단기간에 성장한다. 7~8월에 산란하며 봄에서 여름에 어획되나 늦은 가을에 살이 많다. 회, 초밥, 소금구이, 튀김 등에 이용된다.
부채새우 	15cm 내외	몸 색깔은 살아있을 때는 붉은 연분홍색이나 죽으면 갈색으로 변한다.	10월에 산란을 하며 주로 삶아서 먹는다.
분홍새우 	17~20cm	어린 것은 모두 수컷이고, 크면서 암컷으로 성전환 한다. 단맛이 있고 껍질이 쉽게 벗겨져 식용으로 적당하다. 비타민 E가 풍부하여 노화방지에 효과가 있다.	5월에 알을 낳는다. 수명은 4년으로 성장이 빠르다. 냉동품으로 수입되는 것은 초밥용으로 이용된다.
젓새우 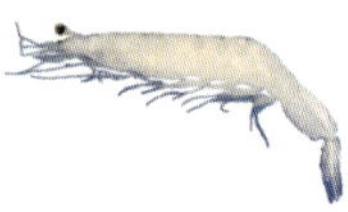	2~3cm	몸이 분홍색이나 흰색을 띤다. 암컷이 수컷보다 크다.	6~10월에 산란한다. 젓갈을 담그는데 이용된다.

4 패각류

식용조개류는 수십 종이 있으며, 모두 좋은 단백질 급원으로 지질과 열량이 낮은 특징이 있다. 호박산, 핵산, 글리코겐 및 여러 아미노산이 함유되어 있어 시원하고 감칠맛을 낸다. 조개류는 각종 무기질과 비타민도 풍부하다. 생조개에는 비타민 B_1을 파괴하는 효소를 함유하고 있으므로 익혀서 먹도록 한다.

1) 가리비(scallop)

■ 분류 및 특징

전 세계에 300여 종이 분포하고, 수심 20~40m의 모래나 자갈이 많은 곳에 서식한다. 국내에는 큰가리비(참가리비), 국자가리비, 비단가리비, 해가리비, 일월가리비 등 12종이 발견되고 있다. 굴과 더불어 세계적으로 가장 많이 먹는 조개이다. 패각이 부채모양으로 길이는 10~15cm 정도이다. 대부분의 조개는 패주가 2개이나 가리비는 중앙에 1개만 있어 이동시에 패주의 힘으로 뚜껑을 열고 재빨리 헤엄친다. 가장 맛이 좋은 부위는 패주이며, 다른 조개의 것보다 크고 쫄깃한 맛을 낸다. 어린 가리비를 바구니에 넣어 바다에 매달아 양식하는데 플랑크톤만 먹고 자라서 자연산의 맛을 낸다. 산란기는 3~6월이며, 시중에 유통되는 것은 대부분 양식된 것으로 4~5월이 가장 맛이 좋다.

■ 성분 및 효능

감칠맛은 글루탐산 등의 아미노산과 글리코겐 및 호박산에 의한 것이다. 타우린과 철, 아연, 셀레늄 등의 무기질 및 엽산도 풍부하다. 큰가리비의 조개관자는 옛날부터 고급식품으로 이용되어 왔으며, 고지혈증, 두통, 현기증 등에 효과적이다.

■ 조리 및 가공

회, 구이, 찜, 탕, 죽으로 조리하며 젓갈로 담기도 하고 건조, 냉동, 훈제시키거나 삶은 후 가공품으로 유통된다. 일본에서는 게맛살처럼 모조패주가 생산 판매되고 있다.

2) 꼬막(rock cockle, granulated ark shell)

■ 분류 및 특징

한국, 일본, 인도양, 서태평양에 분포한다. 껍질 표면의 골이 30~34개이며, 길이는 5cm정도로 작고 달걀형이다. 갯벌 바닥에 살며, 살이 붉고 겨울이 제철이다. 찬바람이 부는 초겨울이 제철이며, 전라도 벌교의 특산품으로 유명하다.

■ 성분 및 효능

고단백 저지방의 알칼리성식품으로 다른 조개에 비하여 단백질이 많고, 필수아미노산이 고루 들어 있다. 칼슘, 아연 등의 무기질이 풍부하며, 살에 헤모글로빈을 만드는 철이 많아 빈혈을 예방하고, 어린이 성장에 좋은 식품이다. 타우린함량이 높아 음주로 인한 간의 해독에 우수한 효능이 있다.

■ 조리 및 가공

조림, 찜, 통조림용으로 가공한다.

3) 굴(oyster)

■ 분류 및 특징

연안의 암초에서 일반적으로 볼 수 있다. 길이는 7cm정도이며, 300년 전부터 양식을 시작하였다. 수산식품을 생식하지 않는 유럽인들도 굴 만큼은 생식을 한다. 5~8월은 산란기이므로 이시기에는 먹지 말아야 한다. 돌에 붙어 있어 '석화(石花)'라 하며, 늦가을~겨울에 가장 맛이 좋다.

■ 성분 및 효능

겨울에 영양분을 축적하고, 글리코겐이 가장 많아 맛이 좋으며, 효과적인 에너지원으로 이용된다. 철과 구리가 풍부하여 빈혈의 예방에 도움이 된다. 타우린이 풍부하고, 비타민 E, B_{12}, 아연이 풍부하다.

■ 선별기준

특유의 향긋한 향기가 있고, 우윳빛에 탄력이 있으며, 주름이 많고 통통한 것을 고르도록 한다. 가장자리의 검은색이 선명한 것이 좋고, 껍질이 붙어 있는 경우 무거운 것이 좋다.

■ 조리 및 가공

회, 석화찜, 굴강회, 굴깍뚜기, 어리굴젓, 굴국밥, 굴죽, 굴전 등으로 조리한다. 산란 직전인 4~6월에 수확한 굴은 소스 등의 가공원료로 이용된다.

■ 껍질 벗긴 굴과 반각 형태의 굴

봉지굴과 반각굴

굴에는 타우린과 글리코겐이 풍부하여 이들 영양소는 모두 수용성이다. 굴을 까면 절반 이상의 타우린과 글리코겐이 녹아서 영양가가 떨어진다. 또한 굴을 까놓으면 굴끼리 마찰에 의해 부스러지므로 이를 방지하기 위하여 물을 넣게 된다. 굴을 먹을 때 이 물을 따라버리므로 영양가 손실이 더 심해진다. 그러므로 반각형태의 굴은 유통비가 더 들지만 수용성 영양성분의 손실을 최저로 막는 방법이다.

4) 대합(hard clam)

■ 분류 및 특징

한국, 일본, 중국, 대만, 필리핀, 동남아시아에 분포한다. 껍질의 길이가 9~10cm, 너비가 4cm 정도의 큰 조개이며, 민물의 영향을 받는 조간대의 모래나 펄에 서식한다. 7~10월에 번식을 하고, 가을~봄이 제철이며 살이 부드럽고 맛있다.

■ 성분 및 효능

단백질, 칼슘과 철이 풍부하고, 지질은 적다. 맛을 내는 글루탐산, 타우린, 알라닌, 글리신을 함유하여 풍부한 맛을 낸다. 핵산계 맛성분인 아데닐산(Adenosine mono-phosphate : AMP)는 맑은 국에 감칠맛을 제공한다. 대합에는 비타민 B_1과 이를 분해하는 티아미나제(thiaminase)가 함께 들어 있으나 열에 파괴되므로 대합은 익혀먹도록 한다.

■ 조리 및 가공

대합전, 대합전골, 대합숙회 등으로 조리한다.

5) 바지락(short-necked clam)

바지락

모시조개

【그림 11-2】 바지락과 모시조개

■ 분류 및 특징

한국의 서해안, 일본, 중국, 대만에 분포하며, 우리나라 전 간석지에 서식한다. 조개류 중 가장 흔하며, 크기 4cm, 높이 3cm 정도이다. 환경변화에 민감하지 않아서 다른 조개가 폐사한 지역에서도 잘 살아난다. 6~9월이 산란기이며, 2~4월이 가장 맛있는 제철이다. 늦봄~초여름이 산란기로 독성분이 증가하여 식중독의 위험이 있다.

■ 성분 및 효능

가식부의 열량은 68kcal/100g으로 칼로리가 낮다. 필수아미노산이 풍부하고, 글리신이 많아서 단맛이 난다. 호박산이 함유되어 있고, 타우린은 1,052mg/100g함유되어 있다. 바지락을 우려낸 국물은 간기능을 회복시키고, 숙취해소에 도움이 된다.

■ 조리 및 가공

바지락칼국수, 된장국, 조개젓 등에 이용된다. 조리하기 몇 시간 전에 1~2%의 소금물에 담가서 토사를 토하게 하여야 한다.

6) 새조개(egg cockle)

■ 분류 및 특징

한국, 일본, 대만에 분포하며, 내해의 수심 5~30m의 진흙 바닥에 서식한다. 발이 길어서 껍질을 벗겨 놓으면 작은 새와 비슷하여 붙여진 이름으로 닭고기 맛과 비슷하다. 자웅동체로 7~10월이 산란기이며 어린 조개는 연안의 얕은 곳 펄 속에서 서식하고, 성장하면서 깊은 곳으로 이동한다. 겨울철인 1~2월에 살이 올라 가장 맛있으며, 아직 양식법은 개발되지 않았다.

■ 성분 및 효능

새조개는 쫄깃한 맛과 감칠맛이 특색이며, 조개류 중 단백질함량이 가장 높고, 지질도 많다. 타우린함량이 높으며, 셀레늄도 풍부하다.

■ 조리 및 가공

먹기 전에 바닷물로 여러 번 헹구어 펄을 제거하여야 한다. 수돗물을 쓰면 비린내가 난다. 회, 초밥, 구이 등으로 이용하며, 깨끗이 씻어 말린 후 건조시키거나 삶은 물을 농축하여 조미료처럼 쓰기도 한다.

7) 소라(turban shell)

■ 분류 및 특징

한국과 일본의 남부연안에 분포하며, 조간대의 해초가 많은 지역에 서식한다. 자웅이체로 체외수정을 한다. 산란기는 7~9월이며, 봄이 제철이다. 껍질 높이가 10cm, 지름은 8cm 정도이고, 참소라와 개소라 2종이 있다. 자연산 소라는 거친 바다의 해조가 많은 바위에서 떠내려가지 않으려고 뿔로 지지하고 있으나 양식산은 파도가 심하지 않은 곳에서 생활하므로 침과 같은 뿔이 없다.

■ 성분 및 효능

가식부에 콜레스테롤이 106.0㎎/100g이며, 비타민 D 전구체의 함량도 매우 높다. 아미노산 중에 아르기닌, 히스티딘, 리신이 풍부하며, 타우린과 아연도 많이 함유되어 있다. 그리고 호박산이 많아 독특한 감칠맛을 낸다. 한방에서 소화가 잘 안 되는 사람이나 노인에게 좋다 하며, 청소년과 병후 회복기의 환자에게 소라국물을 마시게 하면 입맛을 되찾고 식욕을 촉진시키는 역할을 한다.

소라육은 내장 : 다리육 : 뚜껑육의 비율이 4 : 3 : 2로 구성되어 있다. 뚜껑육이 단단한 것은 콜라겐함량이 높기 때문이며, 가열하면 젤라틴으로 변화되어 식감이 부드러워진다.

■ 조리 및 가공

소라구이, 소라찜, 소라초, 소라냉채, 소라무침, 구쟁기물회(제주도), 보말국(제주도) 등으로 조리한다. 소라에 무를 넣고 삶으면 소라가 연해진다.

8) 재첩(marsh clam)

■ 분류 및 특징

한강 이남지역 특히 섬진강과 낙동강 하류에 많이 분포하며, 해수와 맞닿은 담수나 호수의 모래가 많은 진흙바닥에 서식한다. 크기는 3cm정도이며, 패총에서 많이 발견되었다. 6~8월에 산란을 하고, 산란 직전인 5~6월이 제철로 향이 뛰어나며, 살이 올라 가장 맛이 좋을 때이다.

■ 성분 및 효능

양질의 단백질과 함황아미노산인 메티오닌, 시스틴, 타우린의 함량이 높다. 메티오닌은 간 기능향상에 효과적이며, 간 보조식품에 첨가되는 성분이다. 칼슘과 철이 풍부하고, 패류 중 호박산함량이 가장 높다.

■ 선별기준

크기가 일정하고 깨끗하며, 껍질에 윤이 나고 깨지지 않은 것, 냄새가 나지 않는 것을 선택한다.

■ 조리 및 가공

껍질째 삶아 먹는 재첩국으로 유명하다. 재첩찜, 재첩통조림, 파우치 가공식품 등이 있다.

9) 전복(ear shell, abalone)

■ 분류 및 특징

전 세계 바다에 분포하고, 수심 5~50m 되는 섬지방이나 암초에 서식한다. 전복은 산란기 직전인 6~8월이 제철이다. 전복 종류는 100여종이며, 국내에는 참전복, 오분자기, 말전복, 시볼트전복, 까막전복 등 5종이 있다. 전복은 암수 딴 몸이지만 외부 생식기가 발달하지 못하였으며, 생식선이 노란 빛을 띠고 크기가 작은 것이 수컷이고, 내장이 푸른빛을 띠는 것은 암컷이다. 산란기가 되면 색깔의 차이가 더 생긴다. 또한 전복의 껍질은 수컷이 푸른색이고, 암컷은 황갈색을 띤다.

■ 성분 및 효능

전복의 맛은 글루탐산과 아데닐산에 의한 감칠맛과 아르기닌, 글리신, 베타인의 단맛 그리고 글리코겐이 어우러져 깊은 맛을 낸다. 생전복은 콜라겐과 엘라스틴과 같은 단단한 단백질이 많아서 살이 오독오독한 질감을 준다. 《본초강목》에 '석결명(石決明)'이라 하여 '눈을 밝히는 약'이라고 하였다.

■ 선별기준

전복을 고를 때 통통하게 살이 찌고, 껍데기 바깥으로 전복의 족부가 약간 빠져 나와 있는 것이 좋다. 껍질이나 살을 만져보아 많이 움츠러들수록 신선한 것이며, 살이 껍질에서 부풀어 올라 있는 것이 좋다. 또한 껍질이나 살에 상처나 흠집이 없어야 하며, 클수록 상품이다. 매장에서 구입할 때 1kg당 7~10마리 정도 크기면 상품이다. 패각은 타원형인 것을 고르고, 필리핀과 같이 위도가 낮은 곳에서 생산되는 것은 원형에 가깝다.

오분자기는 껍질의 길이가 8cm 정도로 전복보다 작으며, 표면이 녹갈색이고, 안쪽면은 진주광택이 있다. 또한 껍질에 출수구가 7~8개 있다.

■ 조리 및 가공

전복회, 전복죽, 전복찜 등으로 조리하며, 숫컷은 육질이 오톨도톨해 회나 초무침으로 적당하고, 암컷은 상대적으로 육질이 연해 죽이나 찜, 구이 등에 좋다. 전복은 회로 먹을 때는 반드시 살아 있는지를 확인한다. 오분자기는 크기가 작기 때문에 껍질째 조려 먹거나 찌개에 넣어서 먹는다.

10) 키조개(comb pen shell)

■ 분류 및 특징

한국의 동해와 남해, 일본에 분포하고, 내해의 조간대에서 수심 5~10m의 진흙에 서식한다. 껍질의 폭이 좁고, 아래로 점점 넓어서 곡식을 까부르는 키를 닮아 붙은 이름이다. 7~8월이 산란기이며, 그 직전인 봄에 채취된 것이 가장 맛있다.

■ 성분 및 효능

단백질 10.3%, 지질 1.1%, 탄수화물 0.8% 함유되어 있고, 필수아미노산, 비타민 A, B_1, B_2, C, E 등이 풍부하다. 고단백 저열량 식품으로 다이어트에 많이 이용된다.

■ 조리 및 가공

샤브샤브, 꼬치, 구이, 무침, 회, 초밥, 전, 죽, 탕으로 조리한다.

■ 패주(adductor muscle)

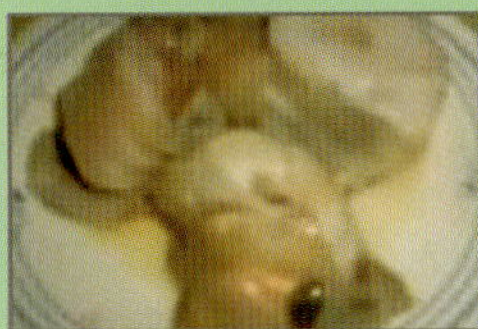

패주는 '조개관자'라고도 한다. 2개의 원기둥으로 패각 안쪽의 앞과 뒤에 붙어 있어 각각 전폐각근, 후폐각근이라 한다. 폐각근은 근육의 수축에 의하여 패각을 닫는 일을 한다. 일반적으로 큰가리비조개, 키조개, 국자가리비 등의 폐각근을 쓰며, 키조개의 것은 삶아서 건조시켜 쓰기도 한다.

11) 피조개(ark shell)

■ 분류 및 특징

서해와 남해, 일본, 중국에 분포하고, 수심 5~50m의 고운 모래펄에 서식한다. 일반조개와 달리 살에 헤모글로빈을 함유하여 피가 붉은 색이다. 패각은 12cm 정도이며, 껍질표면에 골이 42~43개 있다. 펄 속의 산소가 적은 환경에 잘 적응하나 저온에 약하여 저온수송 시 죽는다. 5~10월에 산란하며, 제철은 2~3월이다.

■ 성분 및 효능

단백질이 많고, 타우린함량이 780㎎/100g으로 매우 높으며, 철은 9.8㎎/100g 함유하여 빈혈이 있는 사람에게 좋은 식품이다. 한방에서는 '오장을 이롭게 하고 위를 튼튼히 하며, 식욕증진과 소화기능을 증진시키고, 양기를 돋우며 갈증을 해소한다.'고 하였다. 또한 담석을 예방하고, 간장질환을 치료하는 효과가 있다고 한다.

■ 조리 및 가공

회, 찜, 구이 등으로 조리한다.

12) 홍합(mussel)

■ 분류 및 특징

우리나라, 일본, 중국북부에 분포하고, 전국의 연안 암초지역에 서식한다. 조갯살의 색이 붉어서 '홍합'이라고 하며, '섭'이나, '담치(참담치)'라고도 하고, 중국에서는 '동해부인(東海夫人)'이라 한다. 손바닥의 1/3만한 크기이고, 껍질이 두꺼우며, 안쪽에 진주광택이 있다. 홍합은 1~6월에 산란하며, 늦겨울~초봄이 제철로 가장 맛이 좋을 때이다.

홍합과 비슷한 '진주담치'는 크기가 더 작고 갸름하며 껍질이 얇고 안에 광택이 없다. 유럽이 원산지로 우리나라에는 해방이후 유입되었다.

■ 조리 및 가공

홍합은 회로 먹지 않는다. 홍밥백숙, 홍합초, 홍합탕, 젓갈 등으로 조리하며, 쪄서 꼬치에 꿰어 말려 보관하는 가공법이 있다. 강원도의 북부지역에서 홍합으로 끓이는 섭죽은 쌀과 홍합을 넣고, 감자, 고추장, 풋고추, 양파 등을 넣는다.

【표 11-9】 홍합과 진주담치의 비교

특 징	홍 합	진주담치
서식지	외양에 서식	내만에 서식
각정의 모양	굽은 모양	직선
껍질	두껍다	얇다
색	내면에 검은색이며, 연한 푸른색을 띤다.	내면이 검은 보라색으로 진주광택이 있다

5 기타 해산물

1) 군소(sea hare)

■ 분류 및 특징

연체동물로 몸통이 15cm 전후이며, 봄~여름철에 짝짓기를 한다. 주로 대형 갈조류를 먹으며, 부산, 통영에 서식한다. 수분이 90.1%, 단백질 5.8%의 저열량 식품이고, 칼슘과 비타민 E의 함량이 풍부하다. 회, 무침이나 삶아서 초고추장에 찍어 먹는다.

2) 멍게(우렁쉥이, sea squirt)

■ 분류 및 특징

한국과 일본에 분포하고, 바다에 서식한다. 길이는 10~18cm로 윗부분에 2개의 흡수공과 출수공이 있다. 얕은 바다에 암석이나 해초, 조개 등에 붙어 살며, 2,000m 보다 더 깊은 곳에 사는 것도 있다. 1년 내내 먹을 수 있으나 수온이 높은 여름철에 나는 것이 글리코겐의 함량이 가장 높고, 향과 맛이 좋으며 이때 많이 생산된다.

싱싱한 멍게는 주름과 특이한 냄새가 없고, 껍질의 색이 붉고 단단하며 탱탱하다. 시중의 것은 대부분 양식이고, 자연산 멍게는 돌기가 더 크고 검붉은 색을 띤다.

■ 성분 및 효능

껍질을 제거한 가식부는 90%가 수분이며, 글리신, 베타인, 글리코겐이 함유되어 있다. 해삼, 해파리, 멍게는 3대 저열량 해산물에 속한다. 단백질은 7.3%로 낮으나 필수 아미노산이 고루 함유되어 있다. 멍게 특유의 향미성분은 옥타놀(octanol), 신티아놀(cynthianol) 등의 불포화 알코올성분이다. 비타민 B_{12}, 엽산이 많아 조혈작용에 도움이 되며, 아연도 풍부하다. 수산식품 중 특이하게 바나듐(vanadium)이 48μg/100g으로 많이 함유되어 있으며, 인체 내에서 인슐린과 유사한 작용을 한다.

■ 조리 및 가공

회, 젓갈, 조림, 찜, 회덮밥, 비빔밥 등으로 조리한다.

3) 미더덕(warty sea squirt)

■ 분류 및 특징

우리나라, 일본, 시베리아의 연안에 분포한다. 다른 나라는 식용으로 이용하지 않고, 우리나라만 먹는다. 물의 고어인 '밀'과 바다에서 나는 '더덕' 같이 생겼다고 붙여진 이름으로 양식되고 있다. 자웅동체이며, 길이는 5~10cm 정도의 동물이지만 식물의 특징을 지녔다. 7~9월이 산란기로 산란 직전인 4~7월이 제철이며, 이때는 글리코겐의 함량이 3.7%까지 증가한다.

■ 성분 및 효능

유리아미노산 중 타우린, 프롤린, 글리신, 알라닌이 풍부하다.

■ 선별기준

몸이 작고 통통한 것, 터지지 않고 색이 진한 것, 특유의 향이 강한 것을 선택하도록 한다.

■ 조리 및 가공

찜, 매운탕의 재료로 이용된다.

4) 성게(sea urchin)

■ 분류 및 특징

전 세계의 바다 밑에 분포하며 900여 종이 있고, 한국에 30여 종이 있다. 보라성게, 분홍성게, 말똥성게 등이 있으며, 우리나라에 주로 보라성게가 많이 서식하고 있다. 성게의 식용부위는 생식선으로 황갈색은 난소이며, 황백색은 정소이다. 5~6월이 산란기이며, 봄~여름이 제철이다.

■ 성분 및 효능

성게의 주성분은 인지질이며, 독특한 맛은 메티오닌 때문이다. 성게 특유의 향은 성게의 먹이인 해조류에서 이행된 디메틸설파이드(dimethylsulfide)에 의한 것이다. 비타민 B_2, E, K, 엽산이 풍부하다. 예전부터 성게는 강장, 강정효과가 있으며, 소화가 잘된다고 알려져 있다.

■ 선별기준

껍질을 깐 성게를 구입할 때는 색이 노랗고 진하며, 알이 풀어지지 않고 윤기가 나는 것을 선택한다. 검은색이 섞여 있거나 갈색을 띠는 것은 신선하지 않은 것이다.

■ 조리 및 가공

회, 초밥, 덮밥에 이용한다. 제주도나 거제도는 미역국에 넣기도 한다. 성게를 냉동으로 보관하면 살이 흩어지므로 냉동하지 않고 냉장이나 염장을 한다.

5) 해삼(sea cucumber)

해삼

홍해삼

【그림 11-5】 해삼과 홍해삼

■ 분류 및 특징

전 세계의 바다 밑에 분포하며, 암초나 얕은 바다에 서식한다. 세계에 1,500종이 있으며, 우리나라에 14종이 있다. 길이는 10~30cm로 암수가 구별되나 쉽게 구별하기 어렵다. 약효가 인삼과 같아서 해삼이라고 이름이 지어진 것이다. 4~5월에 많이 잡히며, 동지 전후로 가장 맛이 좋다. 여름잠을 자고 난 후 가을~겨울까지 활동을 하며, 이때 영양가가 높고 맛도 좋아진다. 우리나라에는 홍해삼, 청해삼, 흑해삼이 있으며, 홍해삼을 최고로 친다. 홍해삼은 주로 제주도에서 청해삼과 흑해삼은 남해안과 서해안에서 생산된다.

■ 성분 및 효능

수분이 91.8%로 열량도 적다. 해삼의 연골에는 황산콘드로이친(chondroitin sulfide) 성분이 2.6~3.2% 함유되어 있어서 혈소판 응집에 관여한다. 체벽의 단백질은 콜라겐이며, 콜라겐 사이에 뮤코다당류가 메워져서 단백질과 복합체를 이루고 있으므로 오돌오돌한 식감을 낸다. 해삼은 사포닌의 일종인 홀로톡신(holotoxin)을 분비한다. 홀로톡신은 해삼이 적으로부터 보호하기 위하여 분비하며, 식물성 병원균이나 곰팡이에 강한 항균력을 지니고 있다. 해삼을 다른 어류와 같이 수조에 넣어두면 홀로톡신이

아가미를 통하여 혈관으로 들어가 용혈작용을 하여 심하면 치사하기 때문에 해삼을 다른 어류와는 분리하여 수조에 넣는다. 무기질 중 칼슘과 나트륨이 많아 알칼리성 식품에 속한다. 특이한 기능성 성분은 적고, 소화율도 낮으므로 영양식품이라기 보다는 기호식품이다.

■ 선별기준

색이 검고, 가시가 고르게 많이 돋아 있으며, 울퉁불퉁할수록 신선하다. 표면이 밋밋한 것은 멍텅구리해삼으로 등급이 떨어진다. 마른 해삼의 겉표면에 있는 흰가루는 소금으로 많이 붙어있지 않은 것을 선택한다.

■ 조리 및 가공

해삼은 회로 많이 이용하거나 중화요리의 재료로 많이 쓰인다. 식초절임 및 건제품으로 가공되어 식용된다. 내장이나 생식선은 염장하여 젓갈로 먹는다.

■ 건해삼을 손질하는 방법

건해삼을 더운물에 하루 동안 불려 머리와 꼬리를 제거하고, 배를 갈라 배속의 모래와 창자를 꺼내고, 등에 있는 4줄의 근을 떼어낸다. 물에 씻어 다시 미지근한 물을 붓고 약한 불에 끓였다가 하룻밤 물에 담가둔다. 이때 냄비에 기름기가 조금이라도 있으면 해삼은 불지 않는다. 다시 물을 갈아 약한 불에 끓이고, 이를 3~4일간 반복한다. 1주일 이상 반복해야 제대로 해삼을 불릴 수 있다.

6) 해파리(jelly fish)

■ 분류 및 특징

한국 동해와 중국연안에 분포하며, 대부분 바다에 살고 예외적으로 담수에 사는 것도 있다. 몸이 한천질이고, 수면을 떠돌아다니며 생활을 한다. 여름~가을에 대량으로 발생을 하며, 정치망을 찢어서 피해를 주기도 한다. 식용해파리는 우산의 지름이 1m를 넘으며, 무게가 15kg에 이른다. 숲해파리, 근구해파리의 갓 부분을 식용으로 이용한다. 산지에 따라 맛과 색이 차이가 있으나 색이 짙을수록 품질이 좋다.

■ 성분 및 효능

해파리는 수분 92.4%, 단백질 5.3%, 탄수화물 0.6%가 함유된 저열량 식품이며, 염장해파리는 나트륨과 셀레늄의 함량이 많다.

■ 조리 및 가공

갓은 소금, 석회, 물, 백반에 담가 압착시켜 수분을 짜내고, 염장을 하여 냉채재료로 이용한다. 조리 시에는 하루 동안 물에 담가 소금기를 뺀 후 조리한다.

참고문헌

1. 김소미, 김은희, 박세영, 최선혜. 2002. 우리생선 이야기. 도서출판 효일
2. 김을상, 김중섭, 문현경. 1999. 시판우유와 육류, 해산물 중 타우린 함량. 한국식품영양과학회지 28(1) : 16-21
3. 김학렬, 김성국, 김인철, 김성재, 김두운, 마승진, 고천성, 이화, 김민정, 이태훈, 함경식. 2006. 전복 추출물의 혈압강하, 항산화능 및 항혈전능에 대한 in vitro 효과. 한국식품영양과학회지 35(7) : 835~840
4. 명정구. 2002. 우리바다 어류도감. 다락원
5. 문정혜, 류홍수, 유병진, 문수경. 1996. 해삼 당단백질의 물리화학적 특성과 식이효과. 한국영양식량학회지 25(2) : 240~248
6. 박정환. 2005. 미역(Undaria pinnatifida)을 섭취한 참전복(haliotis discus hannai)의 분 배출률. 한국수산학회지, 한국수산학회. 38(6) : 353~358
7. 박태선, 박정은, 장준성, 강혜원. 1998. 한국인 상용 식품의 타우린함량에 관한 연구. 한국영양학학회 춘계학술대회 초록집 pp. 30~30
8. 박태선, 박정은, 장준성, 손미원, 손경희. 1998. 한국인 상용 식물성 식품의 타우린 함량조사. 한국식품영양과학회지 27(5) : 801~807
9. 신은수, 이경아, 이혜경, 김꽃봉우리, 김미정, 변영우, 이주운, 김재훈, 안동현, 류은순. 2008. 쌀입자 크기 및 물 첨가량에 따른 전복죽의 품질특성. 한국식품영양과학회지 37(2) : 245~250
10. 신정혜, 이수정, 최덕주, 강민정, 성낙주. (2008). 전복과 천연식물류 복합물의 항산화 및 알코올대사 효소활성. 한국조리과학회지 24(2) : 182~187
11. 양미영, 손정우, 염초애. 1996. 전복죽과 오분자기죽의 재료배합비가 기호도에 미치는 영향. 한국조리과학회지 12(3) : 353~360
12. 윤호섭, 라성주, 차용백, 조주현, 김기영, 최상덕. 2004. 해상가두리에서 참전복(haliotis discus hannai)의 사육밀도에 따른 성장과 생존률. 한국수산학회지 37(4) : 287~294
13. 한국문화재보호재단 편. 1997. 한국음식대관. 한국음식의 개관 1. 한림출판사
14. 한국식품과학회 편. 2006. 식품과학용어사전. 도서출판 광일문화사
15. 한국조리과학회. 2003.. 조리과학용어사전. 교문사

16. 황지희. 2009. 생선해산물 건강사전. 넥서스 BOOKS
17. 국립수산과학원 해양생물종다양성정보시스템(http://portal.nfrdi.re.kr)
18. 네이버 지식사전
19. 네이버 키친 레시피와 보관요령
20. 식품영양소 함량 자료집, 한국영양학회 2009년판 한국영양학회
21. 인터넷 지식검색 아마존 fish, food
22. 전복의 암수구별. 2010. 6. 20.
http://blog.daum.net/_blog/BlogTypeView.do?blogid=0A7dg&articleno=14201312#ajax_history_home
23. 중앙일보 조인스. 2010. 6. 18. “전복”
http://article.joins.com/article/article.asp?total_id=4251211
24. 해양수산연구정보. http://portal.nfrdi.re.kr/bbs?id=stor&flag=pre&boardIdx=284

제12장

해조류(Sea weeds)

제12장 해조류(Sea weeds)

우리나라 연안에 서식하고 있는 해조류는 400여 종이나 그 중 식용으로 이용하는 것은 50여 종이다. 바다가 얕은 곳에서부터 녹조류, 갈조류, 홍조류 순으로 분포하고 있다.

【표 12-1】 해조류의 분류

분 류	종 류
녹조류	매생이, 청각, 파래
갈조류	감태, 곰피, 다시마, 모자반, 미역, 쇠미역, 톳
홍조류	김, 우뭇가사리

해조류는 소화율은 낮은 편이지만 칼슘, 철, 요오드 등의 무기질과 비타민이 비교적 풍부한 식품이다. 우리나라는 옛부터 해조류를 식용, 약용, 사료나 해조공업의 원료로 많이 이용하여 왔다. 최근에 건강식품으로 인정을 받으면서 본격적인 식량자원으로 활용하려는 움직임이 일고 있다.

식품으로 이용되는 해조류의 성분은 종류에 따라 차이도 있지만 같은 종류라도 생육장소, 채취시기에 따라 다소 차이가 있다. 해조류는 다량의 탄수화물을 함유하고 있으며, 주성분은 점성다당류이고, 그 외 당분, 전분, 식이섬유 등을 함유한다.

지질함량은 낮은 편으로 말린 해조 중에는 1~3% 내외 들어 있으며, 카로티노이드계 색소류가 대부분이다. 말린 해조 중에는 7~38% 정도의 단백질이 들어 있으며, 특히 마른 김에는 35% 이상이나 들어 있다. 아미노산 조성은 미역 단백질의 경우 매우 우수한 것으로 나타났다.

무기질 함량은 해조류의 종류에 따라 차이가 있으나 10~40% 정도이며 특히 칼슘, 인, 철, 요오드, 나트륨, 칼륨이 많이 함유되어 있다. 또한, 비타민 A, B_2와 니아신의 함량도 높다.

녹조류의 주색소는 엽록소이며, 그 밖에 카로티노이드를 함유한다. 갈조류의 주색소는 황갈색의 푸코잔틴(fucoxanthin)이며, 그 밖에 엽록소나 카로티노이드를 소량 함유한다. 홍조류의 주색소는 붉은색의 피코에리트린(phycoerythrin)이며, 그 밖에 푸른색의 피코시안(phycocyan)과 엽록소, 카로틴, 잔토필을 함유한다.

해조류는 해산물 특유의 냄새를 가지고 있다. 갈조류의 냄새는 테르펜계 물질이며, 녹조류와 홍조류의 냄새는 함황화합물이고, 김의 냄새는 디메틸 설파이드(dimethyl sulfide)에 의한 것이다.

【표 12-2】 해조류의 성분표(100g당)

종류	에너지 (kcal)	수분 (g)	탄수화물 (g)	식이섬유 (g)	단백질 (g)	지질 (g)	칼슘 (mg)	철 (mg)	요오드 (ug)	β-카로틴 (ug)	비타민 C (mg)	비타민 B_1 (mg)	니아신 (mg)
김 (생것)	8.7	90.5	2.0	3.40	3.3	0.4	490.0	4.5	–	3,121	520	[0]	–
김 (말린 것)	123.1	11.4	40.3	34.65	38.6	1.7	325.0	17.6	3,800.0	22,500	93.0	1.20	10.4
다시마 (생 것)	8.6	91.0	4.2	3.18	1.1	0.2	103.0	2.4	–	774	14.0	0.03	1.1
다시마 (말린 것)	87.0	12.3	45.2	27.60	7.4	1.1	708.0	6.3	–	136,500.0	18.0	0.22	4.5
모자반 (생 것)	12.3	86.2	6.7	6.25	1.8	0.2	209.0	2.1	–	–	–	–	–
미역 (양식산)	13.5	87.6	5.1	4.75	3.0	0.3	149.0	1.1	–	1,890	15.0	0.06	1.3
미역 (말린 것)	97.0	16.0	36.3	43.40	20.0	2.9	959.0	9.1	11,600.0	7,800	18.0	0.26	4.5
파래 (생 것)	8.2	90.5	3.0	4.60	2.4	0.1	22.0	13.7	–	–	15.0	0.02	0.6
파래 (말린 것)	213.0	15.2	42.1	[29.60]	23.8	0.6	652.0	17.2	–	2,700	10.0	0.40	10.0

[자료 : 식품영양소 함량자료집 한국영양학회, 2009]

【표 12-3】 해조류의 가공

제 품	종 류
건제품	감태, 김, 다시마, 미역, 우뭇가사리, 청각, 톳
염장품	다시마, 미역
조미품	조미 김, 조미 조림(김, 다시마)
분쇄품	다시마 환, 미역 환
가공품	국수(김, 다시마, 미역, 톳), 다시마 엑기스, 부각(김, 다시마)

1 녹조류

1) 매생이(seaweed fulvescens)

▪ 분류 및 특징

파래와 비슷하나 파래보다 가늘고 부드러운 녹조류이다. 지형적으로 조류가 완만하고, 물이 잘 드나드는 오염되지 않은 깨끗한 지역에서 잘 자란다. 우리나라에서는 완도, 장흥, 고흥, 진도, 해남, 부산 등 남해안 지역에 주로 서식한다. 채취는 주로 12월~이듬해 2월까지 이루어진다.

▪ 성분 및 효능

필수아미노산과 단백질이 풍부하고, 다른 해조류에 비하여 비타민 A, C 및 칼슘, 철과 셀레늄이 많다. 저칼로리, 저지방, 고식이섬유 식품으로 다이어트에 효과적이다. 알카리성 식품으로 콜레스테롤 수치를 낮추고, 당뇨 등의 성인병 예방에 좋다.

▪ 선별 기준

광택이 있고 선명한 녹색을 띤 어린잎을 고른다. 넉넉한 물에 담가서 풀어지면 조금씩 집어 흔들어가며 씻어서 건져낸다. 매생이를 보관할 때는 먹기 좋게 나눠서 용기에 담고, 냉동보관하다가 먹을 때 상온에서 녹여 이용한다.

■ 조리 및 가공

매생이국으로 끓이거나, 무침, 전, 칼국수, 튀김으로 요리하여 먹는다.

2) 청각(sea staghorn)

■ 분류 및 특징

청각목 청각과의 바닷말로 사슴의 뿔처럼 생겨서 붙은 이름이다. 온·난대 및 아열대 해역에 흔하다. 높이 10~30cm, 굵기는 1.5~3mm 이고, 아래쪽이 좀 더 굵은 편이다. 가지는 사슴 뿔 모양으로 갈라져 곧게 자라며, 모두 같은 높이에 달하여 부채꼴 모양을 이룬다. 표면은 융처럼 부드럽다.

■ 성분 및 효능

비타민과 무기질이 풍부하며, 다이어트에 효과적인 식품이다. 비타민 C, 칼슘과 인이 풍부하여 어린이의 성장 및 뼈 발육에 좋은 효과를 나타내며, 철이 많아 여성들의 빈혈 예방에도 좋다. 또한 대장의 연동운동을 돕는 식이섬유가 많아 배변을 용이하게 해준다. 구충 성분이 있어 예전에는 회충약으로 쓰이기도 하였으며, 수용성 추출물은 세균에 대한 강한 항생 작용을 가지고 있다고 알려져 있다.

■ 선별 기준

통통하고 짙은 색을 띠며, 윤기가 있는 것이 좋다. 흐르는 물에 씻은 후, 찬물에 20~30분 불려 모래와 잡티를 모두 없앤 후 이용한다. 서늘하고 통풍이 잘 되는 곳에 보관하며, 눅눅한 곳을 피한다.

■ 조리 및 가공

날로 먹고, 끓는 물에 데쳐 초고추장에 찍어먹거나 무쳐 먹는다. 국을 끓이기도 하고, 미역처럼 갖은 양념을 해서 볶아먹기도 한다. 김치를 담글 때 넣으면 젓갈이나 생선의 비린내, 마늘 냄새를 중화시켜 뒷맛을 개운하게 한다.

3) 파래(sea lettuce)

■ 분류 및 특징

녹조식물로 우리나라에는 '가시파래, 격자파래, 납작파래, 잎파래, 창자파래' 등이 있다. 종류에 따라서 생육시기가 다르지만 보통 늦가을~초여름이 제철이며, 양식용 김발에도 잘 착생하여 시중에서 팔리는 파래김의 주종을 이룬다. 파래는 향기가 많고 맛이 독특하여 한국과 일본 등지에서 즐겨 먹는다.

■ 성분 및 효능

클로로필 등의 색소가 있어 녹색을 띤다. 단백질과 무기질을 다량 함유하고 있으며, 특히 알칼리성 원소가 많다. 또한, 비타민 A와 메틸메티오닌이 많다. 메틸메티오닌은 니코틴을 제거하고, 비타민 A는 니코틴에 손상된 폐점막을 재생하고 보호하여 폐암을 예방한다. 비타민 U가 양배추의 70배나 들어 있어 위궤양에 효과가 있다. 다른 식품에 비해 칼슘이 많은 파래는 골다공증과 조혈작용에 효과적이다. 열량이 낮고 식물성 식이섬유가 풍부하여 변비예방과 다이어트에도 좋다.

■ 선별 기준

빛깔이 검고 광택이 나면서 특유의 향기가 있는 것이 상품이다. 1장씩 손질하며, 잡티를 제거한다. 서늘하고 통풍이 잘되며, 습기가 없는 곳에 보관한다.

■ 조리 및 가공

파래볶음, 파래무침, 파래전, 파래튀김, 볶음밥, 자반 등으로 먹는다.

2 갈조류

1) 감태(ecklonia cava)

■ 분류 및 특징

'단 이끼'라는 뜻으로 '실파래', '가시파래'라고도 불린다. 오염되지 않은 갯벌에서만 자라며, 우리나라 남해안과 제주도, 일본 등지에 분포한다. 김과 비슷하나 홍조류인 김보다 얇고 더 달다. 11~2월에 주로 채취한다.

■ 성분 및 효능

철, 칼륨, 요오드 등의 무기질과 비타민 A, B_1, B_2, C를 다량 함유하여 어린이의 성장발육을 촉진한다. 노화방지 성분인 시놀(seanol)과 식이섬유가 풍부하여 혈류 세포를 활성화하고, 콜레스테롤 저하, 고지혈증, 고혈압, 변비, 관절염, 염증, 근육통, 저림 등에도 효과가 있다.

■ 선별 기준

밝은 초록색으로 매생이 보다 올이 굵고 향이 좋은 것을 선택한다. 흐르는 물에 씻어 이용한다. 보관할 때는 먹기 좋게 나눠서 용기에 담고, 냉동보관하거나 건조하여 사용한다.

■ 조리 및 가공

쌉쌀하면서도 단맛이 있는 감태는 감태 김, 감태 무침, 감태 김치 등으로 이용한다. 알긴산의 원료와 요오드, 칼륨을 추출하는데 이용되며, 전복과 소라 등의 먹이로도 사용된다.

2) 곰피 [seaweed, gom pi]

■ 분류 및 특징

다년생 해조류로 한국 동해안의 특산물이다. 방언으로는 '곰비'라고도 한다. 길이 30cm~1m, 나비 5~30cm이다. 잎처럼 생긴 부분은 갈라지지 않고 잎면에는 주름이 있으며, 가장자리에 톱니가 있다. 11월~다음해 가을까지 걸쳐 자란다. 동해, 남부해안 특산물로서 영남지방 근해에 분포하였으나 서식지가 점점 북상하여 현재는 남해안, 포항 근처까지 분포한다.

■ 성분 및 효능

무기질을 풍부하게 함유하고 있으며, 끈적끈적한 성분인 알긴산은 배변의 양을 늘리고, 통과속도를 증가시켜 변비에 좋다. 최근에는 노화억제 물질, 항혈액응고성 및 돌연변이원성 억제인자, 항산화효과 등이 보고되고 있다.

■ 선별 기준

잎이 도톰하고 크며, 줄기가 싱싱한 것을 고른다. 흐르는 물에서 여러 번 문질러 씻어 사용한다. 수분이 마르지 않도록 밀봉하여 냉장보관한다.

■ 조리 및 가공

물에 데쳐 쌈이나 무쳐 먹는다. 여름철이 제철이다. 적당히 부드러우면서도 씹는 질감을 느낄 수 있으며, 약간 떫은맛이 있다.

3) 다시마[sea tangle(weed) : kelp]

■ 분류 및 특징

길이 2~4m, 폭 20~30cm인 큰 바닷말이다. 2~4년생인 엽체(葉體)는 겉보기에 줄기, 잎, 뿌리의 구분이 뚜렷하다. 잎은 띠 모양으로 길고 가운데 부분보다 약간 아래쪽이 가장 넓다. 주요 종으로는 참다시마(L.japonica), 오호츠크다시마(L.ochotensis), 애기다시마(L.religiosa) 등이 있다. 옛날부터 한국을 비롯하여 일본, 중국에서 식용해 왔다. 우리나라에서는 제주도를 제외한 전 연안에서 양식이 이루어진다. 주로 양식하는 종류는 일본 홋카이도 원산의 참다시마이며, 다시마는 2년생 엽체부터 채취할 수 있다. 주로 5~10월 사이에 채취한다.

■ 성분 및 효능

주성분은 탄수화물, 식이섬유이고, 나머지는 알긴산과 라미나린 등의 당류이다. 특히 칼륨, 나트륨, 칼슘, 마그네슘, 요오드 등의 무기질과 비타민 A, B_2를 다량 함유하고 있다. 카로틴류, 크산토필류, 엽록소 등의 여러 가지 색소 외에 감칠맛을 내는 글루타민산이 풍부하다.

다시마는 항산화력이 있고, 혈압 강하, 혈액 응고 활성, 항종양성 및 면역력 증강, 중금속 방출, 장내세균 중 유해미생물의 증식을 억제한다. 다시마에 들어 있는 라미나린(laminarin)은 혈압을 낮추는 효과가 있다. 식이섬유인 알긴산을 풍부하게 함유하고 있어 변비치료 효과가 있으며, 식품첨가제로도 이용된다.

■ 선별 기준

두께가 고르고 깨끗하며, 빛깔이 검고 흑색에 약간 녹갈색을 띠는 것이 좋은 제품이다. 소금물에 여러 번 씻은 다시마는 물기를 뺀 후 밀폐용기에 담아 냉장이나 냉동 보관 한다. 건조다시마는 잘 말라 빳빳하며, 두꺼운 것일수록 질이 좋다. 다시마를 실온에 보관하면 하얀색 분이 나는데 이는 당류의 일종인 만니트(mannint)로 염분이 섞여 짠맛이 나며, 조리 시 물에 씻어내지 말아야 한다. 염장 다시마는 소금을 잘 씻어내고, 물에 20~30분간 담가 짠맛을 우려낸 후 사용한다.

■ 조리 및 가공

생으로 먹거나 튀각, 자반, 부각, 전, 찜, 국물을 우려낼 때 이용되며, 차로도 애용된다. 다시마의 다양한 효능으로 인하여 최근에는 식품에 첨가 하거나 제품화 하는 연구가 활발히 진행되어 스낵 및 케이크, 다시마젤리, 다시마차, 조미다시마 등 다양한 다시마 제품이 만들어지고 있다.

4) 모자반(gulf weed)

■ 분류 및 특징

잎 가장자리에 톱니 모양의 돌기가 있으며, 온몸에는 줄기로부터 기포(氣胞)가 생긴다. 질은 황갈색이며, 한국의 전 해안에서 볼 수 있다. 난해성(暖海性) 식물로서 여러해살이이며 한국의 연안에서 지충이, 괭생이모자반, 알쏭이모자반, 큰잎모자반 등 약 20종이 채집된다.

■ 성분 및 효능

무기질과 비타민을 다량 함유하고 있어 자연건강 식품으로 각광을 받고 있다. 특히,

칼슘이 풍부하여 골다공증 예방에 좋다. 또한 열량이 낮아 다이어트에 도움을 준다.

■ 선별 기준

물기가 많이 마르지 않은 것을 고르며, 잎이 많은 것을 선택한다. 흐르는 물에서 살살 씻어 이용한다. 필요한 양만큼 나누어 밀봉하여 냉장이나 냉동보관한다.

■ 조리 및 가공

겨울철 별미 해초로 무침이나 국을 끓여 먹는다. 또는 알긴산 등 해조공업의 원료로 이용되거나 비료로도 쓰인다.

5) 미역(sea mustard)

■ 분류 및 특징

1년 살이의 바닷말로 우리나라 전 연안에 분포하나, 한류와 난류의 영향을 강하게 받는 지역에는 분포하지 않는다. 길이 1~2m의 엽상식물로 바위에 단단히 붙어산다. 겨울~봄에 걸쳐서 주로 채취되며, 자연산은 2~4월에 딴다. 양식기술의 발달로 요즘은 대부분 양식이 많다. 우리나라에서 생산되는 미역은 기장 연근해 어장에서 생산되는 북방산 미역과 완도에서 생산되는 남방산 미역이 대표적이다. 전복과 소라의 주요 먹이이며, 주로 우리나라, 일본, 중국 등지에서만 식용으로 이용된다.

■ 성분 및 효능

칼로리가 낮고, 탄수화물, 식이섬유를 다량 함유하고 있다. 채소보다 무기질과 비타민이 많아 해채(海菜 : 바다의 채소)라고 불린다. 신진대사를 활발하게 하고, 산후조리, 변비, 비만 예방, 철, 칼슘 보충에 탁월하여 일찍부터 애용되어 왔다. 미역의 미끈거리는 성분은 수용성 식이섬유인 알긴산으로 체내에서 소화되지 않는다. 혈액 중 콜레스테롤을 낮추고, 변비 예방, 비만치료, 나트륨 배설을 촉진시켜서 고혈압과 동맥경화의 예방효과가 있다. 또한 중금속의 제거에 효과적이며 암세포의 증식을 약화시킨다.

■ 선별 기준

생미역은 짙은 녹색에 가까운 자주색이면서 광택과 탄력이 있고, 줄기가 가늘고 잎이 넓으며 촉감이 부드러운 것이 좋다. 건조미역은 줄기보다도 잎의 비중이 많고, 검은색에 가까운 색을 띠며, 윤기가 도는 것을 선택한다. 물에 담갔을 때 잎이 조각조각 풀어지지 않는 것이 좋은 것이다.

생미역은 물에 씻은 후 살짝 데쳐서 먹기 좋은 크기로 잘라서 밀봉하여 냉장이나 냉동 보관한다. 건조미역은 직사광선을 피하고, 습기가 없는 건냉한 곳에 보관한다. 염장미역은 물에 주물러 씻어 소금기를 제거하고 사용한다.

■ 조리 및 가공

미역국, 냉국, 무침, 자반, 볶음, 쌈 등 다양한 방법으로 식용한다. 건조미역은 물에 담가두면 15배 정도로 증가한다. 찬물에 불려야 맛이 빠지지 않고, 조리 했을 때 쉽게 풀어지지 않는다. 미역국을 끓일 때는 오랫동안 끓여야 비린내가 나지 않는다. 자연산은 오래 끓여도 풀어지지 않으며, 국물이 진하다.

■ 기장 미역(북방산)

기장미역은 잎이 좁고 두터우며, 암갈색으로 국내 생산의 약 5%를 차지하고 있다. 또한 조리 후 풀리지 않으며, 수면 위로 뜨고 오돌오돌하면서 매끄럽고 담백하다. 색은 암갈색을 띤다.

■ 완도 미역(남방산)

전남 완도를 중심으로 남해의 연근해 바다에서 생산되는 미역으로 우리나라 전체 생산량의 95%를 차지하고 있다. 기장산에 비해 잎이 넓고 얇으며, 색은 청색과 검정의 중간색을 띠고, 조리 후 쉽게 풀리고 가라앉는다.

6) 쇠미역

■ 분류 및 특징

썰물대의 낮은 곳에서 생육한다. 가는 섬유상의 뿌리에서 6~20cm의 굵고 긴 상부가 편압(扁壓)된 둥근 줄기가 나고, 그 위에 길이 1~2m, 나비 5~30cm의 길쭉한 엽상부(葉狀部)가 있다. 이 엽상부는 어릴 때는 3줄, 성숙하면 5줄의 뚜렷한 중륵(中肋)과 크고 작은 구멍이 뚫린 엽면이 있다. 중륵은 항상 엽면에서 튀어나와 있으며, 두 가장자리의 것과 중앙의 것은 같은 면으로, 나머지 2개는 다른 면으로 튀어나왔다. 엽면에 용(龍) 모양의 무늬가 있는 것이 특이하다. 황갈색이나 암갈색을 띠고, 두껍고 질기며, 점액성은 없다. 우리나라 동해안의 중부, 이북 등지에 광범위하게 분포한다.

▪ 성분 및 효능

알긴산이 풍부하여 혈중 콜레스테롤을 배출시켜 고지혈증을 예방할 수 있다. 저열량, 저지방식품으로 다이어트에 좋고, 식이섬유가 풍부하여 포만감을 주며, 장운동을 활발하게 하여 변비를 예방해 준다.

▪ 선별 기준

녹색이 짙고 광택이 있으며, 탄력이 있고 두꺼운 것이 좋다. 흐르는 물에 씻다가 뜨거운 물과 찬물 순으로 헹군다. 살짝 데쳐서 먹기 좋은 크기로 잘라서 냉장고에 보관한다.

▪ 조리 및 가공

뜨거운 물에 살짝 데쳐 초고추장 양념과 함께 생으로 먹거나 국으로 끓여 먹는다.

7) 톳(sea weed fusifome, sea lenti)

▪ 분류 및 특징

원주상의 줄기 해조류로 체장 2m까지 성장하는 다년생 갈조류에 속한다. 톳은 우리나라를 비롯하여 중국, 일본 등지에서 생산되고 있으며, 우리나라는 서·남해안 일대인 제주, 완도, 고흥, 진도가 주산지이다. 섬유상의 뿌리를 가지고 있으며, 줄기는 원뿔형이다. 잎은 다육질의 주걱모양이며, 가장자리는 톱니모양이다. 거제, 마산, 창원에서는 '톳나물'이라 하며, 고창에서는 '따시래기', '뚝배기', 제주지역에서는 '톨' 등으로 부른다.

▪ 성분 및 효능

식이섬유와 칼슘, 마그네슘, 칼륨, 요오드, 철 등의 무기질과 비타민이 풍부하여 영양학적으로 이상적인 건강식품이다. 특히 철이 많아 빈혈에 효과적이며, 칼슘, 칼륨도 풍부해 성장기 아동 및 임신부, 혈압이 높은 사람이나 스트레스를 많이 받는 사람에게도 도움이 된다. 혈관경화를 막아 주고, 상용하면 치아가 건강해지고 머리털이 윤택해진다. 임신부인 경우에는 태아의 뼈를 튼튼하게 해주고, 변비에도 좋다.

▪ 선별 기준

봄~초여름에 가장 연하고 맛이 좋다. 생톳은 광택이 있으면서 굵기가 일정한 것이 좋다. 흐르는 물에 씻어 이용한다. 필요한 양만큼 포장하여 냉장이나 냉동보관한다. 찐 톳은 수분이 5%로 이내로 건조되어 상온에서 2~3년 정도 장기보관할 수 있다.

▪ 조리 및 가공

톳밥, 무침, 샐러드로 만들어 먹거나 비빔밥에 넣어 먹는다. 말린 톳은 불렸다가 끓는 물에 살짝 데쳐 냉국을 만들기도 한다. 톳을 물에 불릴 때 식초를 약간 첨가하면 비린 맛이 사라진다.

3 홍조류

1) 김[(laver, seaweed, 해태(海苔)]

▪ 분류 및 특징

길이 14~25cm, 나비 5~12cm의 긴 타원모양 또는 줄처럼 생긴 달걀모양이며, 가장자리에 주름이 있다. 몸 윗부분은 붉은 갈색이고, 아랫부분은 파란빛을 띤 녹색이다. 우리나라에서는 조선시대(인조) 김여익에 의해 1650년경 광양에서 처음으로 양식된 것으로 알려져 있으며, 우리나라 제주도, 남해안, 서해안 외에도 일본, 중국, 대만 등 일부 아시아 국가에서 양식되고 있다. 김은 조선시대 진상품 중의 하나로 예전부터 귀하게 여겨져 왔으며, 1990년 이후 양식기술의 발달과 시설의 자동화로 인해 생산량이 비약적으로 증가하여 쉽게 접할 수 있게 되었다. 한국의 연안에서는 10월 무렵에 나타나기 시작하여 겨울~봄에 걸쳐 번식한다.

■ 성분 및 효능

김은 건조중량으로 30% 이상의 단백질과 2% 이하의 지질을 가진다. 무기질이 풍부한 알칼리성 식품으로 필수아미노산이 많이 함유되어 있는 건강식품이다. 특히 비타민 A, B, C, E, K가 풍부하며, 비타민 B_2는 다른 식물성 식품에 비해 월등히 높다.

김에는 식이섬유와 타우린이 다량 함유되어 있어 동맥경화 예방, 콜레스테롤 저하, 당뇨병 개선효과가 우수한 식품이다. 김의 맛 성분은 타우린, 알라닌, 글루탐산, 아스파르트산 등이다.

■ 선별 기준

좋은 김은 검은색이 도는 푸른색으로 광택이 많이 나는 것이 상품이다. 향기가 진하고 촉감이 부드러우며, 불순물이 섞이지 않은 것으로 수분함량이 15%이하로 건조되어야 한다. 김을 조금 잘라서 물에 넣어 보았을 때 흐물흐물하게 녹으면서 물이 탁해지지 않을수록 좋은 김이다. 습기가 있으면 눅눅해지기 쉬우므로 밀폐용기에 넣어 냉동 보관한다.

■ 조리 및 가공

국, 무침, 구이, 쌈, 자반, 튀각, 부각, 고명 등으로 이용한다. 조미 김과 같은 김 가공식품이 개발되면서 부식으로써 뿐만 아니라 간식 및 안주용으로 이용된다.

2) 우뭇가사리(ceylon moss, agar-agar)

■ 분류 및 특징

한천의 원료이며, 길이 10~30cm로 지방에 따라서 생육시기에 약간의 차이가 있지만 대체로 5~11월에 생육하며 7~9월에 많이 채취한다. 울릉도, 목포, 강원과 경남지역에서는 '천초', 울산에서는 '까사리', 제주에서는 '우미', 강원도의 강릉, 속초, 동해, 양양과 경남 고성에서는 '한천'이라고도 한다.

■ 성분 및 효능

우뭇가사리의 주성분은 갈락탄으로 영양적 가치는 적으나 장의 연동운동을 돕고, 변비를 예방한다.

■ 선별 기준

우뭇가사리는 남해안에서 생산된 것이 좋다. 신선한 상태의 생물을 그대로 구입한 경우에는 물에 불리지 않고 굵은 소금을 뿌려 주물러서 불순물을 제거하고 사용하면 된다. 냉장이나 건조하여 보관한다.

■ 조리 및 가공

우뭇가사리는 한천의 원료로 쓰이며 양갱을 만들 때도 이용되고, 묵, 샐러드, 냉채, 콩국, 무침 등으로 사용한다. 한천은 잼, 아이스크림, 소시지, 통조림 등에도 사용한다.

■ 우무묵(우무)

우뭇가사리를 햇볕에 잘 말려 솥에 넣고 잠길 정도로 물을 붓고 푹 끓여 틀에 부어 식히면 묵이 된다. 탄력이 있는 것을 고르며 밀폐용기에 담아 냉장보관한다. 우무에는 단백질이 부족한데 콩과 함께 먹으면 우무의 맛을 살리면서도 부족한 영양소를 보충할 수 있다.

참고문헌

1. 곽충실, 김성애, 이미숙. 2005. 한국산 5종 해조류의 항산화효과와 총 폴리페놀 함량과의 관련성. 한국식품영양과학회지 34(8) : 1143~1150
2. 김소미, 김은희, 박세영, 최선혜. 2002. 누구나 알아두면 좋을 우리생선이야기. 도서출판 효일
3. 김지희, 목종수, 박희연. 2005. 한국 연안 해조류의 미량금속 함량. 한국식품영양과학회지 34(7) : 1041~1051
4. 목종수, 박희연, 김지희. 2005. 한국산 주요 식용해조류의 미량금속 함량 및 안전성 평가. 한국식품영양과학회지 34(9) : 1464~1470
5. 방상진 · 최승화 · 신일식 · 김상무. 2009. 다시마 single cell detritus(SCD)를 첨가한 가능성 빵의 개발 한국영양과학회지 38(10) : 1430~1437
6. 손정우. 2009. 한국해조류 음식의 문헌적 고찰-1450~1950년대를 중심으로- 한국식품영양학회지 22(1) : 75~85
7. 윤소영. 최정수. 이소영. 김꽃봉우리. 송유진. 김서진. 이소정. 이청조. 김태완. 안동현. 2009. 상백피, 곰피 및 강황 추출물 첨가에 의한 카스텔라의 저장성 및 품질 증진 효과 한국영양과학회지. 38(10) : 1444~1451
8. 이영은, 홍승헌. 2003. 한방식품재료학. 교문사
9. 조승목, 김병목, 한규재, 서혜영, 한유나, 양은희, 김동수. 2009. 국내 김 가공식품 시장 및 제조업체 현황. 식품과학과 산업. 42(1) : 57~70
10. 한국식품영양학회 감수. 2003. 식품개요사전
11. 한국식품영양학회 편. 2003. 식품영양학사전
12. 한국영양학회. 2009. 식품 영양소 함량 자료집
13. 홍장희, 손범수, 김범경, 지희윤, 송경식, 이봉호, 신현철, 이경복. 2006. 감태(*Ecklonia cava*) 추출물의 항고혈압 효과. 생약학회지 37(3) : 200~205

제13장

유지류(Oils and fats)

제13장 유지류(Oils and fats)

유지는 식물의 종자나 동물의 조직에 축적되어 있는 성분으로 탄수화물, 단백질과 함께 생체조직의 구성과 에너지를 공급하는 중요한 영양소이다. 액체인 것은 유(油, oil)라고 하며, 식물에서 얻게 된다. 상온에서 고체상태인 것은 지방(脂, fat)으로, 주로 동물에서 얻어진다.

식물성기름은 건성유, 반건성유, 불건성유의 세 가지로 구분된다. 건성유는 공기 속에 내놓으면 산소를 흡수하여 산화하고, 점성도가 커지고 단단하게 되어 얇은 피막을 만들며, 아마인유, 해바라기유, 양귀비유, 호두유 등이 있다. 반건성유는 산화가 늦고 적으므로 오랫동안 공기 속에 놓아두면 부드러운 막이 생기며, 면실유, 콩기름, 참기름, 미강유(米糠油) 등이 있다. 어느 것이나 식용으로 쓸 수 있으며, 약용이나 비누 제조용으로도 쓰인다. 불건성유는 공기 속에 내놓아도 막을 만들지 않으며, 올리브유,

동백유, 땅콩유, 피마자유 등이 있다.

1 식물성 유지(vegetable oils)

1) 대두유(soybean oil)

콩의 지질함량은 18% 내외로 식물종자의 함유량으로서는 적은 편에 속하고, 주로 핵산 등의 석유계 용제를 써서 추출하며, 가열, 증류하는 방법에 의해서 조제하여 콩기름을 만든다. 조제 콩기름은 황갈색이고, 불쾌한 냄새가 나므로, 이것을 다시 정제하여 식용한다. 정제한 기름은 담황색이며, 냄새가 없고, 맛도 구수하여 식용유로서 가장 많이 소비된다. 불포화지방산인 올레산, 리놀레산 등을 많이 함유하고 있으며, 이들 지방산은 비타민 F라고 불리기도 하듯이 인체에 필수적인 지방산이다.

산화가 빨라 장기간 보관이 불편하며, 서늘하고 그늘진 곳에 보관한다.

정제 정도에 따라 튀김용, 샐러드드레싱용으로 나누며, 반건성유로 오래 저장하면 점성이 생긴다. 값이 저렴하고, 특정한 맛이 있지 않아 드레싱을 만드는데 이점이 있고, 발연점이 높아 튀김용으로 많이 사용한다.

2) 참기름(sesame oil)

참깨를 볶아 압착하여 짜낸 기름으로 참깨는 지질함량이 50% 내외이며, 한국, 중국, 일본, 동인도, 북아메리카 등지에서 많이 생산된다. 채유하는 방법에는 온압법과 냉압법이 있다. 온압법은 참깨를 볶은 후 쩌서 압착하는 방법이며, 짠 기름은 빛깔이 짙고 특유의 향미를 가진다. 참기름은 향미가 중시되므로 정제는 거의 하지 않는다. 냉압법은 냉압하여 채유하는 방법으로 다른 나라에서는 이 방법을 쓰며, 기름의 빛깔이 엷고, 향미도 덜하다.

참기름은 특유의 향미를 가지며, 항산화제 작용을 하는 토코페놀(tocopherol)과 세사몰(sesamol)을 함유한다. 혈중 콜레스테롤 저하기능을 가져 동맥경화를 예방한다.

공기와 빛에 쉽게 산화되므로 갈색병에 담아 그늘지고 서늘한 곳에 보관한다. 주로 각종 나물무침과 양념에 사용된다.

3) 들기름(perilla oil)

들기름의 조제품(粗製品)은 짙은 갈색이고, 정제품(精製品)은 담황색의 액체이다. 들깨는 인도, 중국 등이 원산지로 현재는 한국, 일본 그 밖의 여러 나라에서 재배된다. 들기름에는 지방산 중 리놀렌산이 59.7% 정도로 가장 많고, 리놀레산 15%, 올레산 16.2%의 비율로 함유되어 있다.

바닥에 가라앉는 물질이 없으며, 밀봉된 것을 고른다. 건성유에 속하므로 공기 중의 산소와 쉽게 결합하여 굳어지는 성질이 있으며, 참기름과 달리 항산화제의 함량이 낮아 쉽게 산화되므로 저장성이 낮아 냉장보관하는 것이 좋다.

유럽 지역에서는 들기름을 주로 공업용으로 사용하나, 한국에서는 참기름처럼 조미용 기름으로 사용한다.

4) 옥수수기름(corn oil)

옥수수기름은 옥수수의 배아에서 분리, 압착하고, 추출하여 생산된다. 정제된 옥수수기름은 총지방산이 93.7%이며, 불포화지방산 81.2%, 포화지방산 12.5%를 함유한다. 산패취가 없고 찌꺼기가 없는 것을 고르고, 뚜껑을 잘 닫아 서늘한 곳에 보관한다. 주로 샐러드유나 튀김용 기름으로 요리에 사용하고, 마가린과 쇼트닝의 주성분이며, 맛이 부드럽고 다른 식물성기름에 비해 가격이 저렴하다.

5) 올리브유(olive oil)

올리브나무의 열매에 함유된 지질을 압착법이나 추출법으로 채유한다. 생산지역은 지중해연안과 미국이며, 한국에서는 전혀 생산되지 않아 전부를 수입에 의존하고 있다. 올리브열매에서 압착하여 처음 나온 최상등급의 올리브유는 엑스트라버진(extra virgin)이며, 그 다음이 버진(virgin), 퓨어(pure) 또는 포마스(pomace)가 있다.

지방산의 주성분은 불포화지방산인 올레산(oleic acid)으로 함량은 76.5% 정도이며, 포화지방산으로는 팔미틴산(palmitic acid)이 주성분이다. 불포화지방산과 ω-3지방산이 많이 함유된 기름으로 독특한 향을 가지며 연한 녹색이다.

불순물이 없고 맑은 것이 좋으며, 걸쭉한 것 없이 물처럼 나오는 것이 좋다. 직사광선을 피해 그늘지고 서늘한 곳에 뚜껑을 닫아 보관한다.

샐러드유나 마리네이드에 주로 쓰이고, 요리에는 마요네즈, 샐러드드레싱, 튀김용, 볶음용으로 널리 이용된다.

6) 포도씨유(grape seed oil)

포도씨유는 포도씨를 압착하여 추출 정제한 것으로 팔미트산과 리놀레산이 많이 함유된 기름이다. 다른 오일에 비해 산패가 늦게 일어나고, 휘발성이 강한 합성 항산화제와 달리 높은 온도의 조리 시에도 산패를 방지해 준다.

체내의 LDL-콜레스테롤의 수치를 낮추고, HDL-콜레스테롤 수치를 높여 심혈관계 질환을 예방하는 효과가 있다고 알려져 있다.

시중에서 구입 시 유통기한을 확인하고, 침전물이 쌓이지 않은 것을 선택한다. 개봉 후에는 냄새를 맡아보아 오래된 기름냄새가 없는 것을 선택한다. 포도씨유는 리놀레산과 토코페롤이 많이 들어 있어 다른 식용유 보다 보존기간이 길며, 상온에서 2년 이상 보관이 가능하다.

부침 음식과 각종 음식에 사용한다.

7) 유채유, 카놀라유 (canola oil)

겨잣과의 유채에서 추출하는 것으로 보통 '채종유'나 '유채유'라고 부르며, 유채씨는 북부유럽과 시베리아 등지에서 많이 재배된다. 우리나라에서 유채가 경작되는 지역이 제주도와 남부지역에 한정되어 생산량은 비교적 적지만 국내의 유지자원으로 중요한 품목이며, 캐나다 및 미국에서 건강상의 이점이 알려지면서 큰 인기를 얻고 있다.

토코페롤이 다량으로 들어 있어 노화방지에 좋으며, 혈중 콜레스테롤 수치를 높이는 포화지방산이 모든 식용유 가운데서 가장 낮고, 올레인산 함량도 58.6%로 높아 심장병, 암, 당뇨병, 고혈압에 걸릴 위험을 줄인다는 연구결과가 보고되어 있다. 그러나 보통의 유채씨에는 독성물질인 에루스산(erucic acid)과 갑상선비대증을 일으키는 글루코시놀레이트(glucosinolate)가 들어있다. 에루스산은 소장벽을 두껍게 하기 때문에 섭취할 경우 다른 식용유에 비해 흡수속도가 느린 것으로 알려져 있다.

이러한 단점을 보완하기 위해 1978년 캐나다 정부에서 품종개량을 통하여 건강에 악영향을 끼치는 에루스산을 줄인 LEAR(low erucic acid rapeseed)라는 신품종을 개발하여 카놀라(Canadian low erucic acid, low glucosinolat rapeseed, canola)라는 명칭을 붙였으며, 여기서 추출한 기름을 '카놀라유'라 하였다.

이미(異未), 이취(異臭)가 없으며, 낮은 온도에서 잘 응결되지 않고, 빛에 영향을 잘 받지 않는 성질이 있어 보관이 용이하다. 담백한 풍미를 가지고 있으므로 샐러드유로 많이 이용되며, 튀김을 하면 오랫동안 바삭바삭한 기운을 유지하고, 산화안정성 및 가열안정성이 매우 우수하다. 부침, 볶음, 무침 등의 요리에 주로 사용하고, 마가린, 마요네즈, 샐러드드레싱 제조에 사용된다.

8) 해바라기씨유(sunflower seed oil)

해바라기씨유는 해바라기씨에서 추출한 기름으로 해바라기 고유의 향이 있으며, 반건성유이다.

불포화지방산으로 리놀레산과 올레산이 있으며, 비타민 E, K가 있다. 해바라기씨 기름에 들어 있는 단백질의 아미노산조성은 메티오닌과 트립토판이 많아 영양적으로 우수하여 소화가 잘된다.

그늘지고 서늘한 곳에 보관하며, 발연점(240℃)이 높아 튀김류와 스넥류에 많이 사용한다.

9) 면실유(cottenseed oil)

목화 종자를 이용하여 얻어지는 기름으로 정제과정을 거쳐 튀김용과 샐러드용으로 많이 사용한다. 주산지는 미국, 인도, 이집트 등이며, 항산화 성분이 있으나 고시폴(gossypol)을 함유하고 있어 독성이 있으므로 정제 시 제거해야 한다.

조제유는 갈색이나 녹갈색이고, 정제유는 연한 노란색이나 무색이며, 냄새가 없다.

지방산 100g중 리놀레산 54.8mg, 올레산 17mg, 팔미트산 23.5mg이 함유되어 있고, 소량의 스테아르산, 아라키돈산 등이 있어 동맥경화예방에 도움이 된다.

가장 최근에 제조된 것을 구입하며, 면실유를 숟가락으로 흘러내려 보아 너무 묵직하지 않은 것을 선택한다. 뚜껑은 잘 닫아 직사광선을 피해 0~5℃에 보관한다.

고급식용유로 풍미가 좋고, 바삭한 식감을 가지고 있다는 것이 특징이다. 쇼트닝이나 마가린 제조의 원료로 이용된다. 가열안정성이 양호하고, 미과, 도넛 등 스낵식품의 튀김용으로 이용된다.

10) 팜유(palm oil)

야자열매에서 얻어지는 식물성유지로 포화지방산이 많아 상온에서 반고체 상태이다. 이중결합이 적어 산화에 대한 안정성이 높아 장기간 보관이 가능하며, 가공식품제조에 많이 이용된다. 그러나 포화지방산이 많아 성인병질환 등의 문제가 될 수 있다.

야자유와 성상이 아주 비슷한 것으로 팜유는 팜의 과육을 압착하여 채취되는 지방으로 카로틴을 함유하고 등황색을 띠며, 녹는점은 30~43℃이다. 제비꽃 냄새가 나고, 주성분은 팔미틴산과 올레산이 많다.

진한 오렌지색을 띠고 불순물이 없는 것을 선택하고, 공기와의 접촉이 차단되게 밀봉하여 보관한다.

마가린, 쇼트닝, 포테이토칩, 라면 등의 가공유지로 사용되며, 비누제조에 이용된다.

11) 야자유(coconut oil)

필리핀, 인도네시아, 말레이시아 등 널리 열대지방의 해안에 자생하는 야자나무 열매의 핵에서 압착법에 의하여 채취된다. 핵 내부의 지질을 건조시킨 것은 '코프라(copra)'라고 하며, 일반적으로는 코프라를 채취원료로 하기 때문에 일명 '코프라유(油)'라고도 한다.

흰색이나 연한 노란색을 띠고, 특유한 냄새가 나며, 서늘한 곳에 보관한다. 비누의 원료, 식용, 가소제의 원료 등으로 사용된다.

12) 낙화생유(peanut oil)

땅콩에서 짠 기름으로 담황색을 띤 불건성유로서 껍질을 깐 땅콩에 40~50% 함유되어 있으며, 압착법으로 채유(採油)한다. 기름이 혼탁하지 않으며 가라앉는 것이 없는 것을 선택하며, 보관 온도는 10~15℃이다. 사용 후 뚜껑을 잘 닫아 산소를 차단하고, 직사광선을 피해 서늘한 곳에 보관한다. 샐러드유와 튀김기름 등 식용으로 쓰이고 공업용으로도 사용된다.

13) 카카오 버터(cacao butter)

카카오 콩을 볶아 압착하여 얻은 지방으로 '코코아기름', '코코아유'라고도 한다. 포화지방산이 많아 실온에서 고체상태이며, 녹는점은 30~43℃이다. 카카오 매스에서 뽑아내는 지질이며 팔미틴산, 스테아린산, 올레산 등을 구성 성분으로 한다. 카카오 향미를 가진 연한 노란색 고체로 카카오 종자에 30~50% 함유되어 있다.

발효한 뒤 볶은 카카오 콩을 껍질과 배아를 제외하고 으깬 카카오 매스에서 코코아 버터를 적당히 뽑아내고, 분말화한 것이 일반적으로 말하는 '코코아'이다. 초콜릿은 카카오 매스에 코코아 버터, 설탕, 우유 등을 섞어 만든다.

코코아 버터는 알려진 기름 중에 가장 안정적인 것 중의 하나이다. 코코아 버터에는 자연적인 황산화제가 들어 있어서 산패를 막아주므로 2~5년 정도 장기보관이 가능하다. 밀봉하여 그늘지고 서늘한 곳에 보관한다.

초콜릿이나 쿠키와 캔디제조에 주로 이용하고, 부드러운 향과 감촉으로 로션이나 비누 등의 화장품재료로도 쓰이고 있다.

2 동물성 유지(animal fats)

1) 버터(butter)

우유에서 교반되어 분리된 유지방의 크림으로 제조되는 것으로 크림을 가열하면

지방가수분해효소(lipase)가 불활성화되고 미생물이 살균된다. 살균된 크림에 젖산발효세균을 넣어 숙성시킨 다음 교반에 의해 유장을 제거하여 얻어진 유지방에 소금과 색소물질 등의 첨가물을 넣고 버터를 제조한다. 버터의 종류는 발효시킨 것과 발효시키지 않은 버터가 있으며 향을 첨가한 버터가 있다.

지방 중에는 부티르산(butyric acid)과 같이 탄소수가 적은 지방산이 있으며, 버터 특유의 풍미를 지닌다. 버터의 노란색은 우유지방의 카로틴 때문이며, 소가 먹은 사료의 성분들에 의해 버터의 색이 달라진다. 버터 특유의 향미는 디아세틸(diacetyl) 때문이며, 그 외 유당에 의한 젖산균과 프로피온산(propionic acid), 아세트산(acetic acid)이 형성되어 향미가 더욱 좋아진다.

냉장유통된 것을 고르며, 포장이 뜯기거나 젖은 것은 피하도록 한다. 지방질이 많은 식품이므로 장기간 방치하면 지방이 산화되어 산패를 일으키며, 냉장하지 않는 경우에는 곰팡이가 발생하거나 녹아서 버터 특유의 텍스처가 사라지고 풍미를 해친다. 따라서 −5~0℃의 저온에서 직사광선을 피한 깨끗한 장소에 보관한다. 표면이 가볍게 녹은 정도에서는 두드러진 변화는 아니지만 한번 녹은 버터는 먼저의 상태로 되돌아가지 않는다. 또 냄새를 잘 흡수하므로 냄새가 심한 물건과 같이 놓아두는 것은 피한다.

풍미가 좋아 제과·제빵의 가공식품에 많이 사용되며 조리용으로 사용된다.

2) 우지(쇠기름, beef tallow)

오스트레일리아, 남북아메리카가 주요산지이며, 그 밖에 독일, 영국에서도 생산된다. 우지는 소의 복부, 내장, 조직 등에서 얻어지는 연한 황색을 띈 고체지방이다. 녹는점이 45~55℃로 높고, 50~55℃의 물에서 용출하여 얻은 것을 'prime beef fat'이라 하고, 60~65℃의 물로 용출하여 정제한 것은 'edible beef fat'이라 한다.

포화지방산이 45.5%, 불포화지방산이 49.6%이며, 비타민 A 함량이 많다. 우지를 30~35℃로 가열하면 버터를 녹일 때와 비슷한 점성을 나타내어 주로 쇼트닝제조나 제과, 제빵에 마가린과 함께 사용된다. 우지는 식용, 비누, 양초제조용으로 널리 이용되며, 우지유(牛脂油)는 식용, 윤활유용, 비누제조용 등에 사용된다.

3) 라드(돼지기름, lard)

돼지의 지방조직을 수증기나 건열로 추출하여 정제시킨 기름으로 돼지의 복부에서 얻어진 기름이 가장 좋다. 색이 희고 냄새가 나지 않는다.

라드의 주요성분은 포화지방산이 39.5%, 불포화지방산이 55.8%이고, 우지보다 녹는점이 낮으며, 쇼트닝효과가 커서 제과제품에 많이 사용되며, 음식을 부드럽게 해준다.

색이 희고 깨끗하며, 냄새가 없는 것을 선택하고, 비닐에 싸서 냉장보관하며 한번 사용한 것은 재사용하지 않는다.

발연점이 높지 않아 튀김용으로는 적합하지 않지만 발연점이 높은 라드도 생산이 가능해져 빈대떡 부칠 때나 중식당에서 튀김용으로 사용한다. 이는 바삭바삭한 질감과 부드러움을 주기 때문이다. 라드는 산패되기 쉬워 항산화제를 첨가하여 제조된다. 요즈음은 라드보다 식물성 기름으로 만든 쇼트닝을 많이 사용하고 있다.

■ 유지류의 발연점

발연점은 유지를 가열하면 온도가 상승하면서 푸른 연기가 나게 될 때의 온도를 말한다. 이것은 지방이 가열에 의해 지방산과 글리세롤로 분해되고, 글리세롤은 다시 아크롤레인으로 분해되어 푸른 연기를 낸다. 연기의 주성분인 아크롤레인은 자극성이 강한 냄새와 좋지 못한 맛을 가진다.

유지 종류	발연점(℃)
정제 대두유	256
정제 면실유	233
정제 낙화생유	230
정제 옥수수유	227
비정제 대두유	210
올리브유(버진)	190
유화제함유 쇼트닝	177
비정제 올리브유	175
비정제 참기름	175
코코넛유	175
비정제 낙화생유	162

4) 쇼트닝(shortening)

지질이 100%로서 제과, 제빵 등의 식품가공용 원료로 사용되는 반고체상태의 가소성(可塑性) 유지제품이다. 원래는 미국에서 돼지기름의 대용품으로 1919년부터 만들기 시작하였으며, 대량으로 생산되는 목화씨기름을 이용하고 아울러 부족되는 돼지기름을 보충하려는 두 가지 목적에서 발명된 것이다.

특징은 비스킷, 쿠키 등을 제조할 때 제품이 파삭파삭하고, 잘 부서지도록 하는 쇼트닝성과 빵 반죽이나 버터크림 제조시 공기를 잘 부착시키도록 하는 크림성이 있다.

열량이 매우 높고, 포화지방산의 함량이 많아 성인병과 동맥경화 등을 가져올 수 있다. 수분이 0.5% 이하이고 거의가 지질이며, 향료와 소금성분을 갖지 않고, 유화제(레시틴, 모노글리세리드)를 많이 함유한다.

장기간 보관 시 -20~0℃의 냉동고에 보관한다. 제과·제빵용 이외에 튀김, 아이스크림, 햄, 소시지 등에도 사용된다.

5) 어유(fish oil, marine oil)

어체(魚體)에서 채취한 건성유로 상어간유, 명태간유 등도 포함하므로 '어유'라고 한다. 동물성 유지이지만 불포화지방산이 많아 상온에서 액체상태이다. DHA와 EPA와 같은 ω-3계열 다가불포화지방산을 많이 함유하여 뇌세포구성에 관여한다. 비타민 A, 레티놀이 풍부하다.

고도불포화지방산이 많아 산화되기 쉽고, 비린내가 나므로 그대로는 식용할 수 없어 캡슐이나 경화유(硬化油)로 만든 다음 마가린이나 비누의 원료로 사용한다.

참고문헌

1. 배영희, 박혜원, 박희옥, 정혜정, 최은정, 채인숙. 2004. 조리응용을 위한 식품과 조리과학. 교문사
2. 송주은, 현영희, 변진원. 2001. 최신조리원리. 백산출판사
3. 신말식, 김완수, 이경애, 김미정, 윤혜현, 김성란. 2001. 식품과 조리과학. 라이프사이언스
4. 안명수. 2004. 식품화학. 신광출판사
5. 윤계순, 이명희, 민성희, 정혜정, 김지향, 박옥진. 2008. 새로 쓴 식품학 및 조리원리. 수학사
6. 현영희, 구본순, 송주은, 김덕숙. 2003. 식품재료학. 형설출판사. 366-374
7. 홍진숙, 박혜원, 박란숙, 명춘옥, 신미혜, 최은정, 정혜정. 2005. 식품재료학. 교문사 253-263
8. 두산백과사전 EnCyber & EnCyber.com
9. Bennion M, Scheule B. 2003. Introductory foods, 12th ed., Prentice Hall
10. Brown A. 2007. Understanding food : Principles and preparation, Thomson Wadsworth
11. McWilliams Margaret. 2008. Food Fundamentals (9th Edition), Prentice Hall

제14장

조미료(Seasoning)

제14장

조미료(Seasoning)

조미료는 특정성분의 순수한 맛이나 여러 맛을 복합된 형태로 함유하여 그 맛을 다른 식품에 부가시키기 위해 사용되는 식품재료를 말한다.

조미료의 시작은 바닷물이나 암염에 함유된 식염으로부터 시작되었으며, 시대별로 점차 발달되어 천연정미 물질을 함유한 음식물의 단맛, 자연의 발효에 의해 생성된 산미, 어육류의 만난맛 등의 맛 성분이 있다.

조미료는 식품의 맛과 풍미를 좋게 하기 위해 이용되는 것으로 중심이 되는 정미물질에 의해 표 14-1과 같이 단맛을 내는 감미료, 짠맛을 내는 염미료, 신맛을 내는 산미료, 감칠맛을 내는 지미료와 화학조미료 등이 있다.

【표 14-1】 조미료의 종류

구 분	종 류
감미료	설탕, 물엿, 시럽, 올리고당, 꿀, 조청, 비영양성감미료
염미료	소금, 간장, 된장, 고추장
산미료	양조식초, 곡물식초, 과일식초, 합성식초
지미료	천연 조미료, MSG, 글루탐산

1 감미료(sweetenings)

1) 설탕(sugar)

단맛을 내는 대표물질인 설탕은 뉴기니에서 최초로 재배된 것으로 알려진 사탕수수에서 얻는다. 고대부터 인도에서 재배되었으며, 아랍인들에 의해 유럽으로 전해졌다.

설탕은 사탕수수나 사탕무에서 얻은 원당을 정제, 가공하여 만든 천연감미료로 다양한 종류의 음식에 널리 쓰인다. 설탕은 결정형으로 가장 일반적으로 사용되는 당이며, 당밀함량 여부에 따라 함밀당과 분밀당으로 나눈다. 함밀당은 당액을 조리기만하고 결정과 당밀을 분리하지 않은 것이며, 분밀당은 원료에서 얻은 당액을 정제한 후 조려서 설탕결정과 즙액을 분리한 것이다. 분밀당은 원당에서 정제하여 흑설탕과 황설탕을 만들며, 불순물이 제거되고 더 정제된 과정을 거쳐 백설탕이 만들어진다. 설탕의 제조공정은 그림 14-1과 같으며, 종류는 표 14-1과 같다.

【그림 14-1】 설탕의 제조공정

【표 14-1】 설탕의 종류

종 류	성 질	용 도	순 도
설탕	원당을 정제하여 결정체로 만듦	제과용, 커피, 청량음료	99.9
슈퍼파인 그래뉼당	설탕보다 곱고 물에 빨리 용해	케이크, 분말음료	99.9
황설탕	정제 정도에 따라 라이트, 미디움, 다크 슈거로 나눔	케이크, 쿠키, 캔디	92
흑설탕	당밀을 함유하고 특유의 향과 맛이 있다.	제과용, 캔디	86
분당	3% 이하의 전분을 혼합하여 곱게 갈은 설탕	도넛, 제빵의 데코레이션	97
각설탕	설탕에 약간의 시럽을 가하여 육면체로 성형하고 건조시킨 것	커피, 홍차	99.8
크리스탈 캔디	고순도의 정제당을 농후 용해액에 종당을 넣고 오래 방치하여 큰 결정으로 한 것	과자, 음료수	

(1) 백설탕(granulated sugar, white sugar)

백설탕은 식품에 가장 많이 이용하는 것으로 1분자의 포도당과 1분자 과당이 결합한 것이다. 압착하여 짜낸 즙액을 가열, 침전, 원심분리 등의 정제과정을 거쳐 설탕이 만들어지며, 일정한 단맛을 가져 다른 당류들과 감미도를 측정할 때 표준물질로 이용되고 있다.

(2) 황설탕(yellow sugar)과 흑설탕(brown sugar)

황설탕은 백설탕보다 불순물이 덜 정제된 것으로 백설탕보다 향미가 있고, 신맛이 더 강하며, 수분함량도 많다.

흑설탕은 사탕수수로부터 설탕을 정제하는 과정에서 불순물이 거의 정제되지 않은 것으로 진한 갈색을 가지며, 당도는 설탕보다 낮으나 독특한 향미를 가진다. 강한 흡습력을 가져 보관 시 꼭 밀봉해야 하고, 수정과나 약식에 많이 사용된다.

최근 판매되는 황설탕은 백설탕을 카라멜화시킨 것이 주로 판매되며, 흑설탕도 백설탕에 카라멜소스를 입힌 것이 판매되고 있다.

(3) 분말 설탕(분당, powdered sugar, confectioners' sugar)

분말 설탕은 약 3%정도의 옥수수전분과 혼합된 가루형태의 설탕이다. 당류가 엉기는 것을 방지하고, 아이싱(icing)과 같은 제과제품 만들 때 주재료로 쓰이며, 수분결합을 도와준다.

(4) 각설탕(cube sugar)

각설탕은 백설탕에 시럽을 넣어 촉촉하게 한 것을 틀에 넣고 가압하여 모양을 만들어 60℃에서 건조한 것이다.

(5) 락슈거(rock sugar)와 크리스탈 캔디(crystal candy)

고순도의 정제당용해액에 종당을 넣고 오래 방치하여 큰 결정으로 만든 것이다. 주로 차, 과자, 음료에 사용된다.

2) 시럽류

시럽은 65~70%의 탄수화물과 30~35%의 수분을 함유하며, 설탕의 용액으로 점성이 있고, 향이 있다. 대부분 옥수수전분에 산분해 효소를 넣어 가수분해하여 만든 콘시럽, 꿀, 고과당 옥수수 시럽, 메이플시럽이 있으며, 제과·제빵에 다양하게 사용되고 있다.

(1) 물엿(콘시럽, corn syrup)

옥수수 전분에 산이나 효소를 가하여 가수분해된 것으로 당 75%와 물 25%가 혼합된 점성이 있는 액체로 덱스트로스, 맥아당, 포도당의 혼합물이다. 정제과정을 거쳐 투명하고, 음식 본래의 색을 변하게 하지 않아 사용하기 편리하다. 각종 볶음에 사용하고 마지막에 넣어 음식에 윤기를 주며 단맛을 더해준다.

(2) 고과당 옥수수 시럽(high fructose corn syrup)

고과당 옥수수 시럽은 포도당 이성화 효소에 옥수수전분을 가열하여 만들며, 40% 과당과 50% 포도당 시럽이 된다. 고과당 옥수수 시럽은 설탕보다 단맛이 강해 경제적이다.

고과당 옥수수 시럽은 주로 청량음료, 베이커리제품, 과일통조림, 음료, 과일 주스,

프리저브(preserve, 과일을 형태 있게 조린 것) 등에 사용된다.

(3) 올리고당(oligosaccharide)

단당류가 글리코사이드 결합을 한 것으로 2~10개의 단당류들이 결합한 당으로 단당류, 다당류와 함께 그 분자사슬의 길이에 따라서 분류하는 경우에 쓰이는 명칭이다. 이당류인 설탕 등도 이에 속하며, 당단백질과 당지질도 그 당 성분은 대부분 올리고당류에 속한다. 최근에 산업적으로 관심을 끌고 있는 것으로 fructooligosaccharide(FOS)와 대두 올리고당이 있다. 이들은 장내 소화효소에 의해 분해되지 않아 열량이 적으며, 장내미생물 특히 유산균이나 비피더스균에 의해 이용됨으로써 정장효과가 있다.

(4) 꿀(honey)

꿀은 벌집에 저장한 당액에서 꽃가루, 밀랍을 제거하여 정제한 것으로 전형적으로 설탕보다 과당의 함량이 더 많으며, 과당 40%, 포도당 35%, 설탕 2%와 그 외 성분으로 구성되어 있다. 전 세계적으로 단맛을 내는 제품으로 널리 사용된다. 대부분의 꿀은 과당의 함량이 많기 때문에 결정이 생성되지 않고 액체상이나 가끔 결정을 형성하는 것은 포도당함량이 높기 때문이다.

꿀은 설탕보다 향미가 더 강하고, 수분함량이 많으므로 액체의 사용량을 줄이고, 낮은 온도에서 굽도록 한다. 베이커리 제품의 갈색화에 영향을 주며, 흡습성이 있어 오랫동안 수분을 유지하고, 마르지 않게 보관하므로 보관성에 도움을 준다.

(5) 조청(malt syrup)

쌀, 수수, 좁쌀, 옥수수 등으로 밥을 고슬고슬하게 지어 뜨거울 때 엿기름물을 부어 7~8시간 두면 삭아서 밥알이 동동 떠오른 물, 즉, 감주를 계속 고은 것으로 정도에 따라서 묽은 조청, 된 조청 등으로 나눈다. 다 고아진 엿을 떠서 비스듬히 들었을 때 엿이 실같이 연속된 상태로 늘어지면서 굳는데 이렇게 되기 전의 상태가 곧 조청이다. 따라서 조청은 아무리 식혀도 엿처럼 굳어지지 않으며, 불을 끄는 시각에 따라 조청의 굳기가 여러 가지로 달라진다. 진한 갈색이며, 음식에 단맛과 향미, 윤기를 주어 과자나 조림에 많이 이용된다.

(6) 메이플 시럽(maple syrup)

단풍나무 즙액에서 대부분의 수분을 증발시켜 만든 것으로 약 40L의 메이플액에서 1L의 메이플 시럽이 만들어진다. 설탕이 64~68 %, 수분이 30~35% 이며, 독특한 향이 있어 팬케이크, 와플 등의 제과제품에 많이 쓰인다.

3) 비영양성 감미료

비영양성감미료에는 아스파탐(aspartame), 아세설팜-K(acesulfame-k), 수크랄로스(sucralose), 사카린(saccharin) 등이 있다. 이들은 설탕의 30~수천 배에 해당하는 강한 단맛을 가지고, 설탕보다 감미료로 많이 사용되지만, 열량은 거의 없다.

2 염미료(salts)

짠맛을 내는 물질로 음식의 간을 맞추는 역할을 한다. 염미료의 대표물질인 소금은 '봉급'을 뜻하는 영어의 'salary'와 '소금의 배당된 몫'이란 듯의 라틴어 '*salarium*'에서 유래된 말이다.

1) 소금(食鹽, salt)

식염의 화학명은 염화나트륨(NaCl)이다. 바닷물을 원료로 하는 경우에는 천일제염법에 의하여 재염하며, 아시아 여러 나라의 연안, 홍해 ·지중해 연안, 북아메리카 ·멕시코 서부 ·오스트레일리아 연안에서 볼 수 있다.

소금의 종류는 표 14-2와 같이 천일염, 재제소금, 정제소금, 태웅 · 용융소금, 가공소금, 기타소금 등이 있으며, 천연으로는 지층 중 암염층에서 생성되는 암염(岩鹽)이 다량 산출되고, 바닷물에는 3% 가까운 염분이 함유되어 있다.

소금은 흡습성이 커서 눅눅해지지 않도록 습기가 차지 않게 보관해야 한다. 소금은 음식의 맛을 내는 가장 기본적인 조미료이며, 짠맛을 내는 물질이다. 조미, 염장 등 일상생활에 널리 사용되는 외에 소다(탄산나트륨), 그 밖의 공업방면에서 대량으로 사용된다.

【표 14-2】 소금의 종류

종 류		특 성	용 도
천일염	호렴	입자가 굵으며 모래알처럼 큼 검은 빛을 띰, 무기질 풍부	장담그기 채소나 생선 절임용
	재렴	호렴에서 불순물을 제거한 것 재제염보다 거칠고 굵음	간장, 채소나 생선 절임용
재제 소금	재제염	꽃소금이라 불리며, 희고 고운 입자	간 맞추기, 가정용
정제 소금	식탁염	이온교환법에 의해 만들어진 소금 정제도가 높고 매우 고운 입자 NaCl 99%이상	간 맞추기
	정제염	원염을 용해하여 재재 가공한 것	NaCl 99.5% 이상 햄, 소시지, 수프에 이용
	특급염	원염을 용해하여 재재 가공한 것	NaCl 99.8%이상 의약용 마요네즈, 버터
	식염	이온교환막 법에 의한 함수를 졸인 것	NaCl 99% 이상 가정용, 수산, 식품가공
태움·용융소금	죽염, 구운소금	암염이나 천일염 등을 800℃ 이상의 고온가열과 분쇄과정을 반복하여 제조한 소금	다이옥신 자율기준(3pg TEQ/g)
가공소금	맛소금	소금에 글루탐산나트륨 등 화학조미료를 10% 섞어 만든 소금	식탁용
기타 소금	암염	지층 중 암염층에서 생성된 소금	NaCl 95% 이상 공업원료 긴장
	분쇄염	원염을 분쇄한 것	수산용, 절임용

2) 간장

우리나라 고유의 발효식품인 간장은 콩을 발효시켜 만든 짜고 특유의 맛을 내는 액체 장으로 흑갈색의 빛을 띤다. 옛날부터 간장 맛이 좋아야 음식 맛을 낼 수 있다고 하여 간장은 식생활에 중요한 조미료였다.

한국을 비롯하여 중국, 일본 등지에서 사용한다. 25% 정도의 염분을 함유하며, 아미노산을 위주로 한 독특한 맛이 난다.

메주에 소금물을 붓고 숙성시킨 후, 메줏덩어리를 건져내고 분리한 간장은 생간장으로 미생물이 잔존하므로 저장성을 높이고, 향미와 색깔을 향상하기 위해서 달이기 과정을 통해 살균과 농축의 효과를 얻는다.

간장의 맛은 짠맛, 맛난맛, 신맛, 단맛의 균형을 이루어 독특한 맛을 낸다. 짠맛은 염분에 의한 것이고, 맛난 맛은 글루탐산, 아스파라긴산, 신맛은 유기산, 단맛은 당류, 글리세톨이나 아미노산으로부터 나온다. 간장의 색은 메일러드 반응으로 간장 특유의 색, 향미가 나는데, 멜라닌(melanin)과 멜라노이딘(melanoidine) 색소에 의해 진한 갈색을 띤다. 간장 특유의 향은 메티오놀(methionol)에 의한 것이다.

양조간장인 재래식·개량식 간장과 산분해간장과 효소분해간장인 아미노산 간장, 양조간장과 아미노산 간장을 적당히 혼합한 혼합간장 등이 있다. 개량식 간장은 황국균에 의하여 생성된 젖산이 함유되어 있어 좋은 향미를 갖고 있다.

간장을 만드는 방법에는 크게 구분하여 재래식과 개량식이 있다. 재래식이란 일반 가정에서 만드는 방법으로, 종래에는 12월경에 콩으로 메주를 쑤어 자연 발효시킨 후, 다음 해 2~4월경에 소금물에 메주를 담가 1~2개월 숙성시킨다. 그런 후에 메주를 뜨고 간장을 달이면서 맛과 수분을 조절한다. 재래식메주는 여러 종류의 세균과 곰팡이가 번식하여 메주콩을 가수분해하므로 좋지 않은 맛과 냄새가 나는 물질이 배설물로 생성되어 간장의 맛이 별로 좋지 않은 경우가 많다.

3) 된장

콩으로 만든 발효식품 중의 하나이며, 된장재료인 메주는 재래식 메주와 개량식 메주가 있다.

된장의 종류는 간장을 떠내고 건더기를 쓰는 재래식 된장, 메주에 소금물을 알맞게 부어 장물을 떠내지 않고 먹는 개량식 된장, 2가지 방법을 절충한 절충식 된장 등을 들 수 있다. 재래식 된장은 복합균, 곰팡이, 효소 등이 작용하여 혈전용해능력, 항암효과 등 각종 효능이 개량식 된장보다 훨씬 뛰어나지만 자연에 의존하므로 균일한 제품을 만들기가 어렵고, 만드는 시기도 한정되어 있다. 개량식 된장은 배양하여 접종시킨 단일균이 작용하므로 각종 효능은 떨어지지만 균일한 제품을 생산할 수 있고 그 때문에 일찍이 산업화 할 수 있었다. 그 밖에 계절에 따라 담그는 별미장으로는 봄철에 담그는 담북장과 막장이 있고, 여름철에 담그는 집장과 생황장, 가을철에 담그는 청태장과 팥장, 겨울철에 담그는 청국장 등이 있다.

된장의 영양성분은 수분이 55%이하, 단백질 10%이상, 지질 2%이상, 식이섬유 2.5%이하, 아미노산성 질소 200mg/100g 이상이다.

4) 고추장

역사적으로 고추장이 우리나라에서 식용되기 시작한 것은 16세기 말이나 17세기 초인 것으로 추정되고 있다.

고추장은 찹쌀, 보리, 밀 등에 엿기름을 넣고 삭힌 후 메줏가루와 고춧가루를 넣고 소금으로 염도를 조절한 후 발효시켜 제조한다. 고추장은 당질이 가수분해되어 생성된 당의 단맛, 메주콩의 가수분해로 생성된 아미노산의 구수한 맛, 고춧가루의 매운맛, 소금의 짠맛이 잘 조화되어 고추장 특유의 맛을 낸다. 이들 재료의 혼합비율과 숙성과정의 조건에 따라 맛이 달라진다. 고춧가루의 캅사이신은 매운맛을 부여하고 항균작용이 있다.

사용한 곡류에 따라 찹쌀고추장, 보리고추장, 멥쌀고추장, 밀고추장, 팥고추장 등이 있으며, 찹쌀가루를 사용한 고추장이 가장 맛과 질이 좋다.

■ **고추장의 매운맛 등급[GHU(Gochujang Hot taste Unit)]**

고추장의 매운맛을 5단계로 구분해 표기하는 표준등급으로 'GHU(Gochujang Hot taste Unit)'를 표기단위로 한다.

대한민국 매운맛

등급	GHU
매우 매운맛	100이상
매운맛	75-100
보통 매운맛	45-75
덜 매운맛	30-45
순한맛	30미만

■ 맛의 강도 영문 표현법

- 매우 매운맛 → Extreme Hot
- 매운맛 → Very Hot
- 보통 매운맛 → Medium Hot
- 덜 매운맛 → Slight Hot
- 순한맛 → Mild Hot

3 산미료(acidulant)

식품에 신맛을 부여하는 것을 목적으로 사용되는 조미료이다. 식품 중에는 어떤 형태로든지 산이 함유되어 있어 적당한 신맛은 식품에 청량감을 주고, 미각에 상쾌한 자극을 주므로 침의 분비를 촉진하여 식욕을 돋운다.

신맛은 무기산, 유기산이 해리할 때 생기는 수소이온 때문에 느껴지는 맛이며, 산미료는 식품에 신맛을 줄 뿐만 아니라, 향미료이기도 하고 pH 조절을 위한 완충제나 식품보존료의 구실도 하므로 가공식품에 널리 사용된다.

1) 식초

식초의 종류는 표 14-3과 같이 발효식초와 합성식초로 나뉜다. 신맛을 가지는 대표적인 조미료이며 발효시켜 양조한 것, 과일의 신맛을 이용한 것, 합성한 것 등이 있다. 입맛을 자극하여 돋우며, 피로회복과 미용에도 효과가 있다. 영어의 '비니거(vinegar)'는 프랑스어의 '포도주(vin)'과 '신맛(aigre)'를 합친 'vinaigre'에서 온 말이다. 한국에는 삼국시대에 중국에서 식초 만드는 법이 전래되었다고 한다.

각국에서 주로 사용하는 식초는 그 나라에서 많이 제조되는 알코올음료와 많이 재배 수확되는 과일류와 깊은 관계가 있다. 알코올성분을 가지는 것에 아세트산균을 번식시키면 비교적 간단하게 식초가 생성되기 때문이다. 발효식초로 사과주스를 발효시킨 미국의 사과식초(cider vinegar), 포도주스를 발효시킨 프랑스의 포도식초(wine vinegar), 맥아즙을 발효시킨 영국·독일의 맥아식초(malt vinegar), 청주 찌꺼기를 원료로 한 일본의 청주박식초, 순수 알코올을 발효시킨 알코올식초(spirit vinegar), 발효식초를 다시 증류시킨 미국의 증류식초가 잘 알려져 있다.

【표 14-3】 식초의 종류

종 류			원료	산도
발효식초	곡물식초	곡물식초	쌀, 밀, 옥수수	4.2% 이상
		쌀식초	쌀	4.2% 이상
	과일식초	과일식초	사과, 포도, 감, 레몬	4.5% 이상
		사과식초	사과과즙	4.5% 이상
		포도식초	포도과즙	4.5% 이상
	양조식초	양조식초	주박 등	4.0% 이상
합성식초	양조식초가 60% 이상일 것 양조식초에 화학초산 4% 이상 첨가			4.0% 이상

합성식초는 빙초산이나 아세트산을 물로 희석하고 여기에 아미노산이나 당류를 첨가한 것으로 한국의 외식업체 등에서 현재 많이 사용한다. 과일주스의 신맛을 이용한 것으로는 레몬식초·살구식초 등이 있고, 식초를 다시 가공한 가공식초가 있다.

식초는 살균력이 강하여 대부분의 병원균을 약 30분 이내에 사멸시킨다. 따라서 식초에 담근 식품은 보존성이 높다. 또 식초는 소금의 짠맛을 부드럽게 해 주는 작용이 있으므로 생선 소금구이나 여러 가지 요리에 잘 쓰인다. 그 밖에 채소류의 갈변을 일으키는 효소작용을 억제하는 구실을 하므로 우엉, 연근의 식초조림에 이용되기도 하고, 안토시아닌계 색소에 작용하여 예쁜 붉은색이 되게 하므로 생강을 식초에 절이는 등 조리할 때 필수품으로 사용된다.

■ 감식초

감을 숙성시켜 만든 식초인 감식초는 탄닌과 비타민 C가 풍부하여 음식물의 산성농도를 저하시켜 보존력을 높이고, 신맛을 통해 소화액의 분비를 자극시켜 입맛을 돋우며, 인체의 에너지 대사에 관여하여 피로를 빠르게 회복시켜 주는 특징을 가지고 있다.

4 지미료(natural seasonings or savory seasonings)

감칠맛을 내는 조미료로 식품에 첨가하면 식품 원래의 자연적인 맛을 증가시켜 준다. 주로 천연의 조미료로 멸치국물, 쇠고기 육수, 조개국물, 채소, 표고버섯 등이 쓰이며, 국물 외에도 쇠고기나 조갯살 등을 볶아서 맛을 내기도 한다. 재료를 충분히 쓰고, 소금과 다른 조미료를 적절히 사용하면 화학조미료를 쓰지 않고도 훌륭한 맛을 낼 수 있다.

5 화학조미료(chemical seasonings)

화학조미료는 사람이 인공적으로 맛을 낼 수 있는 물질을 합성해서 만들어 낸 물질로 자연에서 생산된 것을 말려서 갈거나 즙을 짜내서 만드는 천연조미료와는 다른 조미료이다.

화학조미료는 1908년에 일본의 '이케다[池田]'라는 학자가 다시마의 달고 구수한 맛이 아미노산의 일종인 글루탐산의 나트륨염이라는 것을 발견하고, 밀의 글루텐으로부터 인공적으로 제조한 것이 화학조미료의 시초이다.

주로 사용된 화학조미료는 MSG(Mono Sodium Glutaunate)중심의 아미노산계 조미료와 1970년대 말에 시판된 핵산계 조미료로 대표되는 단일조미료가 주종을 이루었으나 MSG에 핵산계 조미료를 소량 코팅한 복합조미료가 1978년 생산되었고, 1970년대 중반 '다시다' 같은 MSG, 식염, IG(Immuno globulin)를 주원료하고 여기에 쇠고기나 양념류를 혼합하여 만든 종합조미료가 가세하면서 복합조미료 시대로 들어서게 되었다.

구수한 단맛을 가진 이 화학적 물질은 '감칠맛'을 내는 물질로 조리 시 필수품이 되었으며, 지금은 찌개, 국, 나물, 김치에까지 화학조미료가 안 들어가면 안 되는 것처럼 중요한 양념이 되어 오히려 남용이 문제가 되고 있다.

참고문헌

1. 배영희, 박혜원, 박희옥, 정혜정, 최은정, 채인숙. 2004. 조리응용을 위한 식품과 조리과학, 교문사
2. 송주은, 현영희, 변진원. 2001. 최신조리원리, 백산출판사
3. 현영희, 구본순, 송주은, 김덕숙. 2003. 식품재료학, 형설출판사, 360-365
4. 홍진숙, 박혜원, 박란숙, 명춘옥, 신미혜, 최은정, 정혜정. 2005. 식품재료학, 교문사 265-281
5. 구글 http://www.google.co.kr/
6. 두산백과사전 EnCyber & EnCyber.com
7. http://100.naver.com/100.nhn?docid=4243.

제15장

향신료(Spices and herbs)

제15장 향신료(Spices and herbs)

향신료는 이미 5000여 년 전부터 중국, 이집트, 메소포타미아, 인도 등지에서 사용되었다. 고대의 향신료는 매우 신성한 물건이었으며, 음식에 첨가하는 양념으로서보다는 종교의식에서 신들에게 봉헌물로 바치거나 미라를 만들 때에 시체의 방부처리를 위해 사용하였고, 사람들의 병을 치유하거나 향수로 이용하는 등 향료로서의 역할이 더 컸다.

중국의 향신료는 기원전 2세기부터 실크로드를 통해 유럽시장에 진출하여 극동의 중동국가들을 거쳐 로마시민의 식탁에 까지 오르고 있었다. 그러나 향신료는 값이 매우 비싸 상류층만 사용할 수 있었다.

인도와 동남아시아 등지에서 재배된 향신료는 바다를 통한 해상무역로와 대륙을 통한 대상로를 통해 유럽까지 옮겨졌다. 아랍상인들은 인도에서 구입한 향신료를 100배 정도의 가격에 로마에 팔았다. 특히 후추는 부유함의 상징이며, 미식의 기본으로 한 알씩 거래될 만큼 그 값어치가 높았다.

초기에 독점한 베네치아로부터 비싸게 향신료를 구입할 수밖에 없었던 스페인과 포르투갈은 이후 스스로 향신료를 찾아 나섰다. 그 결과 스페인과 포르투갈 간의 향신료 획득전쟁이 일어나 포르투갈이 무역권을 독점하였다. 1602년에는 네덜란드가 동인도회사를 설립하여 향신료 무역의 주도권을 장악하였다.

이처럼 향신료 독점을 위한 경쟁의 역사를 거치며 동남아시아의 향신료는 유럽으로 전파되어 육류의 부패를 방지하고 조미료로서 음식문화 발전에 지대한 영향을 미쳤다. 또한 이제는 세계 어느 곳에서든 쉽게 구할 수 있게 되었으며, 세계 여러 나라의 음식문화를 크게 변화시킨다.

1 향신료의 정의

향신료(香辛料)는 '향이 나고 매운맛이 난다'는 뜻이다. 특정식물의 싹이나 꽃, 열매, 나무껍질, 뿌리, 잎과 씨앗, 꼬투리 등은 강하고 독특한 맛과 향, 색깔을 지니고 있다. 어원이 되는 라틴어 'species'는 '약품'이라는 뜻으로 과거에 향신료는 의학적인 용도의 치료제로 더 많이 이용되었기 때문이다. 보통 향신료라고 하면 카레나 정향 같은 이국적인 것들만 생각하기 쉽지만 우리 음식에 흔히 사용하는 마늘, 고추, 참깨 등도 모두 향신료에 속한다고 할 수 있다. 우리말로는 '양념(약념, 藥念)'이라 하며, 먹어서 몸에 약처럼 이롭기를 바라는 마음으로 여러 가지를 고루 넣어 만든다는 의미가 담겨 있다.

향신료는 한가지만 사용했을 때보다 여러 가지를 섞어서 사용하면 상승효과가 나타나 음식의 맛과 향을 한층 더 효과적으로 돋워준다. 전 세계적으로 여러 가지 향신료를 혼합하여 만든 4종 혼합향신료와 5종 혼합향신료 같은 것들이 발달하였다. 인도의 카레, 중국의 오향, 그리고 프랑스의 카트르에피스를 그 예로 들 수 있다.

2 향신료의 기능

고대에서 오늘에 이르기까지 동서양에서 향신료는 약제로, 제의용으로 그리고 화장품 제조 등에 사용된다. 오늘날 향신료는 약리적 성질로 인하여 높이 평가되고 조리에서도 중요한 역할을 한다. 일반적으로 향신료는 다음과 같은 특징을 지니고 있다.

① 향신료는 육류의 누린내나 생선의 비린내와 같은 냄새를 없애준다.
② 향신료의 매운 맛과 쌉쌀한 맛은 소화액의 분비를 촉진시켜 소화흡수를 돕는다.
③ 샤프란이나 강황과 같은 향신료는 착색작용을 하여 식욕을 북돋아 준다.
④ 향신료에는 살균효과와 방부효과가 있기 때문에 음식이 쉽게 상하는 것을 막아준다. 열대지방에서는 고추 같은 매운 향신료를 많이 사용하는데 음식이 쉽게 부패하는 것을 막아주기 때문이다.
⑤ 병을 치료하기 위하여 약품으로 사용된다.

3 향신료의 분류

향신료는 식물의 어느 부분을 사용하느냐에 따라 허브와 스파이스로 분류된다. 식물의 잎, 꽃봉오리 등 부드러운 부분에서 얻는 것은 허브라고 하며 열매, 씨, 꽃, 나무껍질, 뿌리 등 비교적 딱딱한 부분에서 얻는 것을 스파이스라고 한다. 그러므로 로즈마리, 바질, 파슬리, 타임, 차이브, 민트, 오레가노, 세이지 등의 녹색 잎은 허브에 속하고 생강, 마늘, 바닐라, 후추, 계피, 등은 스파이스에 속한다. 같은 식물에서 허브와 스파이스를 동시에 얻을 수도 있는데 고수(코리앤더)의 잎은 허브에 속하며 씨앗은 스파이스에 속한다.

그런데 허브는 신선할 때 최고의 향을 내며 말리면 오히려 그 향기가 감소하는 반면 스파이스는 일반적으로 건조시키면 더 좋은 향을 내며 허브에 비해 향이 더 강하다. 따라서 카레나무와 월계수의 잎은 식물의 잎이지만 스파이스로 분류된다. 풀에서 얻는 것이 아니라 나무에서 얻으며, 말렸을 때 더 좋은 향기를 내기 때문이다.

【표 15-1】 사용방법에 따른 향신료의 분류

형 태		종류	사용 시 주의점
생것		딜, 마조람, 처빌, 바질, 세이보리, 골파, 차이브, 홀스래디쉬	장시간 가열하면 향을 잃어버리므로 요리를 마무리하기 직전에 사용해야 한다.
생것과 건조시킨 것 모두 사용하는 것		고수, 딜, 셀러리, 파아슬리, 로즈마리, 타임, 레몬그라스, 파슬리	용도에 따라서 생으로 쓰거나 건조시켜서 사용한다.
건조시킨 것	통째로 사용	타임, 월계수잎, 계피, 바질, 케피어라임잎, 팔각	월계수잎은 요리가 끝난 후에 건져내지 않고 그대로 두면 쓴 맛이 나므로 꼭 건져내야 한다
	가루 상태로 사용	오레가노, 가랑갈, 강황	소량씩 구입해 밀폐용기에 담아 보관 하고 조리시 마지막 10분정도에 첨가한다. 생것의 1/6정도 사용한다.
	통째로 가루 상태 모두 사용하는 것	올스파이스, 후추, 겨자, 메이스 정향, 셀러리씨, 육두구, 레그라스, 카다몬, 캐러웨이, 커민, 회향	향을 금방 잃기 때문에 분말보다는 씨앗을 구입하여 사용하는 것이 좋다. 사용직전에 빻아서 쓰는 것이 향신효과에 좋다.

4 스파이스(spices)

1) 가랑갈(galangal)

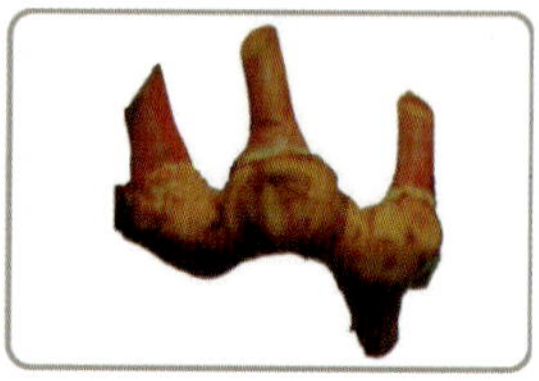

태국, 말레이시아, 인도네시아에서 인기 있으며, 타이의 커리 파스타, 찜 요리에 필수적인 구성요소이다. 가랑갈은 향기가 있고, 고추-생강 맛이 나서 커리를 선호하는 사람들에게 적합하다. 뿌리를 가루로 만들어 생강 대신 사용할 수 있다. 작은 가랑갈은 스칸디나비아와 러시아에서 맥주 맛을 내는데 사용한다.

2) 강황(심황, turmeric)

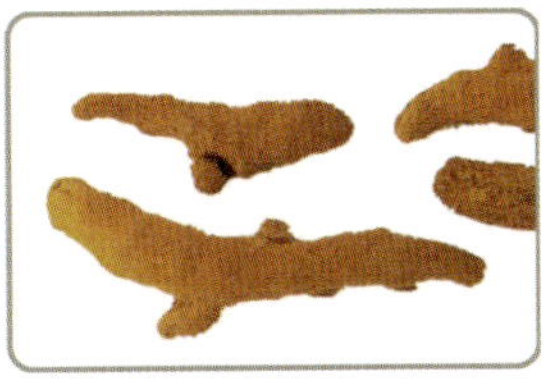

인도네시아의 자바, 인도, 아프리카, 호주가 원산지이며, 인도, 스리랑카, 자메이카, 페루 등에서 생산된다. 독특한 방향과 쓴맛을 가지며, 노란색을 띤다. 생강과 비슷하게 생겼으며 속은 진한 주홍색이다. 커리와 스튜에 냄새와 매운 향을 더해 준다. 강황은 때로는 샤프란의 대용물로 쓰이며, 색깔은 비슷한 노란색을 나타내나 향은 매우 다르다. 또한 우스터소스의 재료이기도 하다. 강황은 말린 분말형태로 판매되고, 색은 잘 변하지 않지만 향이 쉽게 사라지며, 오래 보관하면 묵은내가 나기 쉽다. 빛에 약하기 때문에 소량씩 구입해 밀폐용기에 담아 보관해야 하고, 요리 마지막에 넣어야 쓴 맛이 나지 않고 색깔이 변하지 않는다. 육류, 달걀요리, 생선, 샐러드드레싱, 피클, 스프, 소시지 등에 사용된다. 인도 커리의 색깔이 노란색인 이유는 강황이 들어가기 때문이다. 또한 머스터드소스의 노란색을 내는 데도 쓰인다.

3) 겨자(mustard seed)

남부유럽, 아프리카 북부, 서아시아 일대가 원산지인 겨자는 전 세계 온대지방에서 재배되고 있다. 꼬투리열매 속에 들어 있는 작고 둥근 겨자씨를 향신료로 사용하며 톡 쏘는 매운맛을 가지고 있다. 유럽에서 머스터드소스는 식초나 백포도주에 겨자가루를 섞어 먹었던 것이 기원이 되었다. 머스터드소스는 스테이크나 소시지, 핫도그 등에 곁들여 먹으며 샐러드드레싱, 소스, 그레이비 등을 만들 때 사용된다. 우리나라에서는 냉면과 겨자채, 생선회 등에 주로 사용한다. 겨자가루는 밀폐용기에 담아 건조하고 서늘한 곳에 보관해야 한다.

4) 계피(cinnamon)

스리랑카, 인도네시아, 중국 등지가 원산지이며, 오늘날에는 중국, 인도네시아, 서인도제도 등에서 생산된다. 계피는 후추, 정향과 함께 세계 3대 향신료로 불린다. 계피나무의 껍질을 그대로 사용하거나 가루로 만들어 사용한다. 중세 이후 스튜, 스프와 커스터드 등에 널리 쓰였고, 동남아시아와 인도에서는 육류요리나 각종 소스, 카레 등에 사용한다. 인도의 가람 마살라, 중국의 혼합 향신료인 오향의 재료로 사용되기도 한다. 쿠키나 케이크, 푸딩, 과일의 조리, 디저트, 과자류에 많이 사용되며 우리나라에서는 전통한과와 수정과, 약과, 떡 등을 만드는데 주로 쓰인다.

5) 고수(chinese parsley, coriander seed)

고수 씨앗은 생선, 해산물, 쌀, 돼지고기, 소시지, 오믈렛, 처트니, 캔디, 향신료 빵 제품, 리큐어, 진 등의 요리와 제과에 다양하게 쓰인다. 또한 오이피클, 커리, 비스킷, 쿠키, 수프 등에 첨가하여 향미를 높이는데 사용한다. 독일에서는 양배추의 요리에 사용되며 인도에서는 커리와 가람 마살라의 혼합향신료 중의 하나이다.

■ **처트니(chutney)**

주로 과일이 주재료로 사용되며 설탕과 향신료를 넣고서 과일이 반쯤 익을 때까지 끓인 것이다. 잼과 비슷한데 과일이 약간 씹히며 향신료의 향이 있어서 주로 향이 강한 고기류와 함께 서빙된다.

6) 딜(dill seed)

원산지는 지중해연안이며 인도, 유럽, 남러시아, 스페인, 포르투갈 등지에서 재배된다. 딜은 독일의 정원식물로 회향(페널)을 많이 닮았는데 향기는 아니스나 캐러웨이와 비슷하다. 딜은 씨나 가지채로 이용할 수 있으며, 피클, 빵이나 과자 등에 이용된다.

7) 레몬그라스(lemon grass)

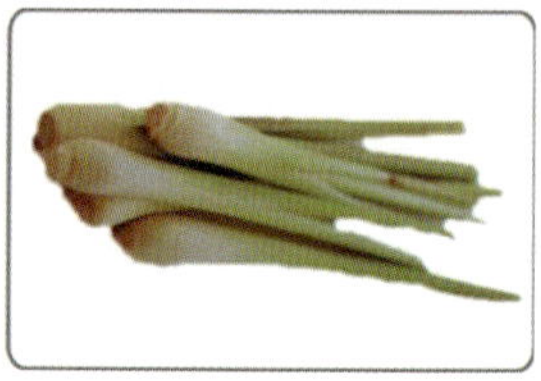

인도 남부, 스리랑카, 아프리카, 중남미가 원산지이고, 중동 및 아프리카, 중남미, 동남아시아에서 많이 재배된다. 섬유상의 질긴 줄기는 커리와 육수를 내는 데 사용하거나 레몬그라스 차를 만드는데 사용한다. 말레이시아, 인도네시아, 베트남, 타이 등의 동남아시아에서 인기가 있는 향미성분으로 생선과 닭요리에 많이 사용된다. 윗대의 부드러운 부분은 독특한 방향이 있어서 곱게 갈아서 고기를 절일 때나 소스 등에 넣는다. 레몬그라스는 생으로 사용하거나, 건조시켜서, 또는 갈아서 가루로 사용하기도 한다. 레몬그라스는 고추, 마늘, 샬롯과 같이 사용하면 그 풍미가 더욱 좋다. 생선과 닭요리, 카레요리, 수프, 소스, 캔디의 향료 등에 이용된다.

8) 메이스(mace)

브라질, 말레이시아, 인도네시아의 몰루카제도의 반다섬이 원산지이며, 인도, 인도네시아, 스리랑카와 서인도제도의 그레나다섬(Grenada) 등지에서 재배된다. 메이스와 육두구는 넛맥 나무의 같은 열매로부터 생산되나 별개로 쓰이는 향신료로 독특한 향미를 갖는다. 메이스는 육두구(넛맥)의 껍질을 말린 것으로, 씨를 싸고 있는 그물 같은 빨간 껍질을 말린 것이다. 육두구보다 메이스가 더 향이 강하고 부드러우며, 고급스런 향과 단맛이 나서 가격도 훨씬 비싸다. 메이스는 건조되면 금빛 갈색을 띠며, 보통 작은 조각으로 쪼개서 팔거나 분말로 판매한다. 유럽에서 가장 흔하게 사용되는 식재료 중 하나이다. 파운드케이크와 비스킷, 도넛 반죽에 사용되는 전통적인 향신료이며 생선, 돼지고기요리, 소시지, 베샤멜소스, 피클, 초콜릿 요리, 푸딩, 디저트 등에도 사용된다.

9) 바닐라(vanilla)

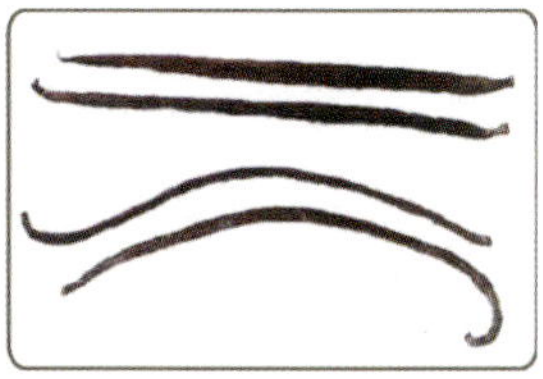

바닐라는 멕시코가 원산지이며, 마다카스카르, 중앙아메리카, 인도네시아가 주요 생산국이다. 스페인이 16세기 초 남아메리카에서 유럽으로 가져온 향신료로 전 세계인이 사랑하는 향신료이다. 넝쿨란 종류의 꼬투리열매인 바닐라는 잘 익은 바닐라콩을 끓는 물에 담가 서서히 건조시킨 후 가공하여 밀폐된 상자에 보관한다. 바닐라콩의 꼬투리는 입구를 벌려 음식과 같이 요리하고 제공하기 전에 콩을 빼버리면 향을 최대한 낼 수 있다. 우유나 크림 등에 바닐라향을 낼 때는 바닐라 줄기를 넣고 함께 끓이면 되는데 한 번 사용한 바닐라는 물에 헹궈 잘 말려서 3~4번 사용할 수 있다. 차가운 과일 수프, 쿠키와 케이크, 커스터드, 아이스크림, 캔디, 푸딩, 무스, 수플레, 디저트 등에 이용한다.

10) 산초(초피)

우리나라, 중국, 일본에 분포하는 산초나무의 열매는 다 익으면 껍질이 갈라진다. 이 열매는 톡 쏘고 매우면서도 상쾌하고 시원하다. 중국에서는 사천요리에 많이 쓰여 중국후추로 알려져 있다. 중국요리에 가장 많이 쓰이는 오향(산초, 회양, 계피, 정향, 진피) 중의 하나로 생선의 비린내를 없애주기도 하며 잎은 방향성 조미료로 음식의 맛을 깔끔하게 해주며, 종실은 빻아 추어탕에 첨가된다. 장어구이 전문점에서 장어요리에도 사용된다. 산초의 종자는 기름을 짜서 먹고, 열매는 성숙하기 전에 따서 장아찌를 만들어 먹기도 한다.

11) 샐러리 씨(celery seed)

유럽이 원산지이며 네덜란드와 벨기에서 많이 이용된다. 야생의 샐러리로 알려져 있으며, 유럽의 강 하구나 소금 늪에 야생으로 자란다. 야생의 샐러리 씨는 맛이 꽤 강하고 쓰다. 수프나 찜요리에 향을 주고, 소금과 함께 갈아 조미료로 쓴다. 샐러리 씨는 케첩이나 소스의 향을 내는데 사용되기도 하며, 피클, 샐러드, 생선, 채소 요리에 통째로 또는 가루 상태로 사용한다.

12) 샤프란(saffron)

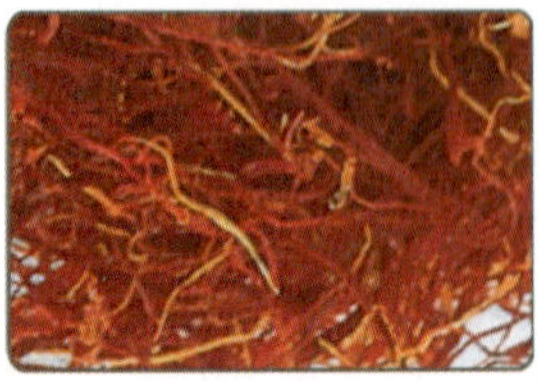

샤프란은 향신료의 여왕으로 지중해연안, 소아시아, 이태리, 프랑스가 원산지이며, 스페인, 인도, 터키, 이란 중국 등지에서 많이 재배된다. 아랍어의 노란색이란 뜻을 지닌 'zafaran'에서 사프란이란 이름이 유래 되었다. 창포, 붓꽃과에 속하는 샤프란꽃의 암술을 말려서 사용한다. 샤프란 100송이를 따야 겨우 샤프란 1g정도를 얻을 수 있으므로 향신료 중 가장 비싸다. 그래서 잇꽃과 강황같은 대체물을 사용하기도 한다. 샤프란은 식품에 넣으면 노란색을 띠는데 독특한 향기와 좋은 느낌의 단맛과 쓴맛을 낸다. 샤프란은 스페인의 해산물을 넣은 노란색 쌀밥인 빠에야, 프랑스의 부이야베스, 이탈리아의 리조또, 이란과 인도의 요구르트소스, 중동지역의 달걀요리와 홍합요리 등에 다양하게 쓰인다.

13) 샬롯(shallot)

약 2000년 전에 양파에서 갈라져 나온 것으로 비늘줄기는 향신료로, 잎은 파처럼 식용으로 한다.

14) 수막(옻, 오배자나무, sumac)

옻나무는 중앙아시아의 산이 원산지이다. 씨앗을 으깨고 난 후 즙을 추출하기 위해 물에 씻는다. 옻은 레몬과 식초 같은 역할을 하며 과일 맛과 신맛을 요리에 더해 준다. 레바논, 시리아에서는 생선요리 위에 뿌려 요리의 풍미를 살리는데 사용하고, 터키에서는 후머스와 샐러드의 풍미를 높이는데 그리고 음식을 장식하는데 옻가루를 사용한다. 또한 케밥, 생선요리, 모든 종류의 샐러드에 사용되며, 우리나라에서는 닭이나 오리요리에 이용된다.

15) 아니스(anise seed)

미나리과에 속하는 아니스는 중동지역이 원산지이며, 고대 이집트인에 의해 최초로 경작된 역사가 깊은 향신료다. 유럽, 북부 아프리카, 터키에서 많이 사용된다. 프랑스 남부, 이탈리아, 스페인, 러시아, 불가리아, 멕시코, 이집트 등에서도 재배된다. 아니스의 모양은 캐러웨이, 커민, 회향과 비슷하고, 모양이 둥글며 가시 모양의 꼬리가 붙어있다. 아니스는 회향과 비슷한 레몬 향을 풍기며 새콤달콤한 맛이 난다. 아니스 씨는 빵, 특히 생강 빵, 비스킷 등의 향미를 내는데 사용된다. 스칸디나비아에서는 연어와 가재요리에 아니스를 사용하고 북유럽에서는 아니스를 호밀빵에 첨가하여 이용한다. 유럽인들은 아니스향이 나는 술을 좋아하는데 프랑스의 파스티스, 이탈리아의 삼부카, 터키의 라키, 그리스의 산스리발과 우조 등이 있다.

터키의 라키술

16) 양귀비 씨(poppy seed)

파피시드 빵(터키)

극동아시아와 네덜란드가 원산지이다. 양귀비나무에서 얻은 것으로 열매 속에 들어있는 씨를 쓰기 위해서 재배하고 있다. 미성숙한 씨앗은 우유 같은 액즙이 있으며 아편의 원료가 되기도 한다. 크림과 커드치즈의 양념에 사용되며, 페이스트리, 쿠키, 케이크, 롤 등에 넣기도 하고, 샐러드, 쌀국수 등에도 이용된다.

17) 올스파이스(allspice, jamaica Pepper)

올스파이스는 콜럼버스가 자메이카에서 발견하였으며 인도, 멕시코와 자메이카, 아메리카 열대지방이 원산지이다. 멕시코와 자메이카 등지에서 재배되어 수출되고 있다.

모양은 굵은 완두콩 정도로 작고 진한 갈색의 열매이다. 정향, 육두구(넛멕), 계피, 후추의 강한 냄새를 갖고 있어서 올스파이스라고 불리게 되었다. 유럽에서 올스파이스는 피클이나 육류와 생선요리에서 독특한 맛을 내므로 마리네이트용 향신료로 많이 사용한다. 정어리와 같은 절인 생선요리, 고기완자, 피클, 그레이비, 소시지, 간 파테, 테린을 만드는데 열매를 그대로 또는 가루로 만들어 사용한다. 푸딩, 케이크, 쿠키, 칵테일 등에도 사용한다. 올스파이스가 없는 경우 정향, 육두구, 계피를 동량으로 섞어 사용해도 비슷한 맛을 낼 수 있다.

18) 월계수잎(bay leaf)

지중해연안, 이태리, 그리스, 터키, 남부유럽이 원산지이다. 월계수나무의 잎으로 원래는 진한 녹색이지만 말리면 연한 올리브색으로 변한다. 월계수잎은 서양요리에 쓰임새가 많은 향신료로 거의 모든 육류요리에 빠지지 않고 들어간다. 고기의 누린내를 없애는 데 효과가 있으므로 육수나 스튜를 끓일 때 반드시 첨가하며 다양한 소스와 피클을 만들 때에도 쓰인다. 신선한 잎보다는 마른 잎을 사용하는 것이 향이 더 좋다.

장시간 끓이는 요리에 사용할 때 건져내지 않고 그대로 두면 쓴맛이 나므로 적당한 단계에서 꼭 건져내야 한다. 향이 강하므로 4인분 기준 일 때 월계수 잎 1~2개 정도만 사용하면 충분하다.

19) 육두구(nutmeg)

인도네시아의 몰루카제도의 반다섬이 원산지이며, 인도, 말레이반도, 인도네시아, 스리랑카와 서인도제도의 그레나다섬(Grenada) 등지에서 재배된다. 육두구열매는 타원모양으로 주름져 있다. 육두구 열매 속에는 빨간색의 두꺼운 씨껍질(mace)로 둘러싸인 단단한 갈색의 씨앗이 들어 있다. 잘 부스러지는 작은 호두같이 생긴 씨앗이 육두구인데 쓴맛과 매운맛이 난다. 갈아서 사용하며, 육류와 생선요리의 냄새를 없애는 효과가 있어서 햄, 치즈, 양파수프, 그라탕, 수플레, 크림소스, 베샤멜소스 등에 사용한다. 감자나 달걀 그리고 치즈를 기본으로 하는 요리와 과자류, 푸딩, 파이, 커스터드 등의 후식, 에그노그(eggnog)와 과일요리 등에도 가루를 사용하며 피클 등에는 통째로 사용한다.

20) 장미수(rose water)

장미 꽃잎(petals)에서 증류된 액체로 많은 화장품에 사용된다. 중국, 인도, 남동 지중해 요리에서 향기나 맛을 주기 위해 디저트, 음료 등에 희석해서 사용한다.

21) 정향(clove)

인도네시아의 몰루카제도가 원산지이다. 인도, 인도네시아, 마다가스카르섬, 잔지바르섬 등에서 생산되는 식물로, 모든 양념 중에서 가장 얼얼하고 맵고 톡 쏘는 맛을 갖는다. 꽃봉오리를 말린 것으로 진한 갈색의 못 모양이며, 영어로는 'clove'라고 하는데 역시 '못'이라는 뜻을 갖고 있다. 훈연가공품, 제과, 푸딩, 수프, 스튜, 과일 피클 등에 이용한다. 정향은 전통적으로 육류와 육류제품의 보존제로서 역할을 한다. 육류의 누린 냄새를 없애는 효과가 있으며, 고기나 햄에 정향을 직접 꽂아 요리하기도 하고 양파에 꽂아 스튜에 사용하거나 소스 만들 때 사용하거나 육수를 내기도 한다. 중국의 오향, 인도의 가람 마살라, 모로코의 라스 엘 하누트, 프랑스의 카트로 에피스와 같은 혼합향신료의 재료가 된다. 영국의 우스터소스에는 뺄 수 없는 필수요소이다. 소량씩 봉오리를 구입해서 직접 갈아 쓰는 것이 좋으며, 향이 매우 강하므로 2~3개 정도면 충분하다.

22) 카드몬(소두구, cardamon)

카드몬은 생강과에 속하며, 생강과와는 달리 열매를 향신료로 이용한다. 인도, 스리랑카가 원산지이며 인도, 스리랑카, 캄보디아, 과테말라 등지에서 재배는 값이 비싼 향신료이다. 타원형의 꼬투리열매 안에 향이 진한 씨앗이 20개 정도 들어 있다. 꼬투리에서 씨나 분말을 꺼내면 향을 곧 잃기 때문에 꼬투리 채로 구입해서 사용하기 직전에 꼬투리에서 씨를 꺼내 빻아서 사용한다. 아랍지역에서는 커피에 카드몬을 넣어 향을 내어 즐겨 마신다. 인도, 파키스탄, 뱅골만 등지에서 육류, 생선, 쌀 디저트 등의 요리에 통째로 넣었다가 조리 후 제거한다. 스칸디나비아에서는 쿠키, 데니쉬 페이스트리, 커피 케이크, 펀치, 디저트 등에 사용한다.

23) 카피르 라임잎(kaffir lime leaves)

인도 북동부 중 미얀마 북부와 말레이시아가 원산지로 추위에 약하므로 아열대·열대지방에서 널리 재배한다. 태국, 말레이시아, 인도네시아에서 인기 있으며, 라임잎을 말린 것으로 시원하면서 칼칼한 향을 주는 향신료이다. 국물요리에 많이 이용되며 라임잎은 월계수잎과 사용되는 방법이 유사하다.

24) 캐러웨이(caraway)

유럽과 서아시아, 북아프리카가 원산지인 미나리과에 속하는 캐러웨이는 씨앗을 향신료로 이용한다. 완숙한 씨를 통째로 사용하거나 대강 갈은 것을 이용한다. 캐러웨이는 아랍, 아프리카, 유럽, 스칸디나비아, 인도, 독일, 덴마크, 러시아 등지에서 각종 채소요리와 수프, 케이크나 쿠키, 사우어크라우트, 소시지, 카레, 호밀빵 등을 만들 때 쓰이며, 퀌멜(kümmel)이나 쉬납스(schnaps)와 같은 술 제조에도 사용된다. 인도에서는 카레와 쌀요리 등에 사용되고, 독일에서는 돼지고기 요리, 스튜, 사우어크라우트, 감자샐러드 등에 쓰인다. 캐러웨이의 향과 맛을 살리려면 사용하기 전에 으깨서 살짝 볶아낸 후에 쓰는 것이 좋다.

25) 커리 잎(curry leaf), 커리 파우더(curry powder)

인도 음식에서 빼놓을 수 없는 중요하고 독특한 향신료라 할 수 있다. 인도뿐만 아니라 오늘날은 전 세계에서 이용한다. 혼합재료에 따라 방향에 차이가 있다. 코리엔더(coriander), 터메릭(tumeric), 클로브(clover), 후춧가루, 고춧가루, 마늘, 커민(cumin), 생강 등을 혼합한다.

26) 커민(cumin)

이집트 북부와 지중해 연안, 시리아가 원산지이며, 아프리카 북부, 중동과 인도 등지에서 재배된다. 작고 신맛이 나며, 축모양의 씨로 통째로 혹은 갈아서 향신료로 사용된다. 인도의 카레, 탄두리치킨과 터어키의 전통음식인 케밥 특유의 냄새가 바로 커민의 향이다. 커민은 다양한 요리에 널리 쓰인다. 북아프리카의 쿠스쿠스, 멕시코의 칠리 콘 가르네, 북아프리카, 중동, 인도, 멕시코, 그리스요리 등에 많이 사용되고 있다. 네덜란드의 에담치즈나 독일의 뮌스터 치즈에도 커민을 첨가하여 애용되고 있다. 향을 금방 잃기 때문에 분말보다는 씨앗을 구입하여 사용하는 것이 좋으며 향이 매우 강하기 때문에 소량을 사용한다. 사용 직전에 살짝 볶아낸 후 빻아서 쓴다. 빵의 풍미를 좋게 하고 육류요리, 수프, 치즈, 소시지, 파이, 달걀요리 등에 사용한다.

27) 케이퍼(caper)

케이퍼는 지중해연안이 원산지이며 지중해 관목의 꽃봉오리를 소금물, 식초로 피클을 만든 후 요리에 이용한다. 닭, 고기, 훈제연어, 샐러드드레싱, 생선용 소스, 타타르 스테이크, 청어 절임 요리에서 중요한 역할을 한다. 케이퍼피클은 겨자 같은 매운맛과 싱그러운 향기가 있어 육류나 생선의 비린내를 없애고 요리의 맛을 돋우어 준다. 겨자와 홀스래디쉬와 잘 어울린다. 케이퍼피클은 연어의 향신료로 이용되고 썰어서 소스나 드레싱에도 이용한다. 남부 프랑스지방에서는 케이퍼, 올리브, 그리고 양파를 같이 사용하는 특징이 있다.

28) 타마린드(tamarind)

동남아시아, 북아프리카가 원산지이며, 인도네시아, 인도 등의 열대지방에서 재배된다. 타마린드는 보통 말린 과육을 뭉쳐 놓은 짙은 갈색의 끈적끈적한 덩어리로 판매된다. 타마린드의 줄기와 잎을 동량의 물에 10분 정도 담가 두었다가 갈아 치대어 섬유질과 씨를 제거한 즙을 요리에 많이 사용한다. 타마린드 즙은 갈색 시럽처럼 끈끈하고 짭짤하면서 새콤한 맛을 준다. 동남아시아의 카레요리와 태국 음식에 자주 사용되는 향신료로 각종 소스와 수프의 맛을 돋우며, 우스터소스에 꼭 사용되는 재료이다.

29) 팔각(star anise)

팔각은 지중해 연안, 중국 남부지역이 원산지이며, 중국에서는 약 3000년 전부터 알려져 있었으나 유럽에는 16세기에 전해졌다. 열매는 8개의 별모양을 하고 있어서 팔각이라는 이름이 붙여졌다. 각각의 방사상 꼭지에는 갈색의 반짝이는 씨앗이 하나씩 들어 있다. 팔각은 보통 동양요리에 사용되며, 육류의 누린내를 없애는데 효과적이어서 돼지고기, 오리고기, 닭고기 요리 등에 많이 쓰인다. 고기육수나 생선육수를 낼 때 팔각을 통째로 넣어 끓이면 나쁜 냄새를 없애주며 독특한 향을 낸다. 팔각은 중국의 대표적인 혼합향신료인 오향의 한 구성분이다.

30) 페누그리크(fenugreek)

페누그리크의 원산지는 지중해지역이며, 작은 콩나무 같이 생긴 식물의 씨앗으로 아주 작은 조약돌 모양을 하고 탁한 오렌지 빛이다. 이 오렌지 빛은 함께 요리하는 음식의 색을 똑같이 변하게 한다. 맛은 탄 설탕의 맛을 가지며, 끝맛이 쓰고, 인도요리에 많이 이용된다. 씨와 잎 등은 독특한 향과 맛을 내어 향미료로 이용되고, 잎은 익혀서 요리해 먹기도 하며 샐러드나 카레요리에 넣어 먹는다. 차나 술로 만들어 먹을 수도 있다.

31) 홀스래디쉬(horse radish)

중앙유럽과 아시아가 원산지이다. 뿌리의 색은 황갈색이며 길이는 약 45cm이고 내부는 흰색으로서 풍미가 매우 강하고 맛이 얼얼하다. 뿌리는 껍질을 벗겨서 갈아 식초와 우유를 넣고 끓인다. 홀스래디쉬의 톡 쏘는 맛은 가열하면 그 향미가 사라져 버리므로 껍질을 벗겨 강판에 갈아 쓰거나 건조시켜 두고 이용한다. 육류요리(비프스테이크, 로스트비프), 생선요리, 소시지 등에 소스로 이용되며, 훈제한 연어에 사용하기도 한다.

32) 회향씨(fennel seed)

미나리과에 속하며 지중해연안이 원산지이다. 속명인 페니쿨룸(foeniculum)은 '건초'를 뜻하는 라틴어 '페눔(foenum)'에서 왔다. 이는 휀넬의 특유한 건초냄새에서 출발한 이름이다. 높이는 1.5~2m이며, 줄기는 곧게 자라고 속은 비어 있다. 열매는 달콤한 맛과 향기가 난다. 분말보다는 씨앗을 구입하여 사용하는 것이 좋으며, 사용하기 전에 빻아서 쓴다. 밀폐용기에 담아 어두운 곳에 보관하는 것이 좋다. 생선의 비린내, 육류의 느끼함과 누린내를 없애고 맛을 돋운다. 이탈리아 프로렌스 지방에서는 회향씨를 넣어 만든 살라미가 유명하다. 생선육수나 수프, 소스, 포도주, 피클, 빵이나 케이크의 향을 낼 때 사용하며, 카레의 재료로 인도 스리랑카, 말레이시아 등지에서 이용된다. 중국에서는 오향의 재료로 이용되기도 한다.

33) 후추(pepper)

인도, 스리랑카, 인도네시아가 원산지이며 현재는 인도네시아, 마다카스카르, 보르네오, 브라질 등지에서도 재배된다. 향신료를 대표하는 향신료의 왕으로 요리에 가장 많이 사용된다.

통후추는 피클, 수프, 육류요리, 스튜 등에 이용되고, 가루로 된 것은 주로 육류, 어류, 조류, 채소 등 모든 음식의 조미료로 사용된다. 흰 후춧가루는 완전히 성숙한 열매의 껍질을 제거한 속 부분만 빻은 것으로 후추 맛이 약하다. 검은 후추는 스테이크나 샐러드에 이용하고 흰 후추는 겉모양을 깨끗하게 유지하기 위하여 생선요리나 흰색소스에 사용되며 살균효과도 있어서 햄과 소시지와 같은 가공식품 등에 널리 사용된다.

5 허브(herb)의 종류

1) 고수(chinese parsley, coriander)

지중해연안, 시리아, 중동, 남유럽이 주산지이며 미나리과에 속한다. 고대 이집트에서는 의약품으로 이용되었으며, 히포크라테스도도 약효를 칭찬하였다고 전해진다. 향신료 중에서도 방향이 풍부하며, 레몬껍질과 세이지를 혼합한 것과 같은 풍미를 낸다. 인도, 동남아시아, 아랍 등지에서는 잎을 육류나 생선요리의 냄새를 없애고 맛을 내는 데 이용한다.

2) 골파(차이브, Chives)

차이브는 양파과의 일종으로 유럽, 미국, 러시아, 중국, 인도, 이란, 일본이 원산지이다.

차이브는 온화한 향을 가져서 가니쉬로서 수프, 샐러드에도 사용된다. 생선요리, 스프, 크림치즈, 감자요리, 오믈렛에 사용한다. 육류 및 생선요리에 사용하면 육류와 생선과의 특유의 냄새를 없애주고 풍미를 더해준다. 요리할 때 차이브는 오랫동안 가열하지 않는 것이 좋으므로 보통 요리의 끝마무리에 첨가한다. 차이브는 말려도 좋은데, 말리면 신선한 차이브보다 향이 부드러워진다.

3) 딜(dill)

원산지는 지중해연안이며 인도, 유럽, 남러시아, 스페인, 포르투갈 등지에서 재배된다. 딜은 회향을 많이 닮았으며, 향기는 아니스나 캐러웨이향과 비슷하다. 딜은 꽃, 줄기, 그리고 가지채로 사용할 수 있으며 향이 강하므로 적당량을 사용해야 한다. 잎, 줄기는 잘게 썰어서 샐러드나 생선, 해산물, 달걀, 크림, 채소요리, 피클, 샐러드드레싱, 사우어크라우트, 수프, 소스에 이용한다. 딜은 장시간 가열하면 향을 잃어버리므로 요리를 마무리하기 직전에 사용해야 한다.

4) 레몬밤(Lemon Balm)

레몬밤의 원산지는 지중해연안, 남유럽, 서아시아이다. 육류요리, 샐러드, 과자, 젤리, 샤벳, 요구르트, 마요네즈소스 등에 사용된다. 잎은 샐러드, 냉 음료, 수프, 스터핑과 소스에 사용된다. 생잎은 다져서 샐러드에 넣거나 잘라서 레몬주스나 식초 등에 이용한다.

5) 로즈마리(rosemary)

유럽, 지중해연안이 원산지이다. 솔잎과 모양이 비슷하며, 녹색 잎을 가진 키가 큰 잡목이다. 잎을 그대로 쓰기도 하고 분말을 쓰기도 한다. 로즈마리는 향이 강하므로 잔가지 몇 개를 사용하여도 요리에 향을 줄 수 있다. 우스터소스 향미의 주성분이다. 육류요리, 가금요리에 많이 사용되며 특히 이탈리아 요리에는 없어서는 안 될 정도이다. 샐러드의 향을 돋우는데 이용하며 스튜, 수프, 소시지, 비스킷, 잼 등에 사용된다.

6) 마조람(marjoram)

마조람은 인도, 아라비아, 이집트가 원산지이며 프랑스, 북아프리카, 독일, 칠레 등에서 생산되는 박하과의 향료이다. 건조시킨 잎과 꽃봉오리는 달콤하고 약간 쓴맛이 난다. 마조람을 보관할 때 잎사귀는 밀봉된 용기에 저장하여야 한다. 육류, 스튜, 조류, 어류, 달걀, 치즈, 샐러드, 소시지, 소스 등의 맛을 내는데 쓰인다. 특히 육류요리, 이태리요리에는 빼 놓을 수 없는 중요한 허브이다.

7) 민트(mint)

민트는 유럽이 원산지로 강한 맛과 방향을 갖고 있으며, 세계 각처에서 자란다. 여러 종류가 있지만, 스피어민트와 페퍼민트를 가장 많이 쓴다. 육류, 생선, 채소 등의 요리에는 없어서는 안 될 향료로 뜰에 심어두고 항상 이용해서 '가든 민트'라고도 한다. 과자, 시럽, 음료, 젤리, 아이스크림, 수프, 스튜, 소스 등에 사용되며 특히 양고기요리의 민트소스에 사용된다.

8) 바질(basil)

바질은 어린잎과 줄기를 생으로 혹은 말려서 사용한다. 원산지는 인도, 이란과 지중해 연안, 이태리, 남프랑스이며 이탈리아, 프랑스, 타이요리에서 많이 사용한다. 토마토의 요리에 잘 어울리고, 닭고기, 어패류, 채소와 샐러드, 스파게티, 피자, 스튜, 수프, 달걀요리, 각종 소스 등에도 이용되며, 특히 양갈비(lamb chop)에는 반드시 사용한다.

9) 세이보리(savory)

세리보리는 북아프리카, 유럽, 지중해연안이 원산지이며, 신선한 것이나 말린 것을 사용한다. 향미가 강하므로 과용하지 않도록 한다. 민트, 타임과 냄새가 비슷하다. 신선한 세이보리는 육류나 소시지, 채소, 샐러드, 양고기구이, 달걀요리, 드레싱, 사우어크라우트 등에 많이 사용 된다. 건조된 것은 완두콩류, 수프 및 빠데 요리 등에 이용된다.

10) 세이지(sage)

세이지는 지중해연안, 북아프리카, 유럽이 원산지이며, 건조시킨 세이지는 잎 부분만 사용하며 향이 강하고 약간의 후추향이 있다. 돼지고기나 내장의 냄새를 없애주며, 이탈리아요리와 독일요리에 즐겨 이용되는 향신료이다. 가금류와 돼지의 양념과 소스, 치즈, 소시지, 햄, 햄버거, 스튜, 송아지고기 요리 등에 많이 사용된다.

11) 오레가노(oregano)

남유럽, 서아시아가 원산지이며 지중해연안이나, 칠레, 멕시코, 이탈리아, 그리스, 프랑스, 미국 등에서 재배된다. 박하과의 다년생 식물로 잎사귀를 그대로 사용하거나 가루로 만들어 사용한다. 향이 강하므로 주로 건조시켜서 사용한다. 독특한 매운 맛과 쓴 맛이 토마토요리와 잘 어울린다. 멕시코와 이탈리아요리, 피자, 파스타, 치즈, 육류, 스튜, 샐러드나 오믈렛, 드레싱 등의 지중해요리에 폭 넓게 사용한다.

12) 처빌(chervil)

처빌은 러시아, 중남부 온대 서아시아, 호주, 뉴질랜드, 코카서스, 유럽이 원산지이다. 온대지방에서 잘 자라는 미나리과 식물의 잎으로, 파슬리 비슷한 강한 향기를 가지고 있다. 수프, 샐러드, 달걀요리, 치즈요리, 생선이나 닭요리 등에 사용한다. 생선의 비린내를 없애주므로 생선요리에 좋다. 각종 소스, 수프 등에 잎을 그대로 썰어서 사용하거나, 파슬리, 타라곤, 차이브 등의 다른 향신료와 섞어서 사용하면 더 효과적이다.

13) 타라곤(tarragon)

지중해연안, 남유럽이 원산지이다. 프랑스 요리에 인기가 있는 타라곤은 달걀과 치즈가 기본인 모든 요리에 어울린다. 타라곤은 좋은 향미가 나서 닭, 생선 등의 모든 요리에 잎사귀 하나만 넣어도 맛이 완전히 바뀔 정도로 신비한 허브이며 샐러드 소스와 피클을 양념하는데 쓰인다. 베알네이즈 소스(bearnaise sauce), 샤슈르소스(chasseur sauce), 타라곤을 넣은 타라곤 식초 제조에도 쓰인다.

14) 타임(사향초, thyme)

남부유럽의 지중해연안과 서아시아, 북아프리카가 원산지이고 프랑스, 스페인, 이탈리아 등지에서 생산된다. 꽃순이나 잎사귀를 말려서 이용하며, 부케가르니의 필수성분이다. 신선하고 약간 자극적인 방향을 가지고 있다. 육류, 가금류의 조미료로 주로 사용되며, 생선수프, 스크램블애그, 샐러드와 토마토 음식에 향미를 더해 주고 차우더(chowder), 소스, 스튜, 햄, 소시지, 치즈요리 등에 많이 사용된다. 또한, 토마토케첩, 피클 등의 저장 식품에도 이용된다. 가열해도 풍미가 떨어지지 않으므로 오븐구이, 조림, 소테 등 활용도가 다양하다.

15) 파슬리(parsley)

지중해연안, 스페인, 그리스, 모로코, 알제리 등이 원산지이나 세계 각처에서 생산되고 있다. 파슬리는 부드럽고 미묘한 맛을 가지고 있으며, 잎, 줄기, 뿌리, 꽃 등을 생것으로 다져서 사용하거나 말려서 사용한다. 또한, 음식을 장식하는데 많이 이용되고 있다. 수프, 샐러드, 소스, 육류, 생선요리 등에 사용한다.

16) 회향(fennel)

지중해연안, 남유럽, 서아시아가 원산지이다. 현재도 지중해 연안, 남부 이탈리아, 이스라엘, 서아시아에서 많이 재배된다. 달콤한 맛과 향기가 나며 셀러리와 비슷한 조직감을 갖는다. 포도주, 피클, 빵, 소스, 카레 등의 향미제로도 인기가 있으며, 생선의 비린내, 육류의 느끼함과 누린내를 없애고 맛을 돋운다. 회향잎은 깃털과 같이 생겼으며 조미료, 차 등으로 이용한다. 조류, 육류, 내장, 생선 등을 부드럽게 하고 냄새를 제거하는데 탁월한 효과를 가지고 있어 조림이나 찜에 주로 이용한다. 피렌체 회향(florence fennel)은 굵은 구근을 갖고 있어 이를 채소로 이용하며 생선 요리에 곁들여서 자주 나온다.

참고문헌

1. 고영수, 한희자. 1996. 한국산 초피와 산초의 화학성분. 한국식품과학회지 28(1) : 19~27
2. 김혜정. 2006. 야생화&허브 인테리어. 일진사
3. 김희섭, 유혜경, 윤재영, 이정희, 최영희, 최정희. 2005. 세계 요리문화 산책. 대가
4. 다나카 야스코. 2005. 우리 집 베란다에서 키우는 무공해 채소 & 허브 = Small kitchen garden
5. 장상문, 김광호, 송효남, 김미옥. 2005. 식품재료학. 광문각
6. 정영도, 김광익, 최병권, 허영욱, 란연생, 이병주, 장기호, 마경덕, 이권우, 김우영, 김창현, 박경호. 2000. 식품조리재료학. 지구문화사
7. 정한진. 2006. 달콤한 미각의 역사 향신료 이야기. 살림지식총서 252. 살림
8. 유현. 2009. (MBC 스페셜) 스파이스 루트 - [DVD] = Spice route
9. 윤평섭. 2006. 원색도감 HERBS. 교학사
10. 이영미. 2004. 잘 먹고 잘사는 법 053. 향신료. 김영사
11. 이정연. 2004. 허브. 김영사
12. 장-마리펠트 지음 김중현 옮김. 2005. 향신료의 역사. 좋은 책 만들기
13. 최영전. 2008. Herbs 대사전 : 자연이 준 신비로운 향기. 예가
14. 캐서린 허킨스. 2008. 「herbs&spices」. 세경
15. 한국식품영양학회 감수. 2005. 식품재료사전. 한국사전연구사
16. 홍진숙, 박혜원, 박란숙, 명춘옥, 신미혜, 최은정, 정혜정. 2008. 식품재료학. 교문사
17. 홍태희, 김기연, 최옥수, 김대현, 정외숙, 김순희, 조효현. 2010. 식품재료학. 현대
18. Channa Dassanayaka, Sri Lankan Flavours, HGB(Hardie Grant Books), 200
19. Ghillie Basan. 2007. The food and cooking of Turkey, LB(Lorenz Books)
20. Hawkins, Kathryn. 2008. 세계의 명품 허브와 향신료 = Herbs & spices, 세경
21. Jill Norman. 2002. 「Herbs & spices」, 티메카
22. Llewellyn, Misty Kuceris. 2009.
23. Magda Mehdawy. 2004. My Egyptian Grandmother's Kitchen, , The American University in Cairo Press
24. Mrs. Lee Chin Koon. 2005. The New MRS LEE'S Cook Book Vol.2 Straits

Heritage Cuisine Marshal Cavendish Cusine

25. Mrs. Lee Chin Koon. 2003. The New Mrs LEE'S Cook Book, Nonya Cuisine, Times Editions.
26. Nor Zailina Nordin, Fatihah Seow Boon Hor, Mrs. Leong Yee Soo. 2004. Nyonya Specialties, Times Editions.
27. Susheela Raghavan. 2005. 「Handbook of Spices, Seasonings, And Flavorings」, CRC Pr I Llc.
28. The Food of Malaysia, Periplus Editions(HK), 2000
29. The New Malaysian Cookbook, Preston, 2001
30. Tugul Savkay, 2003. Turkish Cusine, MB(Mert Basim Yayin Ltd.Sti).
31. Yasuko tanaka, 2005, 「무공해 채소 & 허브」, 보누스

[ㄱ]

[ㄹ]

[ㅁ]

【ㅂ】

【ㅅ】

【ㅇ】

【ㅌ】

【ㅍ】

[ㅎ]

[A]

[B]

[C]

[D]

[E]

[G]

[H]

[L]

[M]

[P]

식품재료학

2011년 3월 2일 1판 1쇄 발 행
2016년 8월 8일 2판 1쇄 발 행

지은이 : 김은미 · 박문옥 · 안선정
유혜경 · 이영옥 · 이정실

펴낸이 : 박 정 태

펴낸곳 : **광 문 각**

10881
파주시 파주출판문화도시 광인사길 161 광문각빌딩 4층
등 록 : 1991. 5. 31 제12-484호
전화(代) : 031) 955-8787
팩 스 : 031) 955-3730
E-mail : kwangmk7@hanmail.net
홈페이지 : www.kwangmoonkag.co.kr

• ISBN : 978-89-7093-610-9 93590

값 28,000원

한국과학기술출판협회회원